中等职业教育机电类专业改革创新示范教材

CAXA实体设计2013应用教程

主　编　袁莹莹

副主编　尹　燕　沈　健　姚　迪　姚志刚

参　编　董启迪　施姚来　李远峰　周东东
杜丙科　曹克胜　钱海波　张　杰
殷丽娟　王爱国　卢　东　刘　军
刘国柱　徐　昊　应志浩

主　审　陈定定　童燕波

机械工业出版社

本书主要介绍了 CAXA 实体设计 2013 的基础知识，按照系统、实用、易学的原则介绍了 CAXA 实体设计的各项功能，内容涵盖工作界面、二维草图、生成实体特征、特征修改与编辑、曲面设计、参数设计、渲染设计和动画设计等。

全书内容依据 CAXA 实体设计的功能和实际用途来安排，以方便教师的讲解和学生的学习；以“理论+实例+操作”的形式进行 CAXA 实体设计的功能介绍；所举实例简单、典型、实用，便于读者理解和掌握；以综合实例的形式，将使用技巧融合，便于学习者巩固知识，应用于实践。

本书可作为中、高等职业技术院校机械、数控、工业设计等相关专业 CAXA 实体设计教程的教材，也可供广大设计人员参考使用，或供初学者自学、培训使用。

图书在版编目(CIP)数据

CAXA 实体设计 2013 应用教程/袁莹莹主编. —北京：机械工业出版社，2013.6（2025.1 重印）
中等职业教育机电类专业改革创新示范教材
ISBN 978-7-111-42478-9

Ⅰ.①C… Ⅱ.①袁… Ⅲ.①自动绘图-软件包-中等专业学校-教材
Ⅳ.①TP391.72

中国版本图书馆 CIP 数据核字（2013）第 098356 号

机械工业出版社（北京市百万庄大街 22 号 邮政编码 100037）
策划编辑：汪光灿 责任编辑：汪光灿 王莉娜 版式设计：常天培
责任校对：杜雨霏 封面设计：张 静 责任印制：邓 博
北京盛通数码印刷有限公司印刷
2025 年 1 月第 1 版第 16 次印刷
184mm×260mm · 13 印张 · 300 千字
标准书号：ISBN 978-7-111-42478-9
定价：36.00 元

电话服务 网络服务
客服电话：010-88361066 机 工 官 网：www.cmpbook.com
010-88379833 机 工 官 博：weibo.com/cmp1952
010-68326294 金 书 网：www.golden-book.com
封底无防伪标均为盗版 机工教育服务网：www.cmpedu.com

序

数字化工厂作为新型制造技术与系统是制造业迎接未来挑战的有效手段。数字化工厂根据市场需求，通过数字化设计、数字化工艺系统与数字化制造装备、车间的数字化仿真与制造执行系统等的集成来实现整个工厂的数字化。数字化工厂将会成为越来越多制造企业的选择。

本套书是中等职业教育基于数字化工厂人才培养模式的工作过程系统化、行动导向课程教材。它以企业需求为基本依据，以就业为导向，以提高学生全面素质为基础，以能力为本位，并根据数字化生产职业岗位能力要求，结合职业资格技能标准及学生职业生涯发展需要设置课程和教学环节。采用理论和实践一体化的编写模式，符合职业教育的发展趋势，具有先进性。本套书采用了新的课程标准，在内容上突出了课程体系的实用性和针对性，提高了课程设置上的科学性，充分反映了企业对技能型人才的需求。

本套书将传统的学校实训工场改造成虚拟企业生产车间，建立现代先进制造业需求的数字化教学和实训环境，充分实现课堂与实习地点的一体化，在数字化工厂工作过程系统化教学中，使学生首先对数字化制造的内容和工作环境等有感性的认识，获得与工作岗位和工作过程相关的知识，然后再开始学习专业知识。

宁波市鄞州职业教育中心学校是首批国家示范校建设单位，数控技术应用专业是其重点建设的专业之一。他们在专业建设与专业教学改革方面进行了有益探索和深入实践，取得了丰硕的成果，提出了基于数字化工厂的人才培养模式，按典型工作任务实践项目化教学；按照工作过程系统化的思路，围绕数字化制造的核心职业能力，提炼出若干典型工作任务，精心设计实训项目。从教学项目入手，把现代化的企业生产流程引入实训教学，真实模拟现代企业的生产经营场景。按照产品的真实生产过程组织教学流程：分析产品特点、进行三维造型、形成二维图样、编制生产工艺、生成加工代码、组织零件加工、实施产品组装，实现适应数字化生产需要的人才培养。

本套书共有六册，充分展现了数字化工厂的职业岗位，突出了课堂与实习地点的一体化，学习过程与工作过程的一致性。该套书的出版必定有益于中等职业教育的专业课程建设和技能培训。

浙江大学机械工程学系　教授

浙江大学工程训练中心　主任

傅建中

前言

CAXA 实体设计 2013 是一款优秀的、具有自主版权的国产参数化三维设计软件，该软件操作简单、易学易用、功能强大，集创新设计、工程设计、协同设计、二维 CAD 设计于一体。

本书在内容安排上力求做到学以致用，力争将设计人员从繁重的绘图工作中解脱出来，以大大提高学习和工作效率。本书中所有实例都来自工程设计实践，具有典型的代表性。本书具有以下特点：

1. 精心安排内容。CAXA 实体设计内容强大，要面面俱到、所有功能一一阐述，无疑费时而无用。本书重在紧扣重点，以实用、够用为中心。

2. 以实例突显应用。软件的功能介绍以实例展开，以应用为中心，避开了枯燥的理论讲解，结合实例和操作，可轻松地掌握、灵活地运用。书中实例具有很强的针对性和实用性。

3. 讲解简洁，图示丰富，深入浅出。一本好书应该将一些深奥难懂的知识用浅显、简洁、生动的语言讲解出来，每一个字都是精雕细刻，让人看得懂，愿意看，不心烦。

4. 很好地适应了教学要求。本书严格控制了篇幅和实例的难易程度，从而照顾了教师教学的需要。教师可在一个或两个课时内完成某个软件功能或某个上机实践的教学。

本书编者全部是来自教学一线的资深教师，书中实例的绘制方法和技巧均融合了编者和国内外设计人员多年的教学与实践经验。全书由袁莹莹担任主编，尹燕、沈健、姚迪、姚志刚担任副主编。参与编写的还有董启迪、施姚来、李远峰、周东东、杜丙科、曹克胜、钱海波、张杰、殷丽娟、王爱国、卢东、刘军、刘国柱、徐吴、应志浩。

由于编者水平有限，书中难免存在错误和不足之处，恳请广大读者批评指正。

编　者

目　录

前言
项目一　认识 CAXA 实体设计 2013 …… 1
任务一　CAXA 实体设计 2013 的安装与卸载 …… 1
任务二　CAXA 实体设计 2013 的工作界面 …… 4
任务三　文件的基本操作 …… 8
任务四　三维模型显示状态的设置 …… 14
项目二　简单机械零件的设计 …… 17
任务一　销轴 …… 17
任务二　螺母 …… 23
任务三　齿轮 …… 26
任务四　端盖 …… 32
任务五　箱体 …… 36
任务六　轴承座 …… 42
项目三　趣味工业零件的设计 …… 56
任务一　手机 …… 56
任务二　图章 …… 70
任务三　杯子 …… 76
任务四　鼠标 …… 82
任务五　烟灰缸 …… 86
任务六　眼镜 …… 93
任务七　吹风机 …… 97
项目四　综合设计及装配 …… 111
任务一　指甲钳 …… 111
一、钳身 …… 112
二、压杆 …… 115
三、指甲锉 …… 118
四、钳销 …… 121
五、指甲钳的装配 …… 122
任务二　齿轮泵 …… 124
一、前盖 …… 125
二、后盖 …… 130
三、齿轮轴 …… 134
四、直齿轮 …… 137
五、连接轴 …… 138
六、键 …… 144
七、机座 …… 145
八、内六角螺钉 …… 150
九、销 …… 152
十、齿轮泵的装配 …… 153
任务三　减速箱 …… 156
一、高速轴 …… 157
二、大齿轮 …… 162
三、小齿轮 …… 165
四、上箱盖 …… 167
五、下箱体 …… 172
六、减速箱的装配 …… 174
项目五　其他常用设计 …… 178
任务一　渲染设计 …… 178
任务二　动画设计 …… 183
任务三　钣金设计 …… 191
参考文献 …… 200

项目一

认识CAXA实体设计2013

学习目标

1. 了解 CAXA 实体设计 2013 的安装与卸载方法。
2. 熟悉 CAXA 实体设计 2013 的工作界面。
3. 了解文件的基本操作方法。
4. 了解三维模型显示状态的设置方法。

任务一　CAXA 实体设计 2013 的安装与卸载

任务目标

1. 了解 CAXA 实体设计 2013 的安装方法。
2. 了解 CAXA 实体设计 2013 的卸载方法。

CAXA 实体设计 2013 的软件系统配置要求：支持 Windows 2000/XP 系统；硬件系统配置：最低配置 2GHz 以上主频，1GB 以上内存，专业显卡。

任务实施流程

步骤 1：安装软件。将光盘插入光驱，打开光盘内的文件，双击 CAXA 实体设计 2013 安装软件，即双击图 1-1 所示的图标。

步骤 2：在弹出的图 1-2 所示的画面中选择安装语言为中文（简体），单击“确定”按钮，开始准备安装。

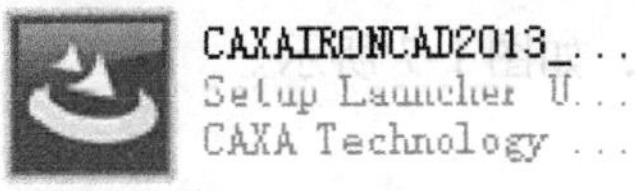

图 1-1　安装软件

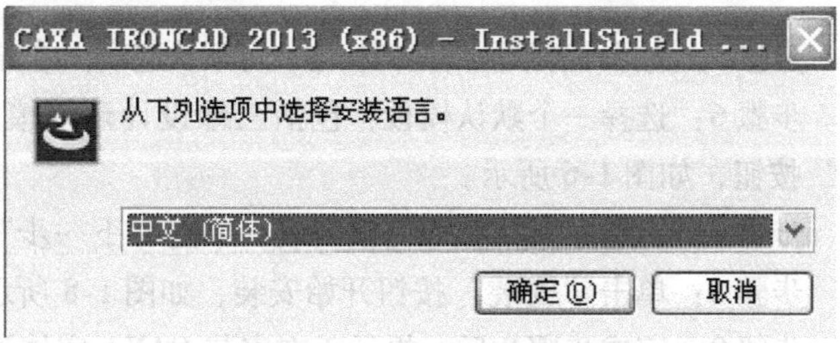

图 1-2　选择安装语言

步骤 3：在弹出图 1-3 所示的画面时，单击“下一步”按钮。

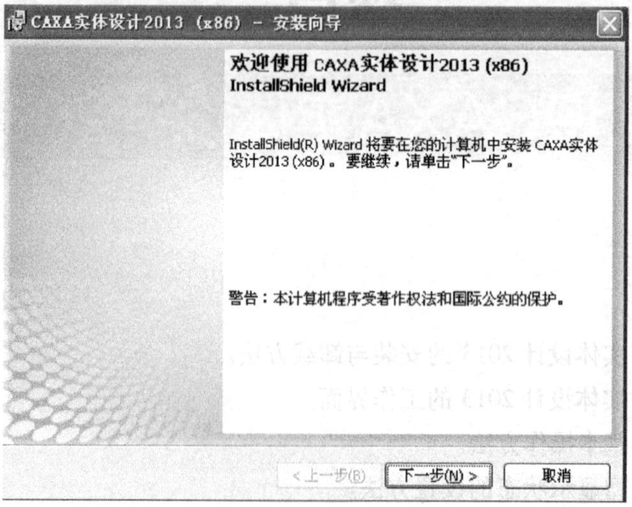

图 1-3　安装向导

步骤 4：选择“我接受该许可证协议中的条款（A）”，单击“下一步”按钮，如图 1-4 所示。

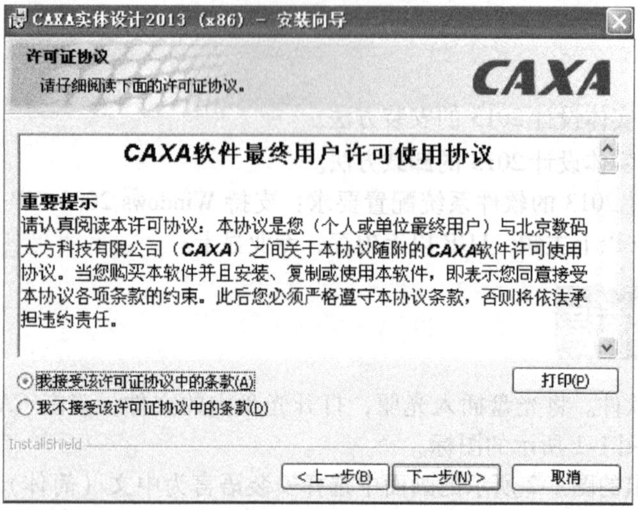

图 1-4　安装协议

步骤 5：选择一种默认的几何核心，可默认选项，单击“下一步”按钮，如图 1-5 所示。

步骤 6：选择一个默认模板，包括三维设计环境模板和工程图环境模板，单击“下一步”按钮，如图 1-6 所示。

步骤 7：选择安装类型为完整安装，单击“下一步”按钮，如图 1-7 所示。

步骤 8：单击“安装”按钮开始安装，如图 1-8 所示。

步骤 9：完成步骤 8 后，提示正在安装 CAXA 实体设计 2013，如图 1-9 所示，此时请稍候几分钟。

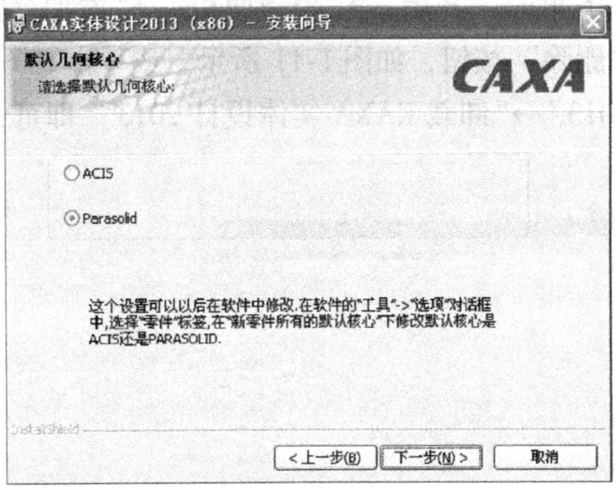

图 1-5　默认几何核心

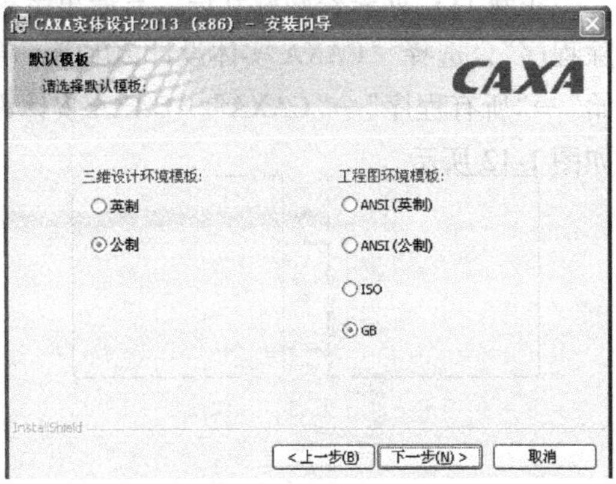

图 1-6　默认模板

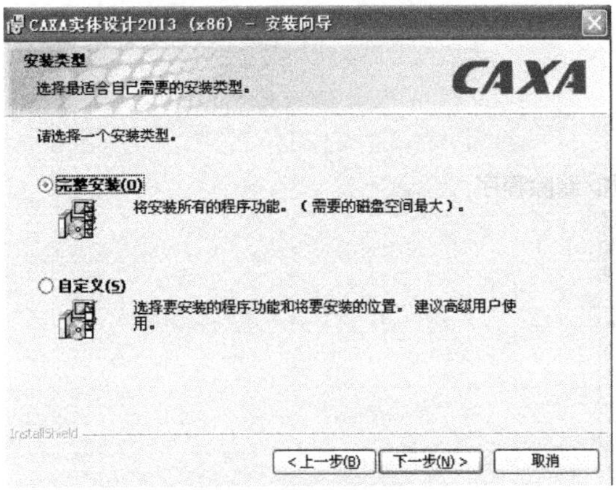

图 1-7　安装类型

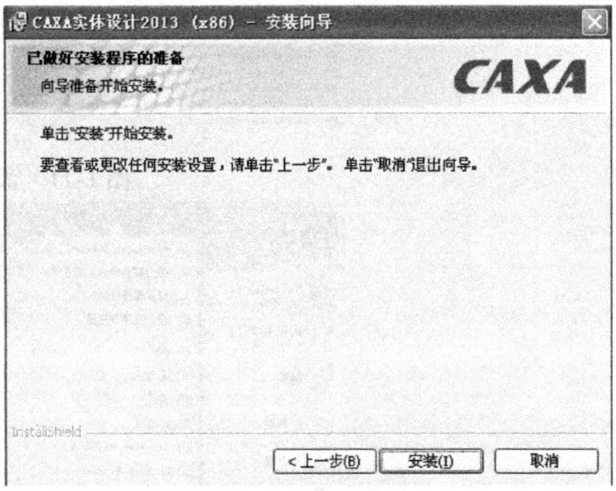

图 1-8　开始安装

步骤 10：安装完成后，弹出图 1-10 所示界面，在画面中选择“运行 CAXA 实体设计 2013”前面的复选框，单击“完成”按钮，即可运行软件。

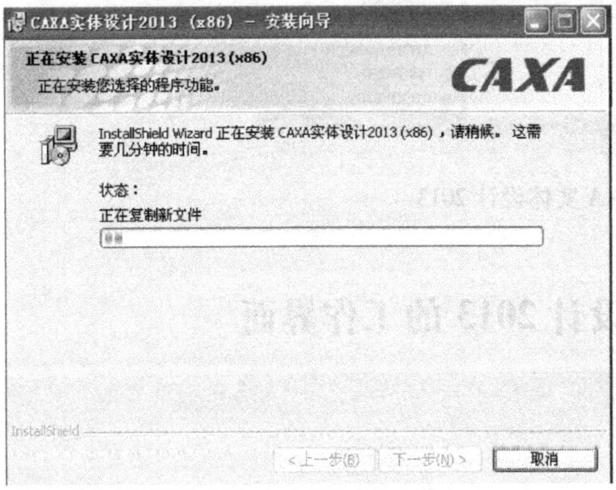

图 1-9　正在安装

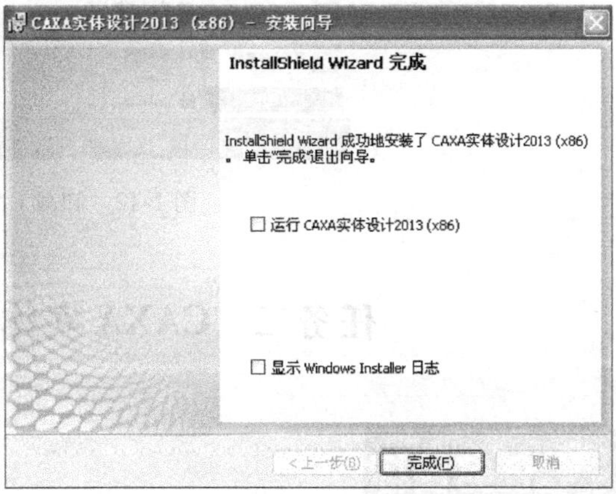

图 1-10　安装完成

步骤 11：如果要卸载软件，只需单击桌面左下角的“开始”→“控制面板”→“添加/删除程序”，选择“CAXA 实体设计 2013”，单击“删除”按钮，如图 1-11 所示，或单击“开始”→“所有程序”→“CAXA”“CAXA 实体设计 2013”→“卸载 CAXA 实体设计 2013”即可，如图 1-12 所示。

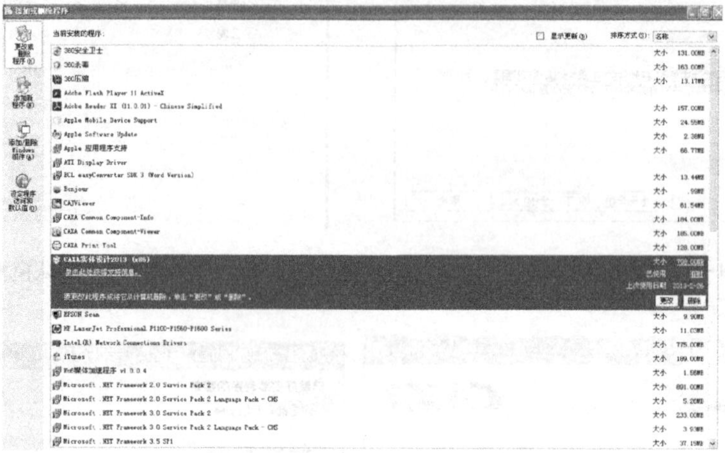

图 1-11　添加/删除程序

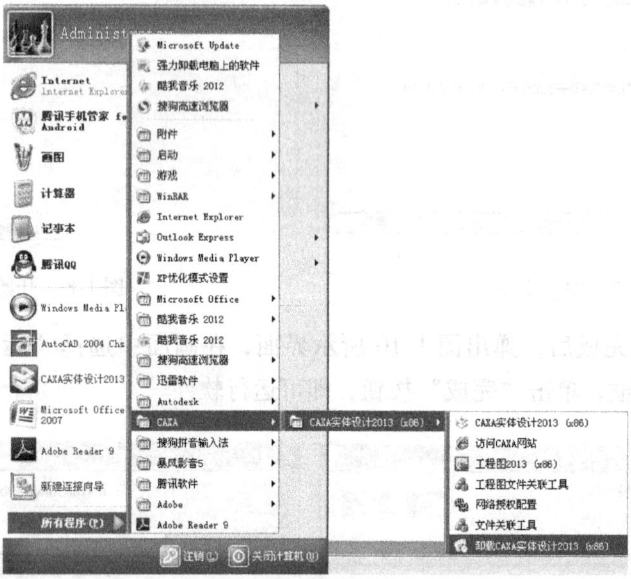

图 1-12　卸载 CAXA 实体设计 2013

任务二　CAXA 实体设计 2013 的工作界面

任务目标

1. 了解 CAXA 实体设计 2013 的工作界面与任务窗口。

2. 熟悉 CAXA 实体设计 2013 软件各功能的组成。

3. 熟悉 CAXA 实体设计 2013 提供的各种工具及条件。

CAXA 实体设计 2013 的设计环境是用户完成零件设计、装配设计、渲染设计和动画设计等任务的窗口，其工作界面提供了每一个设计环节所需要的各种工具和条件，包括标题栏、菜单浏览器、快速启动工具栏、功能区、绘图区、属性区、元素库和状态栏等。

任务实施流程

步骤 1：认识标题栏。标题栏位于 CAXA 实体设计 2013 工作界面的最上方，其上显示了当前软件的名称，当新建或打开已有文件时，在标题栏中还显示该文件的名称，在标题栏的右侧还提供了“最小化”、“最大化/还原”和“关闭”三个按钮，如图 1-13 所示。

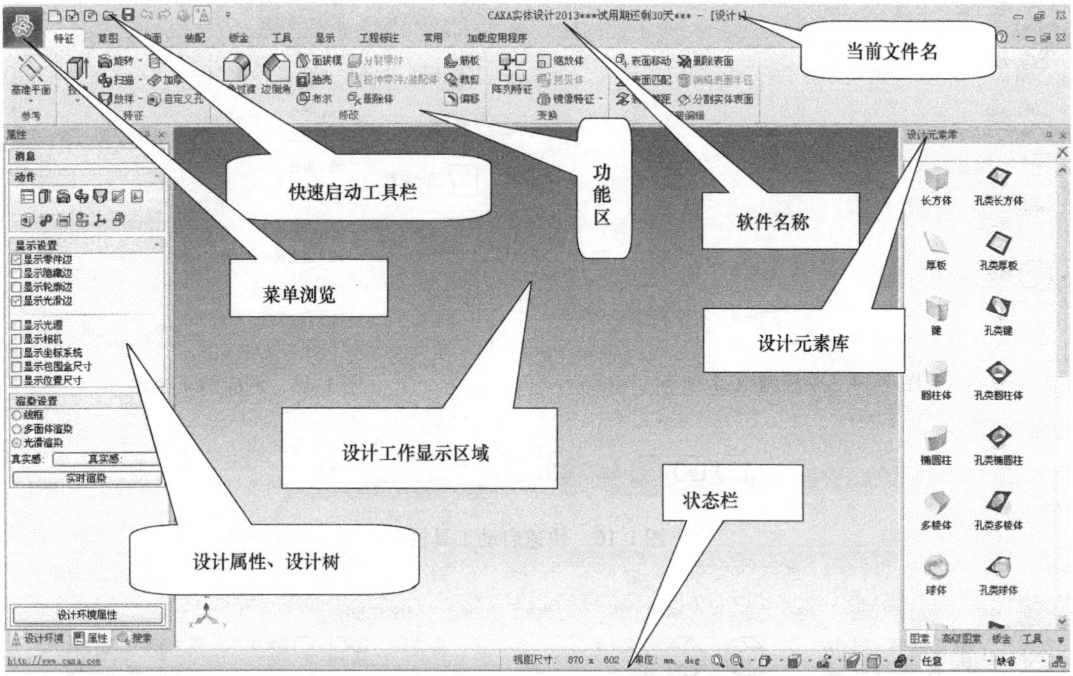

图 1-13 CAXA 实体设计 2013 的工作界面

步骤 2：认识菜单浏览器。单击界面左上角的按钮，可打开菜单浏览器，如图 1-14 所示，其中提供了各主菜单项并列出了最近使用过的文档。把鼠标指针停留在某一菜单项时，则可以打开该菜单项的子菜单，如图 1-15 所示。

步骤 3：认识快速启动工具栏。在 CAXA 实体设计 2013 工作界面的左上方有一条始终显示的工具条，为快速启动工具栏，集中了一些常用的功能按钮，如图 1-16 所示。用户可以单击按钮 来自定义快速启动工具栏。

步骤 4：认识功能区。功能区又称功能面板，在快速启动栏的下方，如图 1-13 所示。功能区分为若干选项卡，有特征、草图、曲面、装配、钣金、工具、显示、工程标注、常用和加载应用程序。每个选项卡又集中了若干面板，这样有利于用户快速选择相应的功能按钮进行设计工作。图 1-17 所示为特征选项的功能面板。

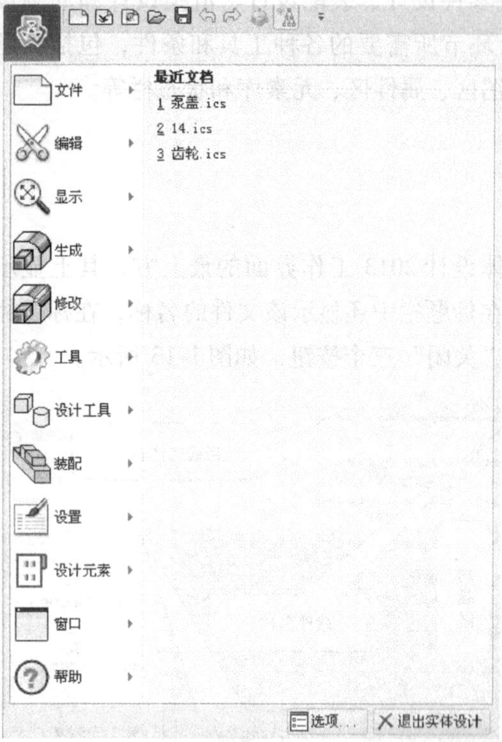

图 1-14 菜单浏览器

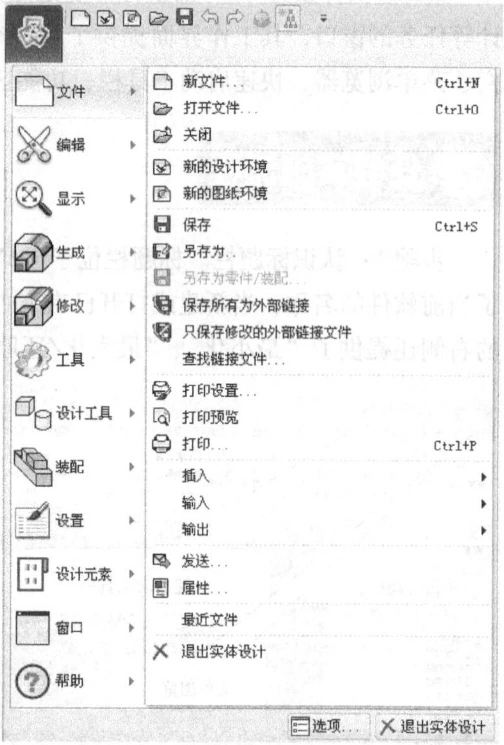

图 1-15 相应的子菜单

图 1-16 快速启动工具栏

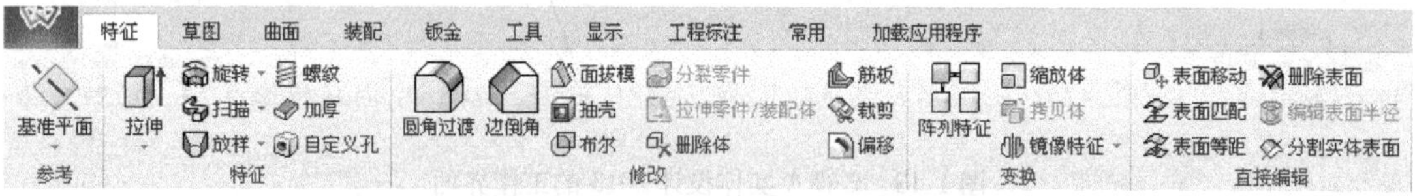

图 1-17 特征选项的功能面板

步骤 5：认识绘图区。绘图区是用来显示、处理二维图形和三维模型的工作区域。可以设置在绘图区中显示或隐藏绝对坐标系来辅助定向三维模型，如图 1-18 所示，还可以使用鼠标在绘图区中单击绝对坐标系图标的指定轴，来快速定义一个二维视向，如图 1-19 所示。

步骤 6：认识设计树和属性查看栏。设计树用来显示当前设计环境中属性结构的所有内容，从上到下表示的是对象的生成顺序，用来理解、参考或修改零件或装配件的生成过程，还可以利用设计树来快速选择图素对象。单击设计树底部的“属性”标签，可以进入属性查看栏，选择状态的常用操作和属性，进行相应的设计工作，如图 1-20 所示。

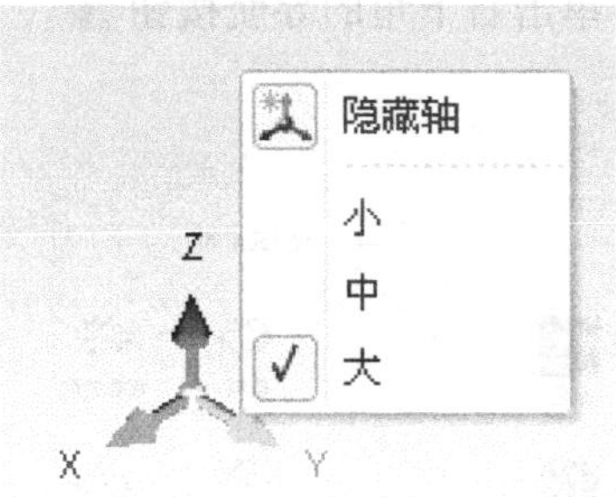

图 1-18　三维轴

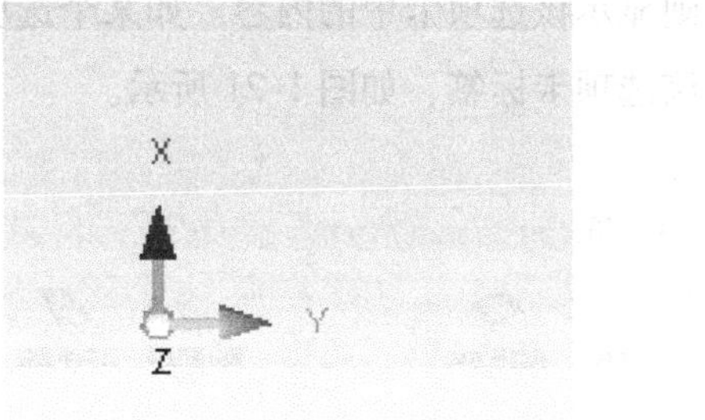

图 1-19　二维视向

图 1-20　设计环境与属性

步骤 7：认识设计元素库。CAXA 设计元素库的作用在于生成设计项目，它包含了各类设计元素资料，有图素、高级图素、颜色、钣金、动画、纹理、表面光泽、贴图和工具。可将设计元素库浮动到自己想要的位置，也可自由设置设计元素库处于自动隐藏状态，方法是单击元素库右上角的按钮 。设计元素库选项卡在右下角一行处，单击某个选项卡标签，则显示该选项卡中的内容。如某个选项卡不可见，则可单击右下角的导航按钮 ，来显示该选项卡标签，如图 1-21 所示。

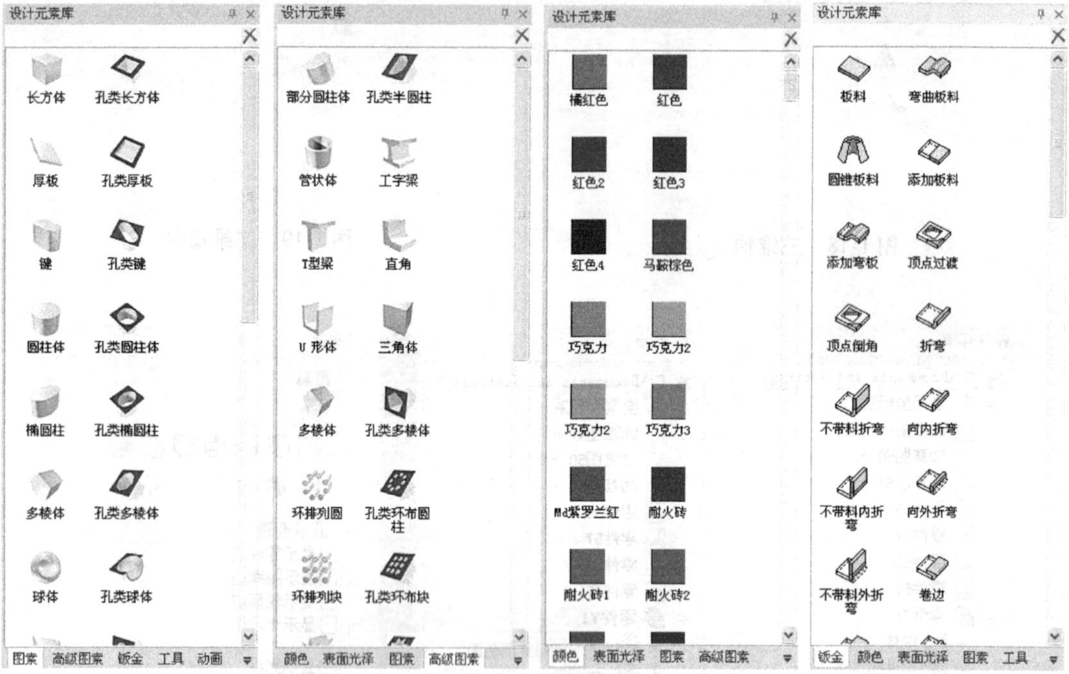

图 1-21　设计元素库

步骤 8：认识状态栏。状态栏位于窗口的最下方，如图 1-22 所示。其配置的内容包括坐标、单位、显示工具、渲染工具、切换模式工具和选择过滤器、网址链接等。右击状态栏，利用弹出的快捷菜单可配置状态栏中的显示内容。

图 1-22　状态栏

任务三　文件的基本操作

任务目标

1. 掌握创建文件的方法。
2. 掌握打开文件的方法。
3. 掌握保存文件的方法。
4. 掌握关闭文件的方法。

5. 掌握文件间切换的方法。

6. 掌握输入与输出文件的方法。

CAXA 实体设计 2013 的文件基本操作主要包括新建文件、打开文件、保存文件、关闭文件和输入与输出文件等，这些操作对应的命令主要集中在设计环境菜单的“文件”菜单和快速启动工具栏中。

任务实施流程

步骤 1：创建新文件。初次启动 CAXA 实体设计 2013 时会跳出一个对话框，如图 1-23 所示，选择创建你想要的文件。也可在菜单浏览器中选择“文件”→“新文件”命令，还可在快速启动工具栏中单击新建按钮，弹出“新建”对话框，如图 1-24 所示。该对话框的列表中提供了两个选项，即“设计”和“图纸”，前者用于创建一个新的设计环境文档，后者用于创建一个新的绘图文件。

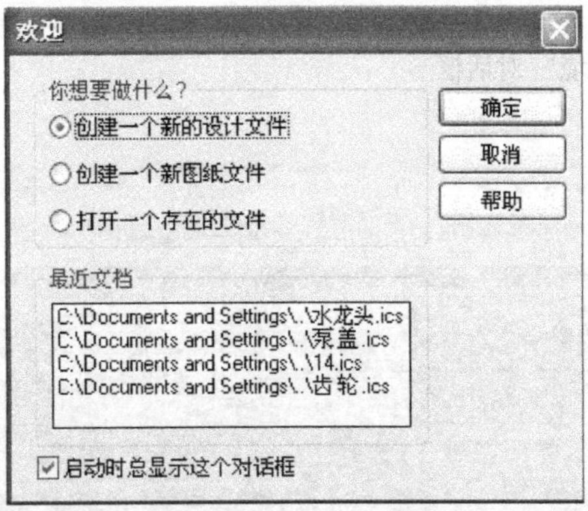

图 1-23 启动对话框

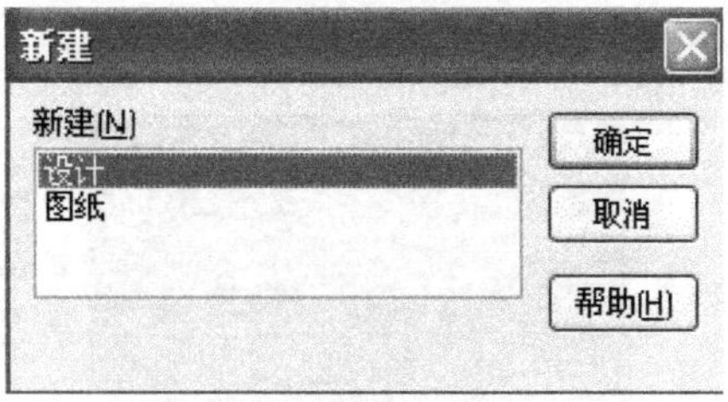

图 1-24 “新建”对话框

完成选项后，单击“确定”按钮，弹出“新的设计环境”对话框，如图 1-25 所示。从中选择一个模板，然后单击“确定”按钮，即可创建一个新的设计环境文档。

快速启动工具栏中提供了用于使用默认模板创建一个新的设计环境文档的（缺省模板设计环境）按钮，单击后出现如图 1-26 所示的设计环境；还有一个用默认模板创建一个新的图纸文档的新的图纸环境按钮，单击后出现如图 1-27 所示的图纸环境。

步骤 2：打开文件。在菜单浏览器中选择“文件”→“打开文件”命令，或者在快速启动工具栏中单击打开按钮，然后在弹出的“打开”对话框中指定文件类型，找到并选中要打开的文件，最后单击“打开”按钮即可，如图 1-28 所示。

利用该对话框选定文件类型，如 CAXA 实体设计文件（*.ics，*.exb）、设计文件（*.ics）、电子图板文件（*.exb）、DXF 文件（*.dxf）、DWG 文件（*.dwg）等，接着查找并选择要打开的文件，选中“预显”复选框时可以预览文件中的模型效果，然后单击“打开”按钮即可打开该文件。

图 1-25 “新的设计环境”对话框

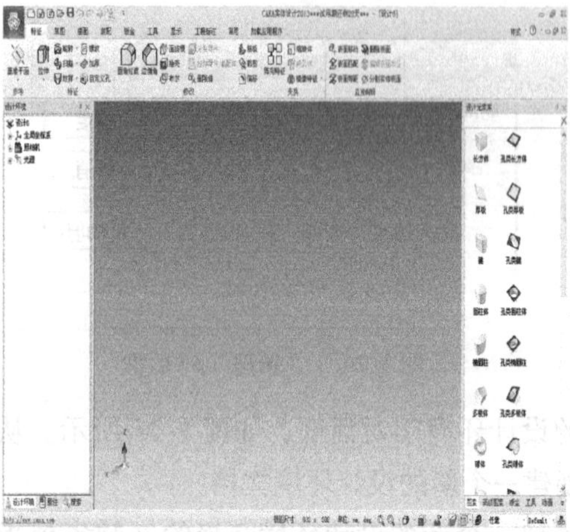

图 1-26 设计环境

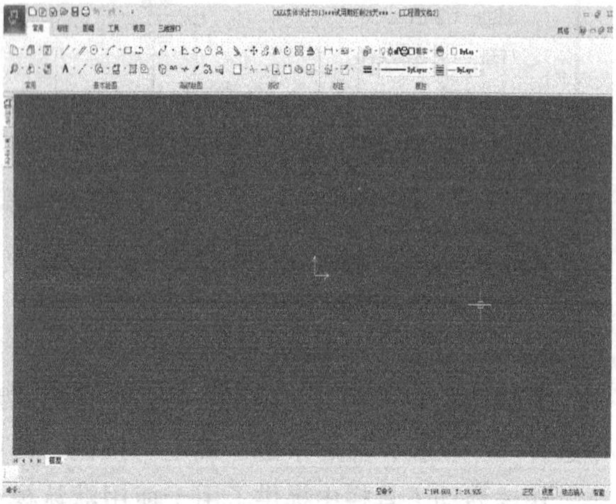

图 1-27 图纸环境

步骤 3：保存文件。对于新建的设计文件，单击快速启动栏中的保存按钮，或者在设计环境中选择“文件”→“保存”，将弹出“另存为”对话框，设置好文件的保存路径和名称以后，单击“保存（S）”按钮即可保存文件，如图 1-29 所示。对于已经保存过的设计文件，在执行保存命令时，系统会直接覆盖原文件，而不弹出“另存为”对话框。

此外，CAXA 实体设计 2013 还提供了其他保存命令，如图 1-30 所示。

1）“另存为”：使用新名称保存当前文件至指定的位置。

2）“另存为零件/装配”：将所选中的零件/装配保存到指定位置。

3）“保存所有为外部链接”：将设计环境中所有的零件/装配按设计树中的名称分别保

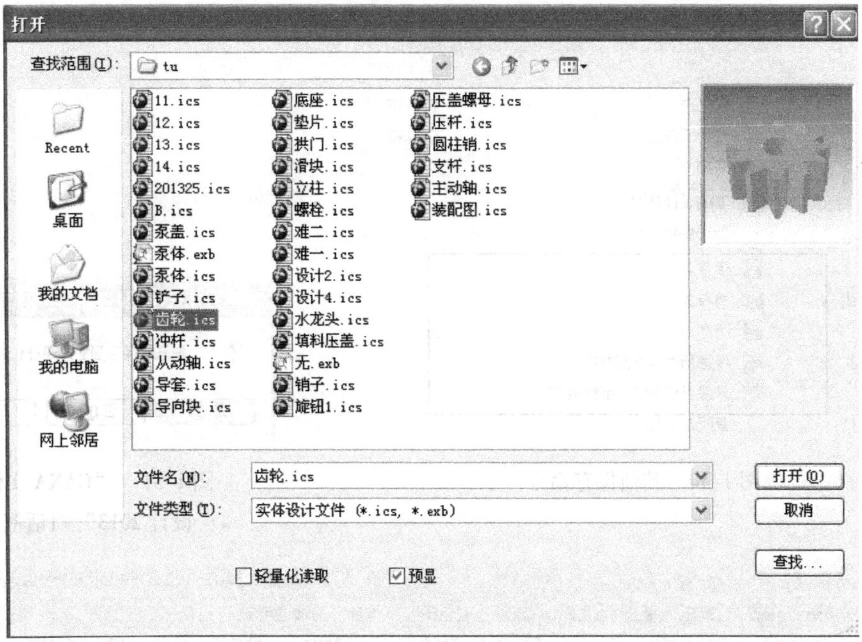

图 1-28 “打开”对话框

存到外部链接文件中。

4）“只保存修改的外部链接文件”：仅用于保存修改的零件/装配到外部链接文件中。

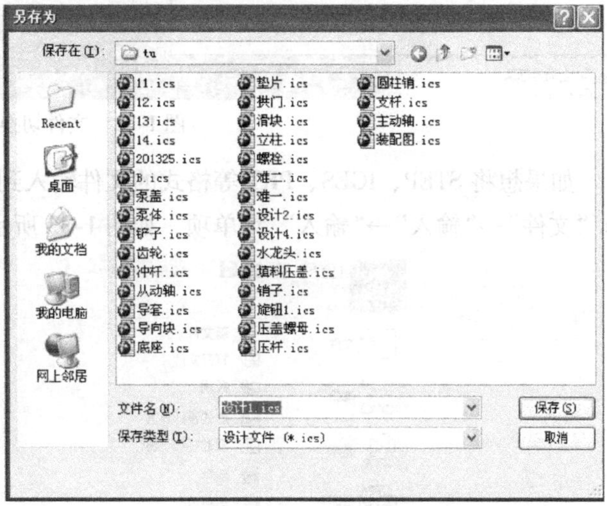

图 1-29 初次保存文件

步骤 4：关闭文件。在菜单浏览器中选择“文件”→“关闭”命令，或在界面右上角单击按钮 。如果当前文件经过修改但未加保存操作，则此时系统将会弹出“CAXA 实体设计 2013”对话框，如图 1-31 所示。

如单击“是”按钮，则会保存所做的修改并关闭该文件；若单击“否”按钮，则会关闭该文件并不保存所做的改动；若单击“取消”按钮，则取消关闭文件的操作。

步骤 5：文件间的切换。当同时打开了多个文件时，默认只有一个文件窗口是可见的。如果希望从当前文件窗口切换到其他文件窗口，可以在“常用”功能面板的“窗口”组中单击窗口按钮 ，然后从弹出的下拉列表中选择要切换到的文件窗口所对应的文件名即可，如图 1-32 所示。

步骤 6：输入与输出文件。CAXA 实体设计 2013 的文件输入/输出功能为其提供了与 Pro/E、UG、CATIA 等三维设计软件进行交互的途径。

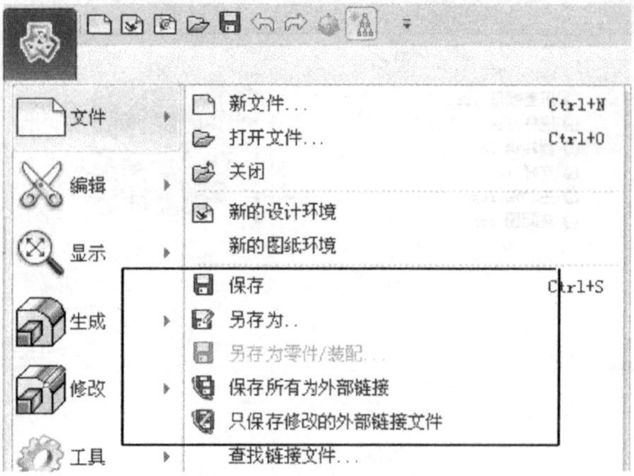

图 1-30 其他保存命令

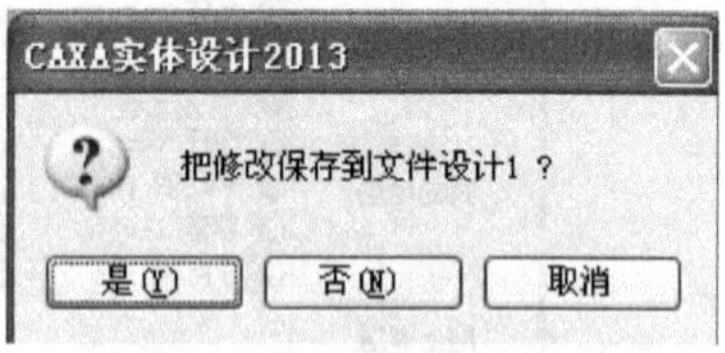

图 1-31 “CAXA 实体设计 2013”对话框

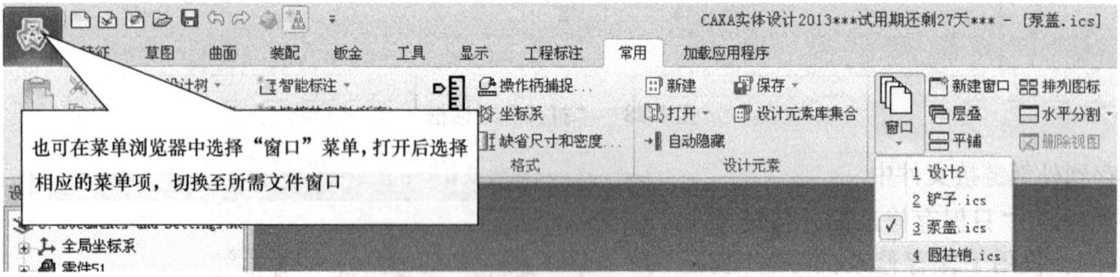

图 1-32 文件切换

如果想将 STEP、IGES、PRT 等格式的文件输入到 CAXA 中，则可在设计环境菜单中选择“文件”→“输入”→“输入”菜单项，如图 1-33 所示。

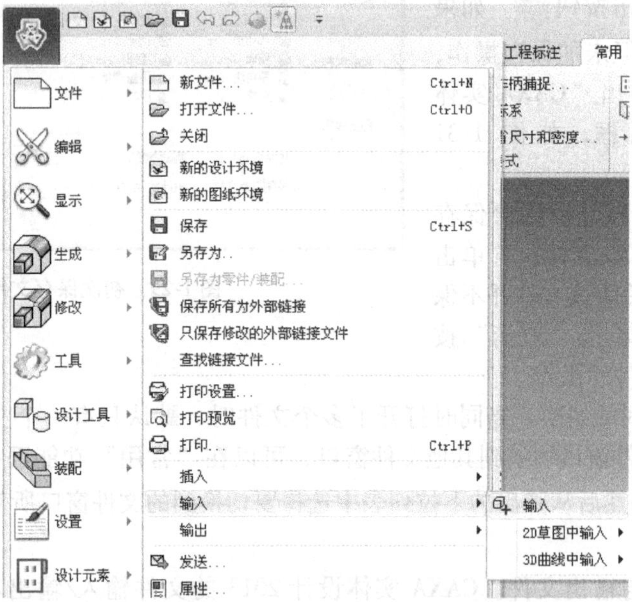

图 1-33 执行输入文件命令

在弹出的“输入文件”对话框的“文件类型”下拉列表框中选择要输入文件的类型，然后选中要输入的文件，单击“导入选项”按钮，如图 1-34 所示。

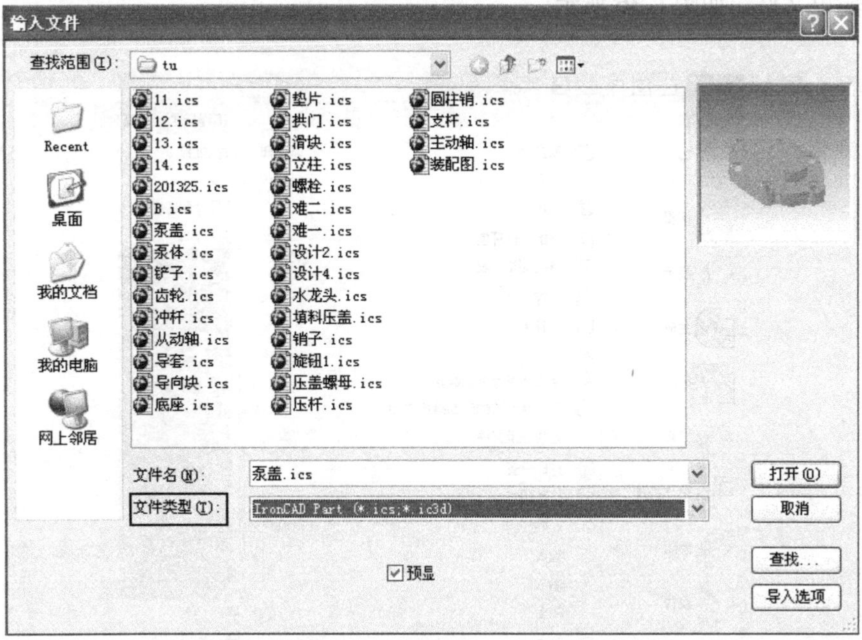

图 1-34 “输入文件”对话框

在弹出的“参数设置”对话框中设置导入选项，其余保持系统默认，然后单击“确定”按钮，如图 1-35 所示，然后返回“输入文件”对话框，单击“打开”按钮，按提示完成，即可输入文件。

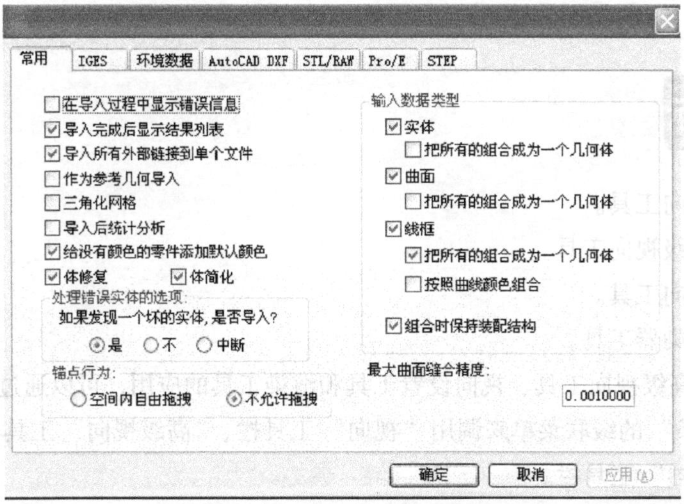

图 1-35 “参数设置”对话框

如果想将 CAXA 实体设计中的零件或装配体等对象输出成其他程序使用的数据格式，可以在菜单浏览器中依次选择“文件”→“输出”→“输出零件”菜单项，在弹出的“输出文件”对话框的“保存类型”下拉列表框中选择要输出的文件类型，然后指定文件的保存位置和名称，并单击“保存（S）”按钮，再在弹出的“输出完成”对话框中单击“确定”按钮，即可输出文件，如图 1-36 所示。

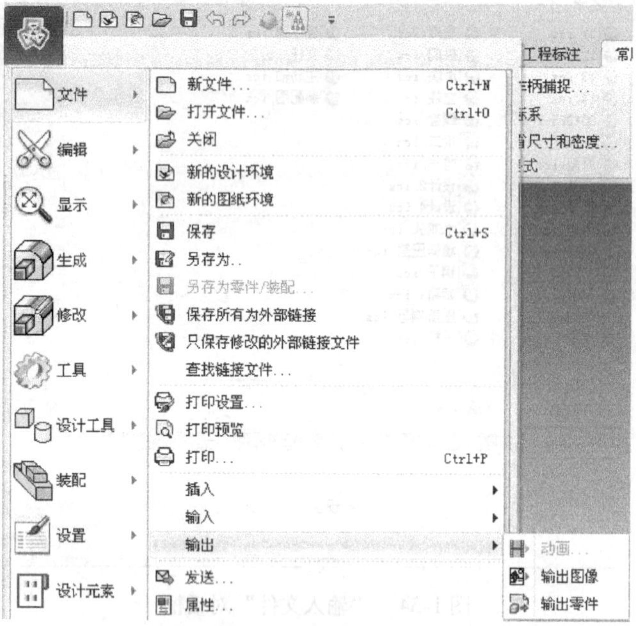

图 1-36 执行“输出文件”命令

任务四 三维模型显示状态的设置

任务目标

1. 会使用视向工具。
2. 会使用高级视向工具。
3. 会设置视向工具。
4. 会使用渲染器工具。

视向工具、高级视向工具、视向设置工具和渲染工具的应用，可以通过菜单浏览器中的“显示”→“工具条”的级联菜单来调用“视向”工具栏、“高级视向”工具栏、“视向设置”工具栏及“渲染器”工具栏。

任务实施流程

步骤 1：认识视向工具。可以通过菜单浏览器中的“显示”→“显示”，也可以在功能区空白处单击鼠标右键，在工具条设置中选择“视向”工具条，单击调出视向工具。视向工具各功能参见表 1-1。

表 1-1 视向工具各功能

工具图标	功能	工具图标	功能	工具图标	功能
	显示平移，“F2”		局部放大		恢复视向
	动态旋转，“F3”		指定面，“F7”		取消视向操作
	前后缩放，“F4”		指定视向点		恢复视向操作
	任意视向，拖光标		显示全部		透视，“F9”
	动态缩放，“F5”		保存视向		

步骤 2：认识高级视向工具。可以通过菜单浏览器中的“显示”→“工具条”→“高级视向”，也可以在功能区空白处单击鼠标右键，在工具条设置中调出“高级视向”工具条。把光标停在相关的图标上，系统会自动弹出相关命令的提示信息。高级视向工具各功能参见表 1-2。

表 1-2 高级视向工具各功能

工具图标	功能	工具图标	功能	工具图标	功能
	向上移动		向左倾斜		圆周运动向下
	向下移动		向右倾斜		圆周运动向左
	向左移动		左卷		圆周运动向右
	向右移动		*Z* 向		加大视向透视宽度
	向上倾斜		右卷		缩小视向透视宽度
	向下倾斜		圆周运动向上		

步骤 3：视向工具的设置。使用视向设置工具可快速设置实体造型在设计环境中的视向。

视向设置工具各功能参见表 1-3。

表 1-3 视向设置工具各功能

工具图标	功能	工具图标	功能	工具图标	功能	工具图标	功能
	主视图		右视图		T. F. L		B. F. R
	俯视图		后视图		T. F. R		
	左视图		仰视图		B. F. L		

步骤 4：渲染器工具。利用渲染器工具可以快速地设置三维实体的渲染风格和一些高级渲染等。渲染器工具的功能参见表 1-4。

表 1-4 渲染器工具的功能

工具图标	功能	工具图标	功能	工具图标	功能
	明暗渲染		隐藏线为实线		设置选项
	带边的明暗渲染		带隐藏边的线框		开始进行渲染
	带隐藏边的明暗渲染		线框不显示隐藏边		

项目二

简单机械零件的设计

学习目标

1. 掌握智能图素的应用方法。
2. 掌握三维球工具的使用方法。
3. 掌握二维草图的绘制方法。
4. 掌握特征生成工具的应用方法。
5. 掌握修改、变换、编辑特征的方法。

任务一　销　　轴

任务目标

通过绘制如图 2-1 所示的销轴，达到以下目标。

1. 了解设计元素库的应用方法。
2. 了解拖放式设计方法。
3. 认识智能捕捉、编辑与搭建方法。
4. 了解包围盒的编辑方法。
5. 认识倒圆角功能。

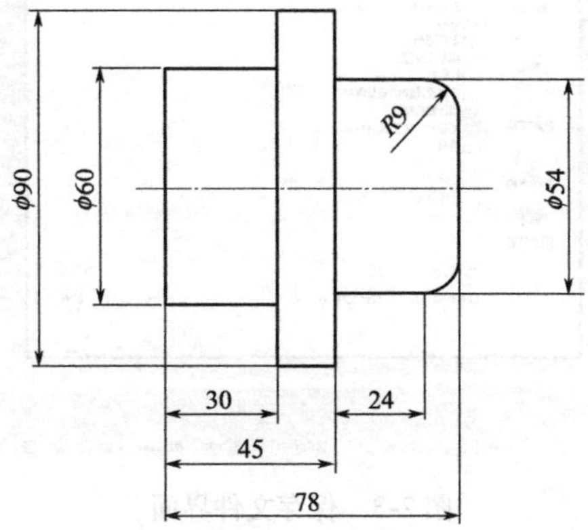

图 2-1　销轴

任务实施流程

步骤 1：启动 CAXA 实体设计 2013，创建一个新的设计文件，设置缺省模板，进入其三维设计环境，如图 2-2 所示。

图 2-2 “新的设计环境”对话框

步骤 2：将文件保存到 E 盘，文件名为“销轴”，如图 2-3 所示。

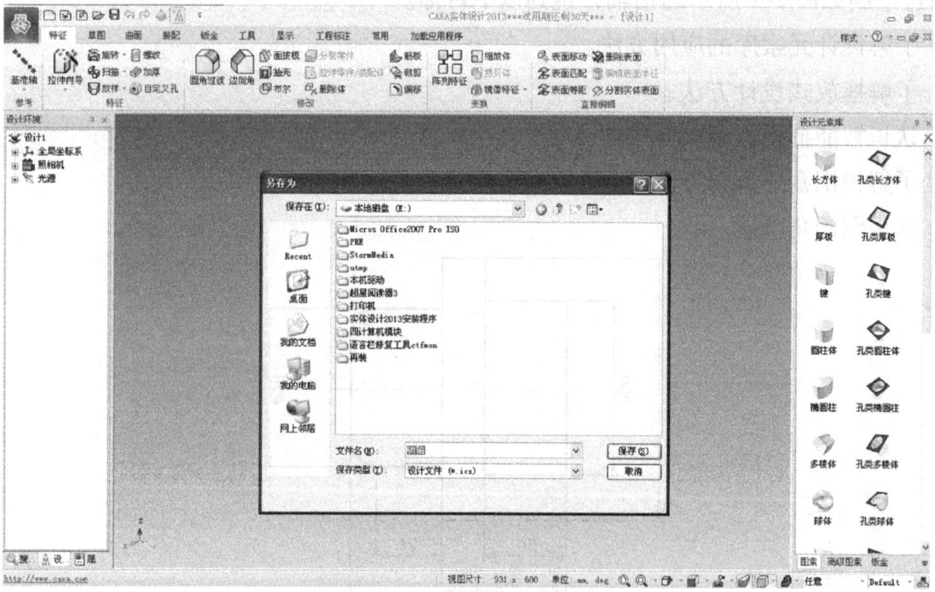

图 2-3 保存文件界面

步骤 3：拖放圆柱体。在设计元素库的“图素”中，单击选中“圆柱体”，按住鼠标左键不放，拖至绘图区再放开，如图 2-4 所示。

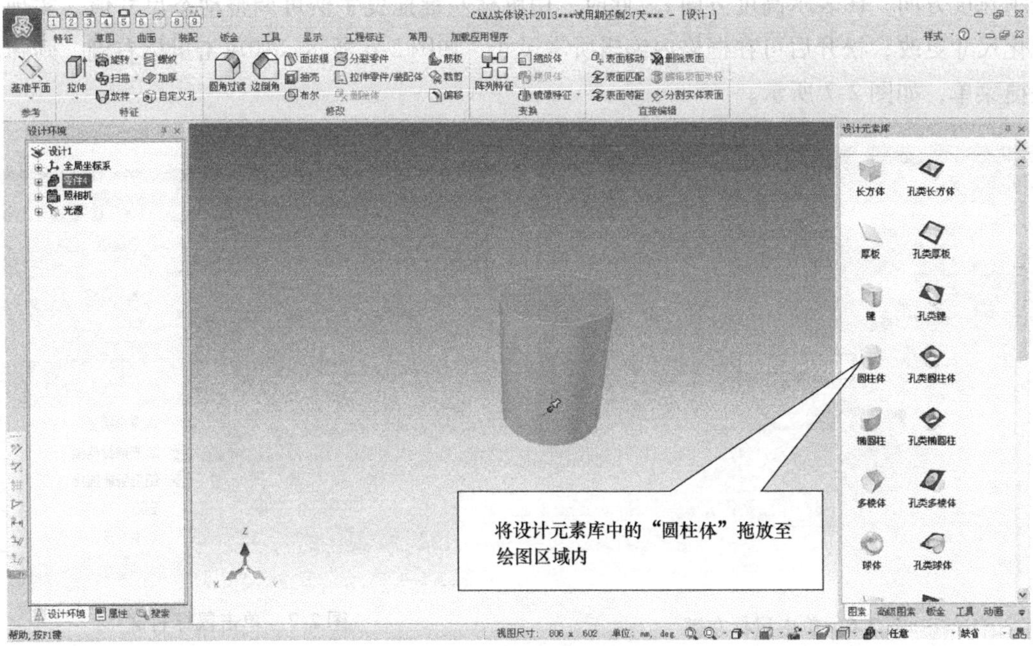

图 2-4　圆柱体的创建

步骤 4：单击两次圆柱体，进入智能图素的编辑状态，此时会显示红颜色的智能图素操作手柄及黄颜色的智能图素包围盒，如图 2-5 所示。

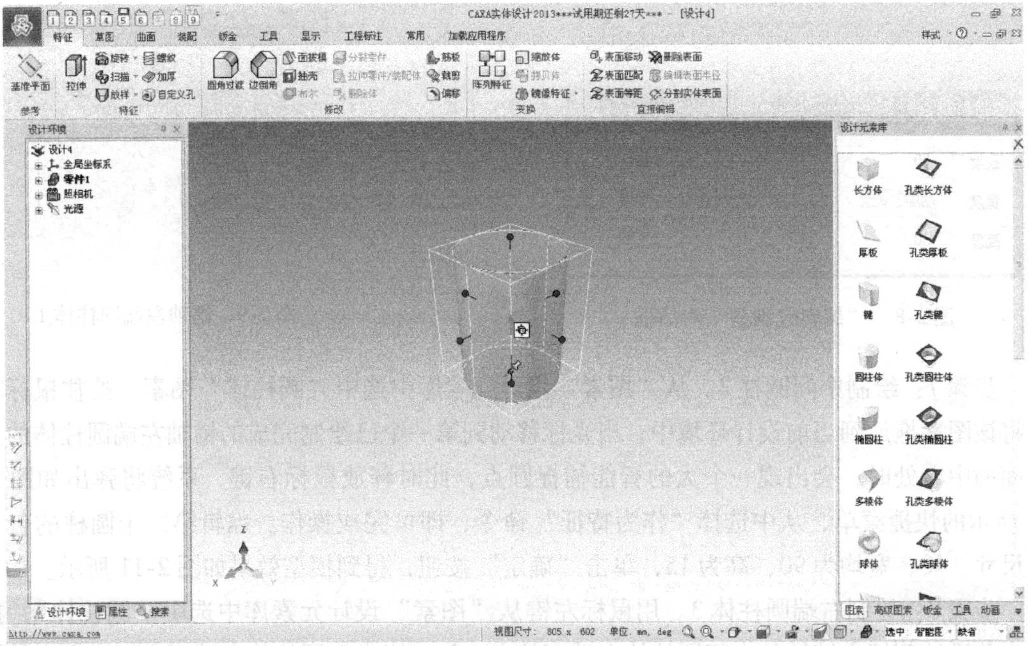

图 2-5　智能图素编辑状态

步骤 5：将鼠标放置在智能图素操作手柄处，手柄由红色变为黄色，并在手柄处出现一个小手、两个箭头和一个字母（字母表示该操作手柄的调整方向，其中 L 表示长度方向，W 表示宽度方向，H 表示高度方向）。此时，用鼠标左键拖曳手柄可调整动态尺寸值，实现可视化尺寸更改，松开后可在框格内编辑所需尺寸，如图 2-6 所示。如单击鼠标右键，则弹出快捷菜单，如图 2-7 所示。

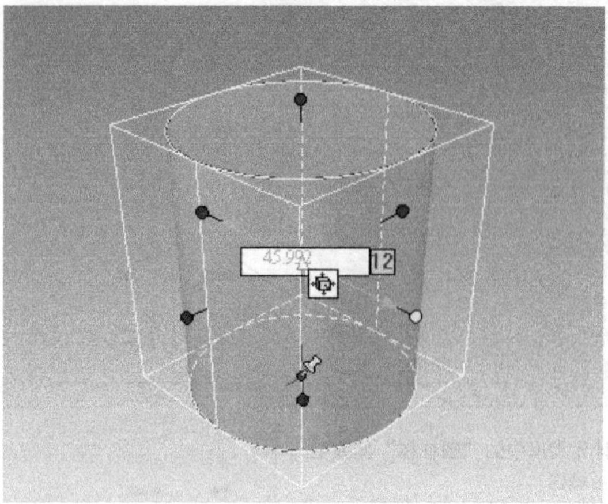

图 2-6　单击鼠标左键

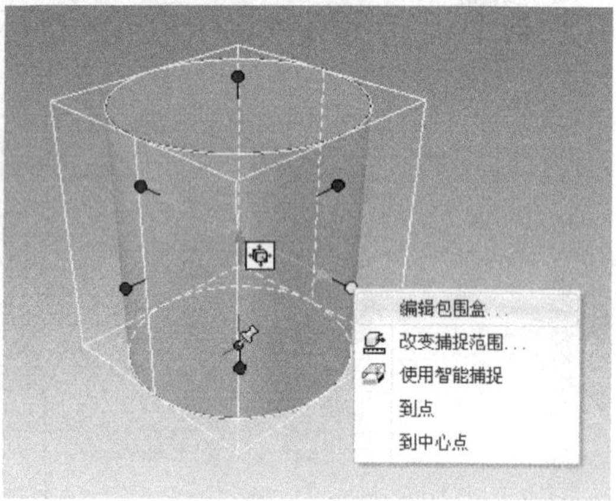

图 2-7　单击鼠标右键

步骤 6：选择“编辑包围盒”，在弹出的“编辑包围盒”对话框中输入长度为 60、宽度为 60、高度为 30，如图 2-8 所示。完成输入后，单击“确定”按钮，即可得到销轴左端圆柱体，如图 2-9 所示。

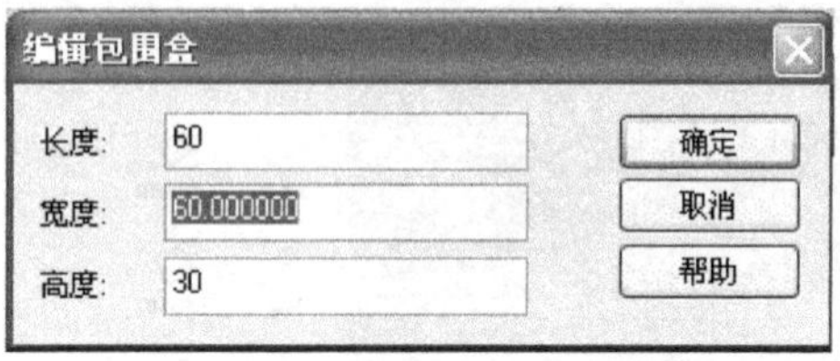

图 2-8　“编辑包围盒”对话框

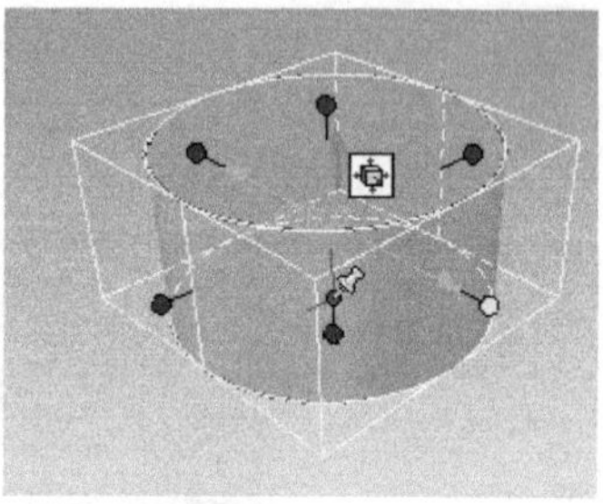

图 2-9　销轴左端圆柱体 1

步骤 7：绘制中间圆柱 2。从“图素”设计元素库中选中“圆柱体”图素，按住鼠标右键将该图素拖放到当前设计环境中，当光标移动到第一个已绘制完成的销轴左端圆柱体的上端面的中心处时，会出现一个大的智能捕捉圆点，此时释放鼠标右键，系统将弹出如图 2-10 所示的快捷菜单，从中选择“作为特征”命令，即可完成操作。编辑第二个圆柱的包围盒尺寸，长、宽均为 90，高为 15，单击“确定”按钮，得到模型效果如图 2-11 所示。

步骤 8：绘制右端圆柱体 3。用鼠标左键从“图素”设计元素库中选中“圆柱体”，拖至当前设计环境中销轴的中间圆柱体上端面的中心处，当中间圆柱体上端面出现一个大的智能捕捉圆点时，释放鼠标左键，并编辑右端圆柱体的包围盒尺寸，如图 2-12 所示，长、宽均为 54，高为 33，得到模型效果如图 2-13 所示。

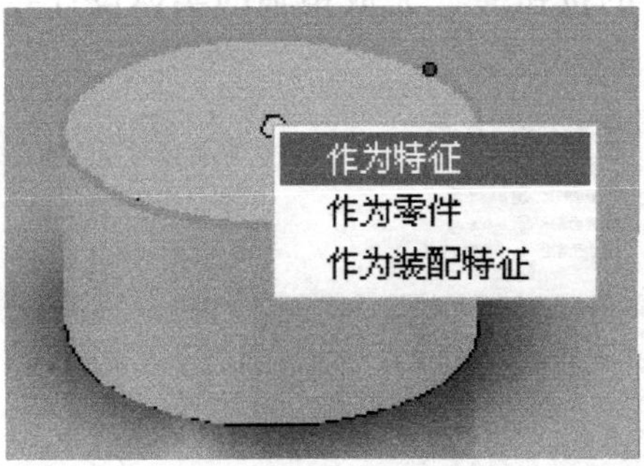

图 2-10　用鼠标右键拖曳后系统弹出的快捷菜单

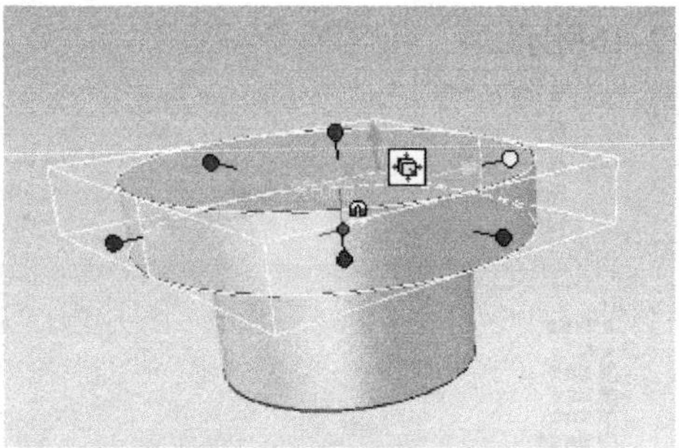

图 2-11　销轴中间圆柱体 2

图 2-12　“编辑包围盒”对话框

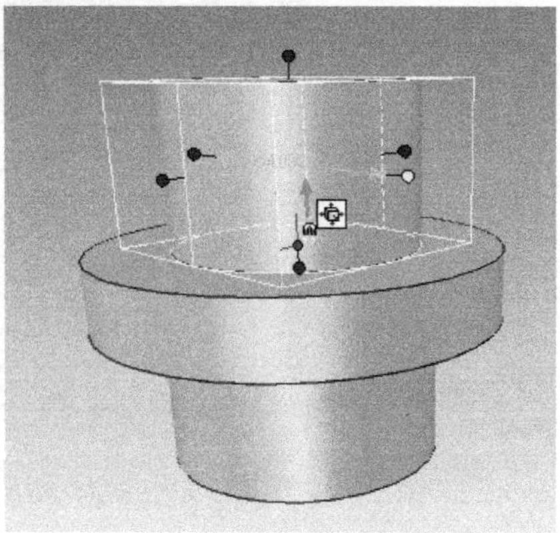

图 2-13　右端圆柱体 3

步骤 9：给右端圆柱倒圆角。单击“特征”菜单中的“圆角过渡”工具按钮，在屏幕左侧的“属性”对话框中修改半径为 9，如图 2-14 所示。单击选择右端圆柱体 3 的右端圆周为倒角边，如图 2-15 所示。

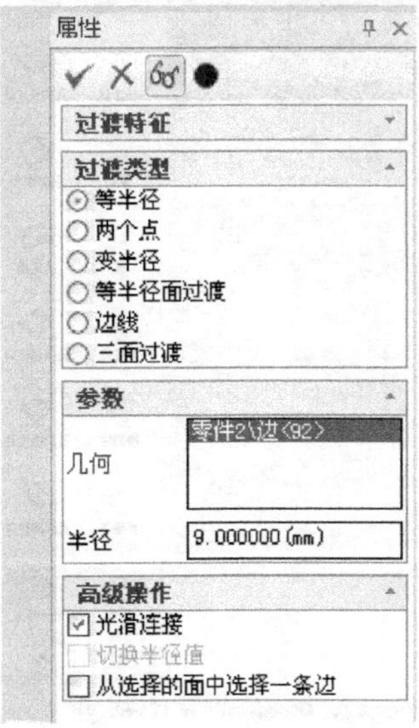

图 2-14　“属性”对话框

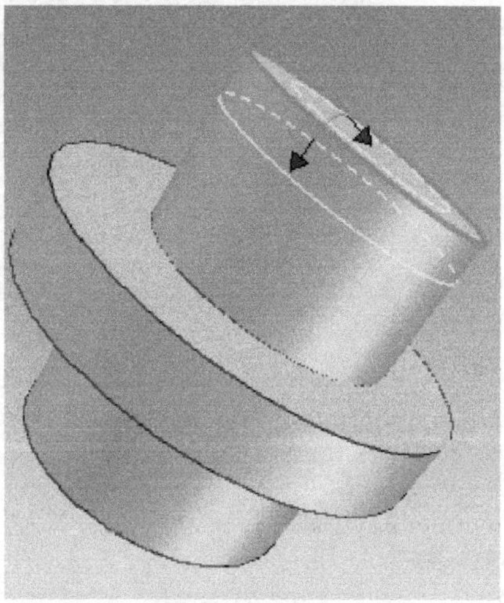

图 2-15　选择右端圆周为倒角边

步骤 10：单击图 2-14 所示“属性”对话框中的按钮✓，完成销轴的实体设计，如图 2-16所示。

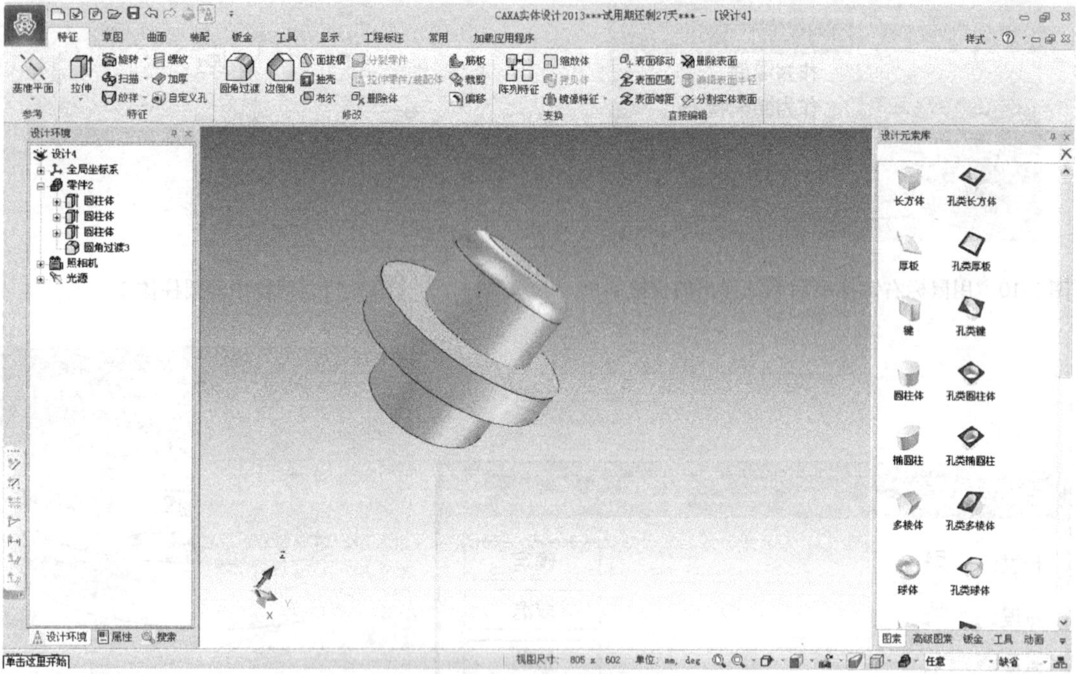

图 2-16　销轴的三维模型

步骤 11：通过三维模型显示状态设置，或使用鼠标在绘图区域中单击绝对坐标系图标的指定轴，设置销轴的显示状态为水平放置，如图 2-17 所示。

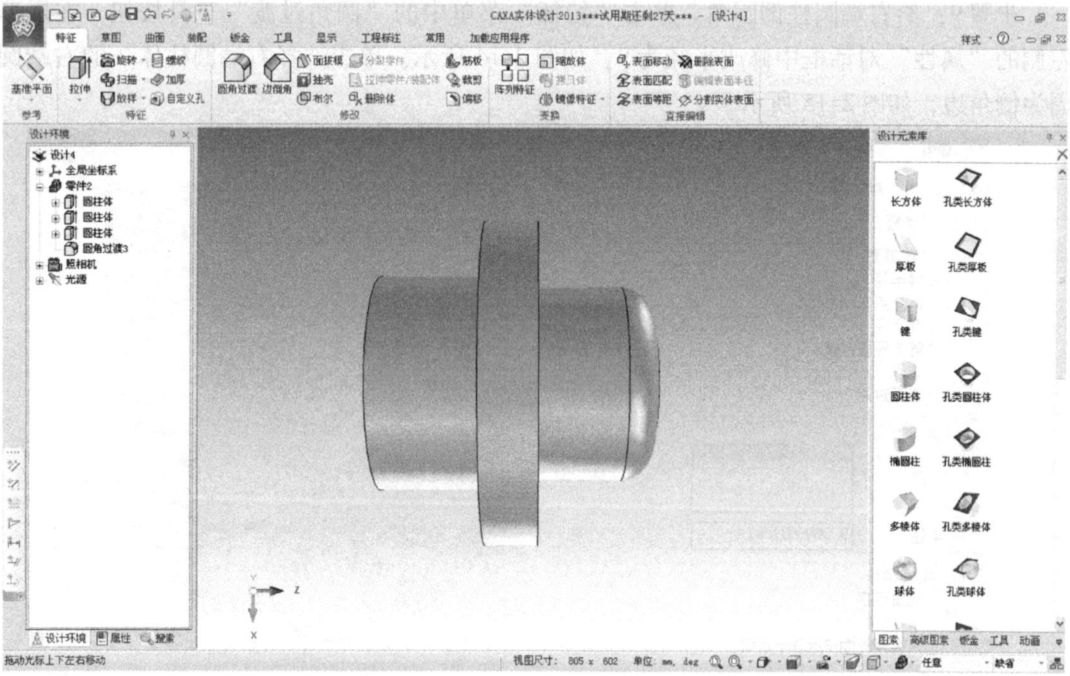

图 2-17　水平放置的销轴

任务二 螺 母

任务目标

通过绘制如图 2-18 所示的螺母，达到以下目标。

1. 了解设计元素库的“高级图素”选项。
2. 认识表面编辑的功能。
3. 认识修饰螺纹的方法。

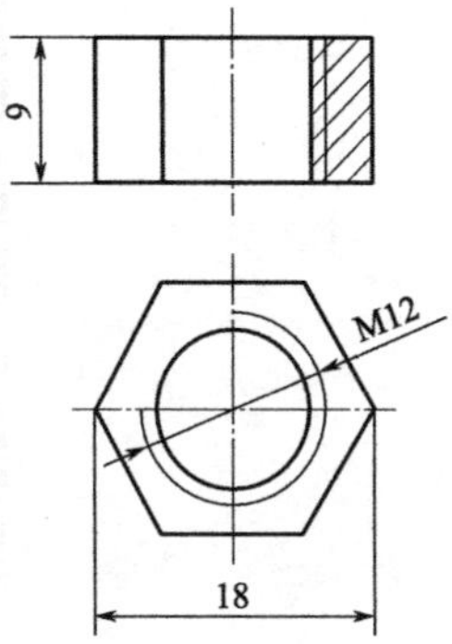

图 2-18 螺母

任务实施流程

步骤 1：建立“螺母”文件，保存至 E 盘，如图 2-19 所示。

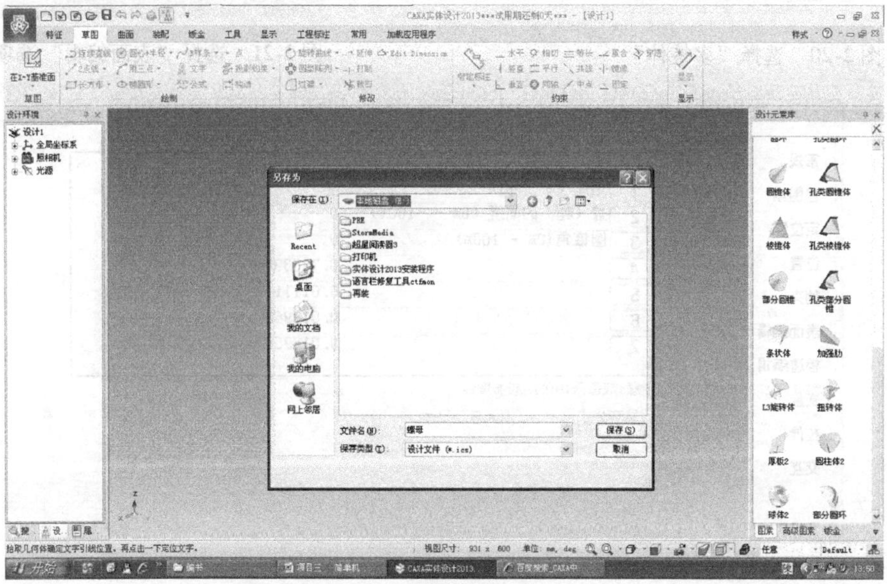

图 2-19 保存“螺母”文件

步骤 2：在设计元素库的“高级图素”选项卡中选择“多棱体”拖放至绘图区，如图 2-20 所示。

步骤 3：在智能图素状态下右键单击多棱体，在弹出的菜单中选择“表面编辑”选项，如图 2-21 所示。

步骤 4：出现“拉伸特征”对话框后选择“变量”选项卡，并将“边数”改为“6”，如图 2-22 所示。

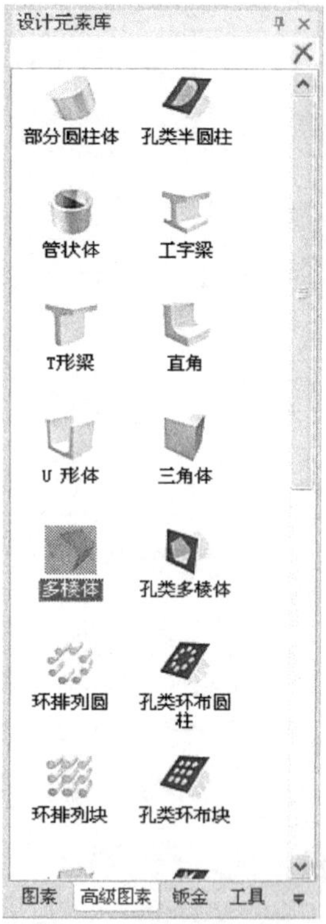

图 2-20 选择“多棱体”

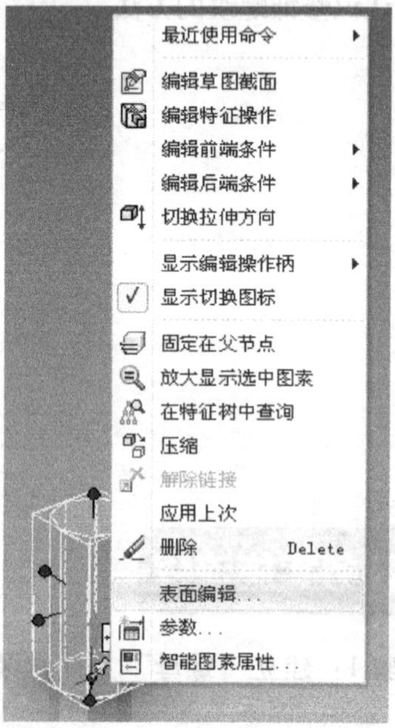

图 2-21 选择“表面编辑”选项

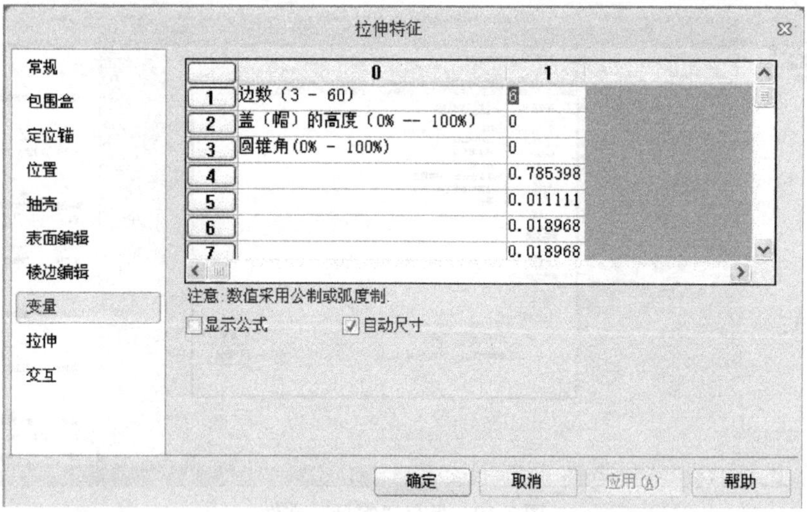

图 2-22 修改多棱体的边数

步骤5：选择“包围盒”选项卡，将长度和宽度均设为18，将高度设为9，如图2-23所示，单击“确定”按钮后得到六棱体，如图2-24所示。

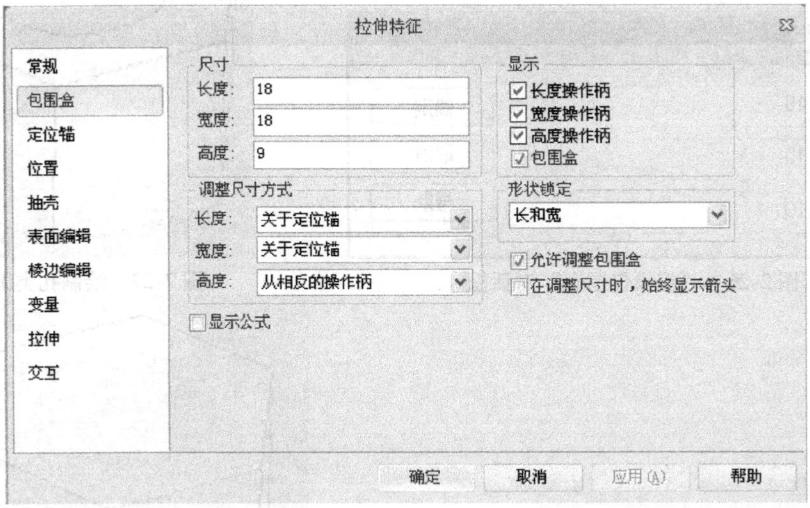

图2-23 修改多棱体的尺寸

步骤6：在设计元素库中选择“孔类圆柱体”拖放至六棱体上端面中心处（此时上端面和中心均变成绿色）松开，绘制内孔，如图2-25所示。在红色手柄处单击鼠标右键，通过包围盒修改尺寸（高度大于等于六棱体高度），如图2-26所示，单击“确定”按钮后，零件如图2-27所示。

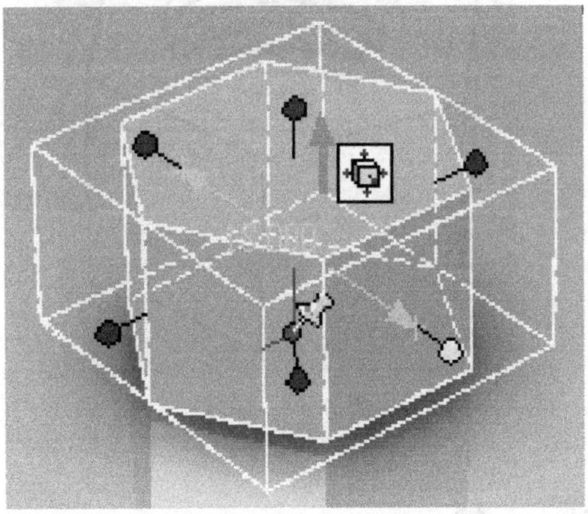

图2-24 绘制六棱体

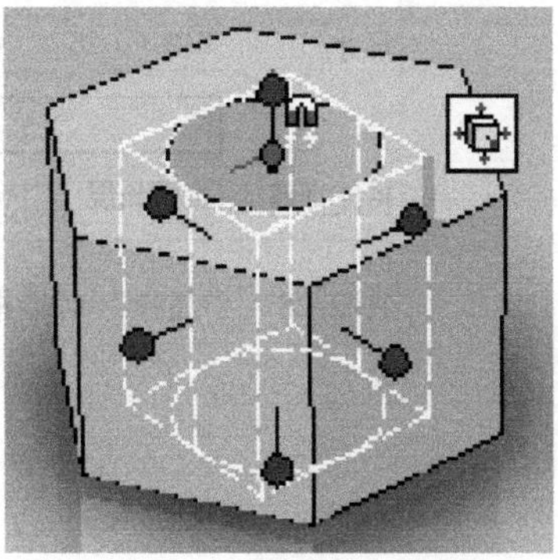

图2-25 绘制内孔

步骤7：单击“工程标注”菜单中的“修饰螺纹”工具按钮，弹出其“属性”对话框，如图2-28所示，选择内孔上面圆周（此时螺纹尺寸自动变为M12，螺距可选择），如图2-29所示，单击“属性”对话框中的“确定”按钮，完成的零件如图2-30所示。

图 2-26 “编辑包围盒”对话框

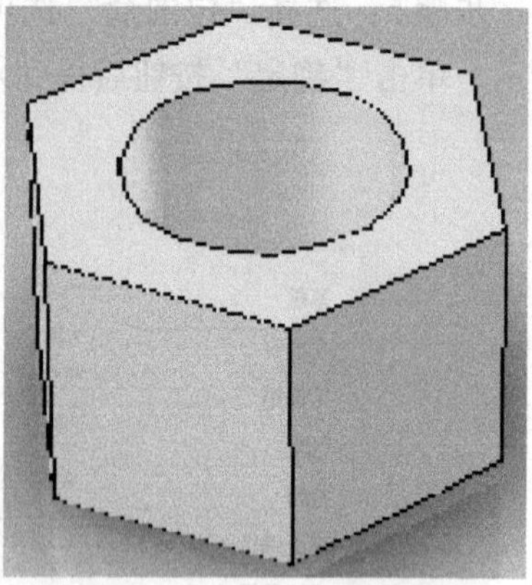

图 2-27 绘制孔类圆柱体

图 2-28 “属性”对话框

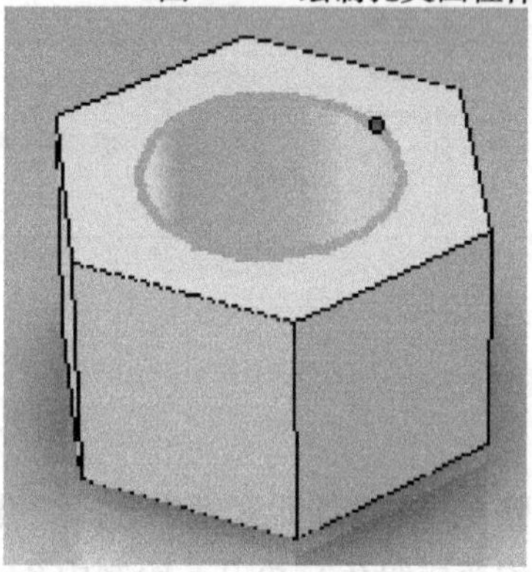

图 2-29 选择圆周

图 2-30 螺母

任务三 齿　　轮

任务目标

通过绘制如图 2-31 所示的直齿圆柱齿轮，达到以下目标。

1. 认识设计元素库的“工具”选项。
2. 了解标准件的参数化造型方法。
3. 掌握用“拉伸”命令生成零件的方法。
4. 掌握草图的绘制和约束的正确使用方法。

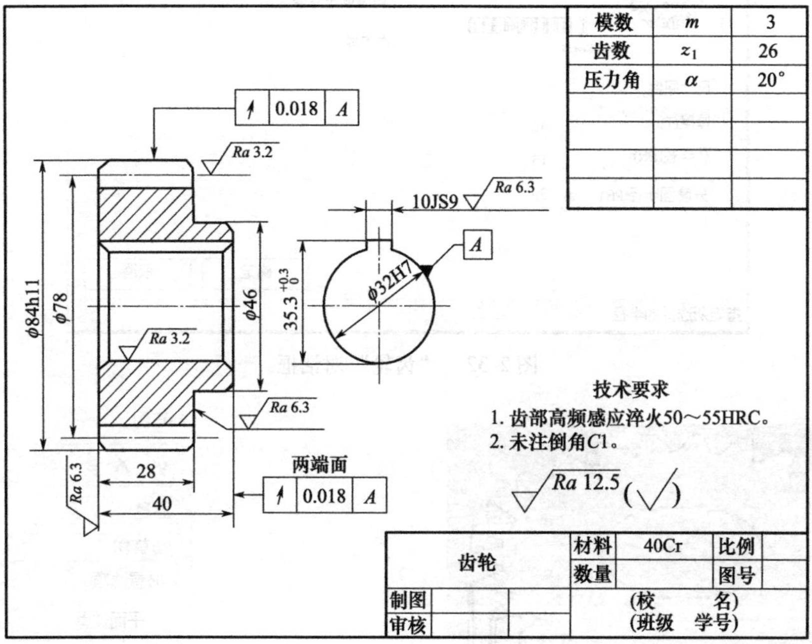

图 2-31 直齿圆柱齿轮

任务实施流程

步骤 1：建立“齿轮”文件，保存至 E 盘。

步骤 2：绘制直齿轮。在设计元素库的“工具”选项卡中选择“齿轮”拖放至绘图区，弹出“齿轮”对话框，默认的已是直齿轮，根据图样要求填写参数，如图 2-32 所示，单击“确定”按钮后，得到直齿轮，如图 2-33 所示。

步骤 3：修改齿轮外形。

单击“特征”选项卡中的“拉伸向导”按钮，弹出“2D 草图”对话框，如图 2-34 所示。

单击齿轮上表面的圆心作为定位面，如图 2-35 所示。

在弹出的“拉伸特征向导”对话框中，选择“除料”和“实体”，如图 2-36 所示。

单击“下一步”按钮，进入“拉伸特征向导”第 2 步，如图 2-37 所示。

单击“下一步”按钮，进入“拉伸特征向导”第 3 步，将距离改为 12，如图 2-38 所示。

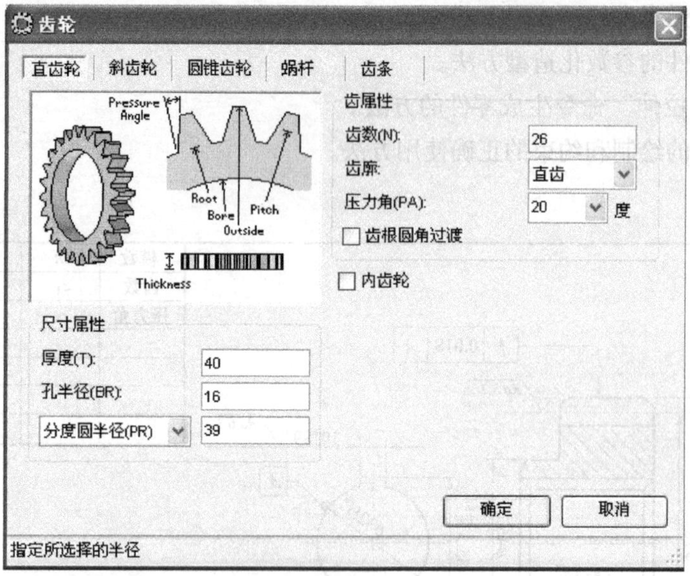

图 2-32 “齿轮”对话框

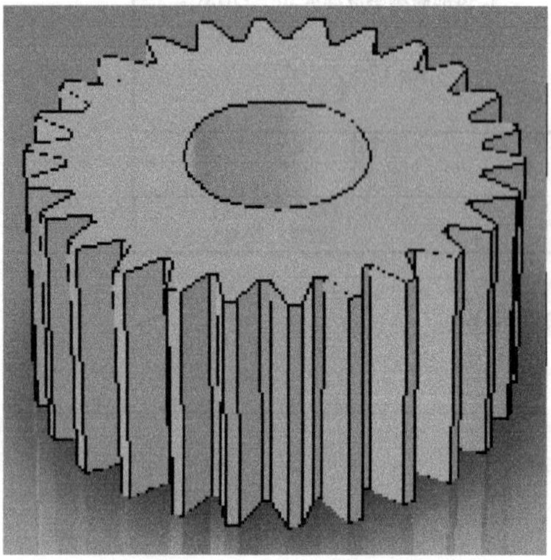

图 2-33 直齿轮

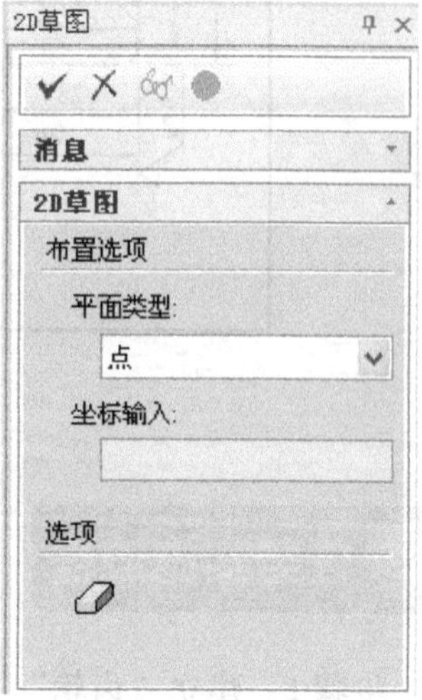

图 2-34 “2D 草图”对话框

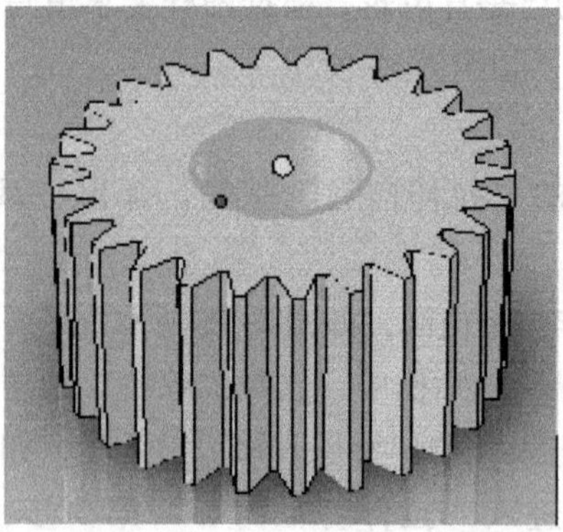

图 2-35 选择圆心

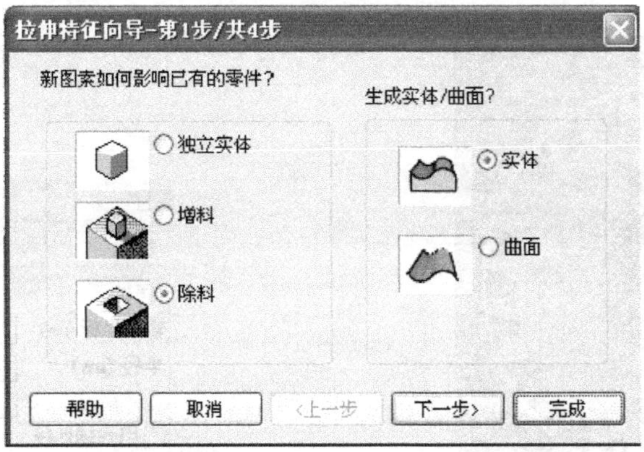

图 2-36 “拉伸特征向导”第 1 步

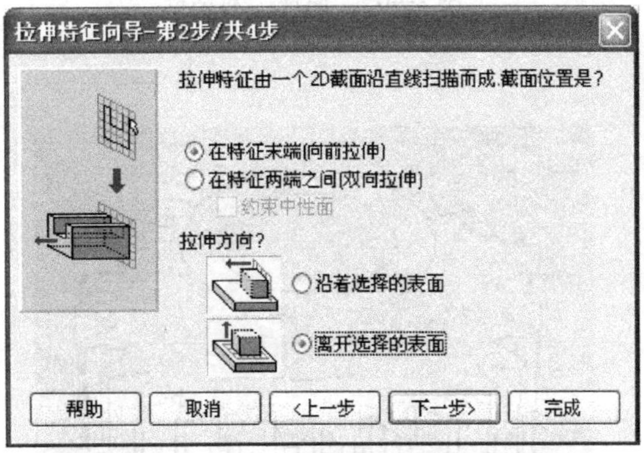

图 2-37 “拉伸特征向导”第 2 步

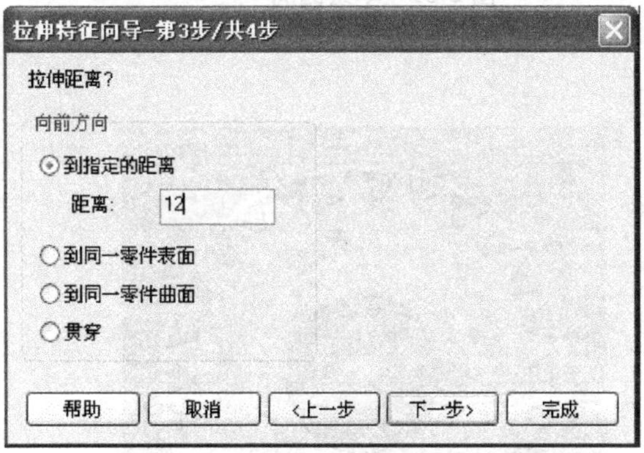

图 2-38 “拉伸特征向导”第 3 步

再次单击“下一步”按钮，接着单击“完成”按钮后进入草图界面，单击“圆心+半径”工具按钮，单击草图中心为圆心，以齿顶圆处为半径绘出圆周一，如图 2-39 所示，按 Esc 键退出。

绘制圆周二时，在左侧的“属性”对话框中输入半径值 23，如图 2-40 所示，回车后得到圆周二，如图 2-41 所示。单击“完成”按钮，结束草图编辑，得到齿轮外形，如图 2-42 所示。

步骤 4：绘制键槽孔。

再次单击“拉伸向导”按钮，弹出“2D 草图”对话框，依然将齿轮上表面的圆心作为定位面，弹出“拉伸特征向导”对话框，选择“除料”和“实体”，单击“下一步”按钮进入“拉伸特征向导”第 2 步，单击“下一步”按钮进入“拉伸特征向导”第 3 步，选择“贯穿”，如图 2-43 所示。

再次单击“下一步”按钮，进入“拉伸特征向导”第 4 步，如图 2 44 所示。

接着单击“完成”按钮后，进入草图界面，单击工具按钮“长方形”，在键槽的位置附近绘制任一长方形，如图 2-45 所示。

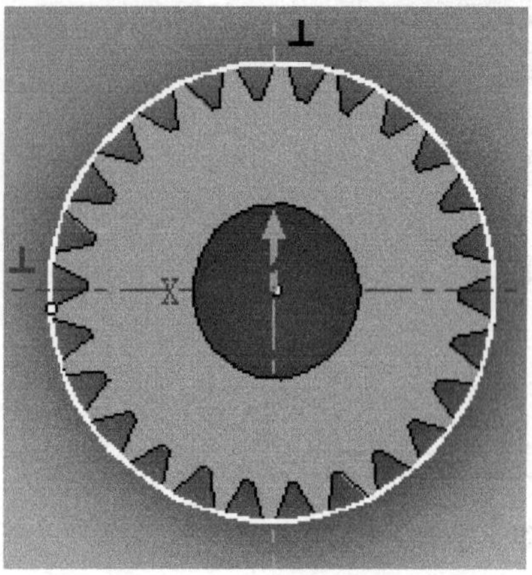

图 2-39 草绘圆周一

图 2-40 “属性”对话框

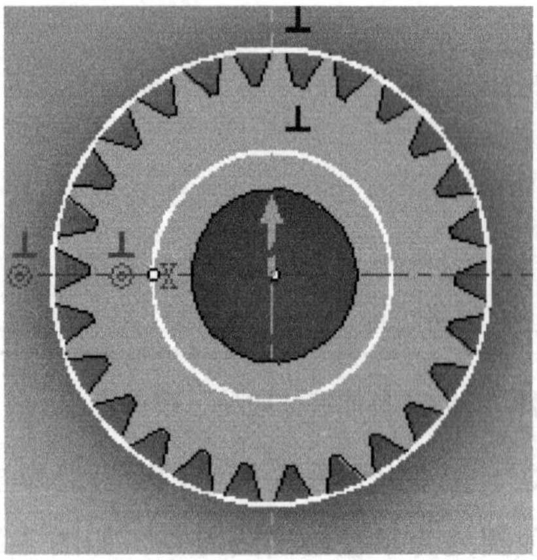

图 2-41 草绘圆周二

图 2-42 齿轮外形

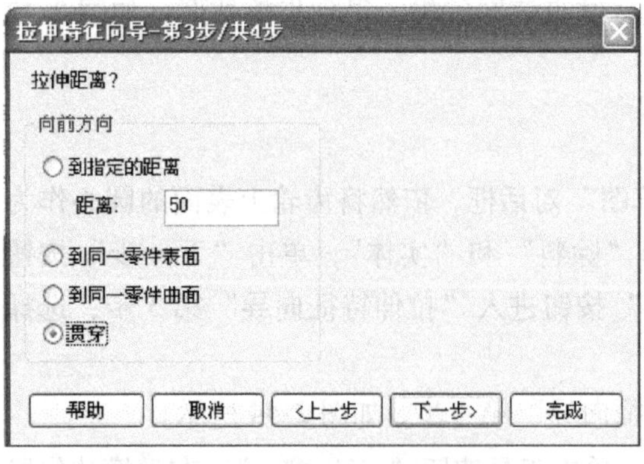

图 2-43 “拉伸特征向导”第 3 步

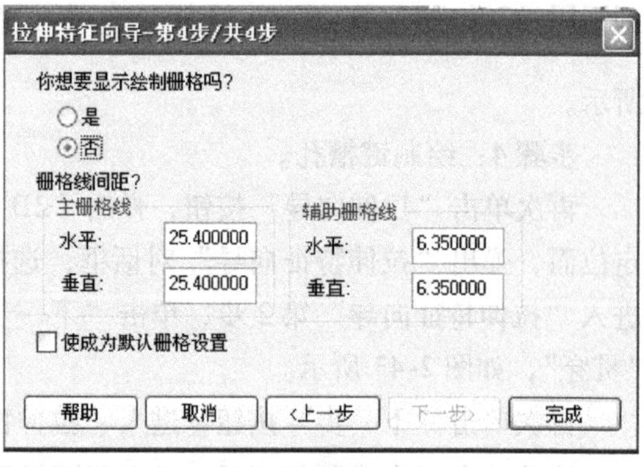

图 2-44 “拉伸特征向导”第 4 步

单击“草图”菜单中的“智能标注”按钮，对长方形标注长度，如图 2-46 所示。

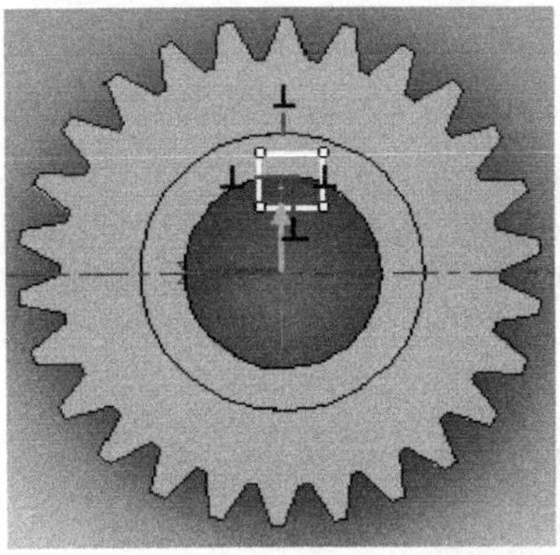

图 2-45　绘制长方形

图 2-46　标注长度

在尺寸数字上单击右键，选择“编辑”选项，如图 2-47 所示，弹出“编辑长度”对话框，修改键槽尺寸，如图 2-48 所示。

图 2-47　“编辑”选项

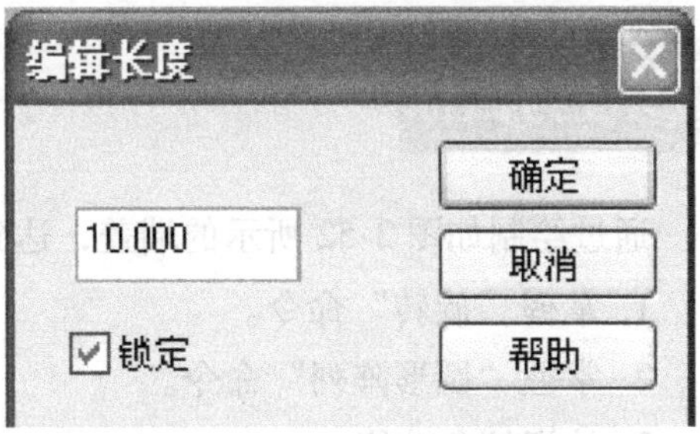

图 2-48　“编辑长度”对话框

单击“约束”中的“镜像”按钮，分别单击长方形上面两个顶点和 Y 轴上任意一点，使长方形关于 Y 轴对称，如图 2-49 所示。

再次单击“智能标注”按钮，标注键槽底面到轴线的距离并进行修改，满足其深度要求，如图 2-50 所示。

图 2-49　使长方形关于 Y 轴对称

图 2-50　修改键槽深度

单击“

”按钮结束草图编辑，拉伸出键槽孔，完整齿轮如图 2-51 所示。

图 2-51 完整齿轮

任务四 端 盖

任务目标

通过绘制如图 2-52 所示的端盖，达到以下目标。

1. 掌握“旋转”命令。
2. 掌握“圆形阵列”命令。
3. 认识倒角功能。
4. 掌握三维球的操作方法。

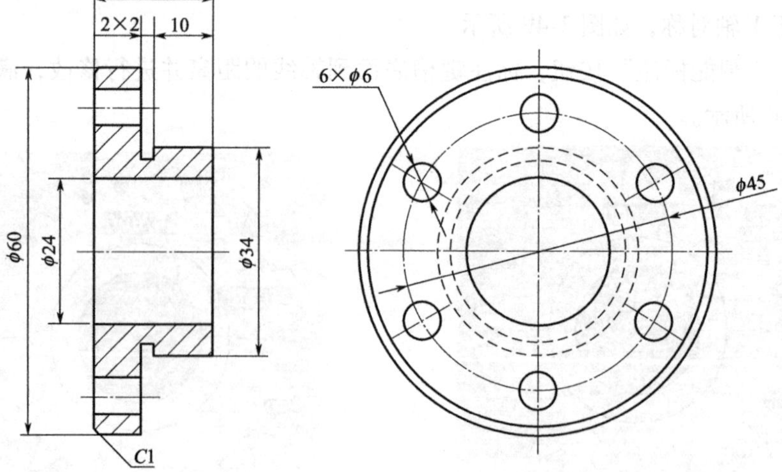

图 2-52 端盖

任务实施流程

步骤 1：建立“端盖”文件，保存至 E 盘。

步骤 2：草绘端盖投影。

单击“草图”菜单中的“在X-Y基准面”按钮，进入草图界面。单击绘制面板中的“连续直线”按钮，在 Y 轴一侧绘制如图 2-53 所示的正交图框，结束连续直线的绘制（按钮变暗）。

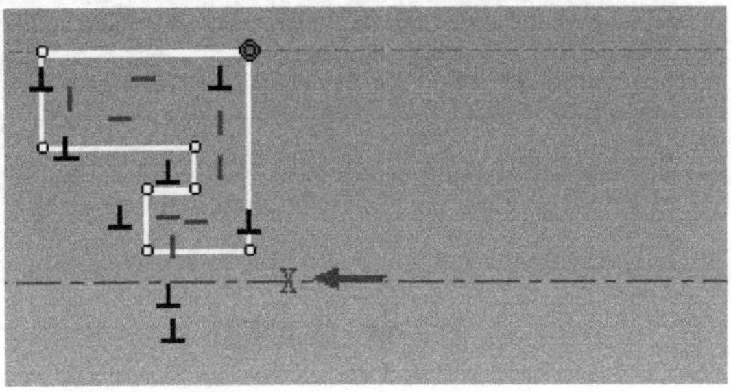

图 2-53 绘制正交图框

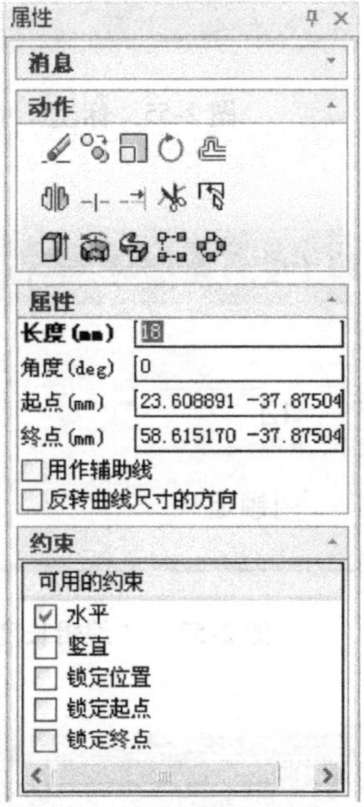

图 2-54 修改长度值

单击图 2-53 中的一条直线，待其变成黄色后将“属性”对话框中的长度值按图样要求进行修改，如图 2-54 所示。按回车键后，用同样的方法依次修改其他直线尺寸，之后单击“智能标注”按钮，标注如图 2-55 所示尺寸。

按 Esc 键退出标注后，在刚才的尺寸上右键单击，在弹出的对话框中选择“编辑”选项，如图 2-56 所示，在弹出的“编辑长度”对话框中将值修改为 12，如图 2-57 所示。单击屏幕左上方的“完成”按钮结束草图过程，如图 2-58 所示。

步骤 3：用“旋转”命令形成端盖外形。单击“特征”菜单中的“旋转”按钮，在“属性”对话框中选择“新生成一个独立的零件”，单击“✓”按钮后，得到端盖外形，如图2-59所示。

步骤 4：绘制螺栓孔。

按住鼠标中键，将端盖上表面旋转向外，从设计元素库中选择“孔类圆柱体”拖曳至端盖上表面圆周任意位置，并按图样修改其定形尺寸，如图 2-60 所示。

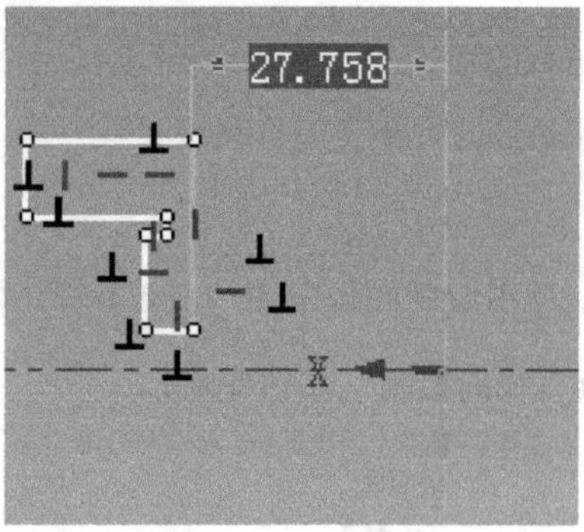

图 2-55 标注尺寸

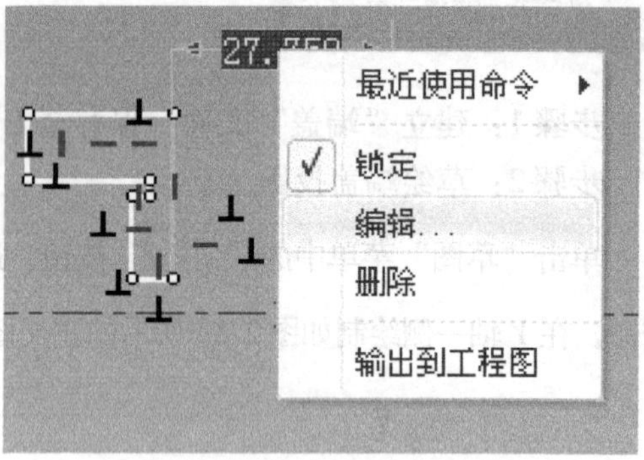

图 2-56 “编辑”尺寸

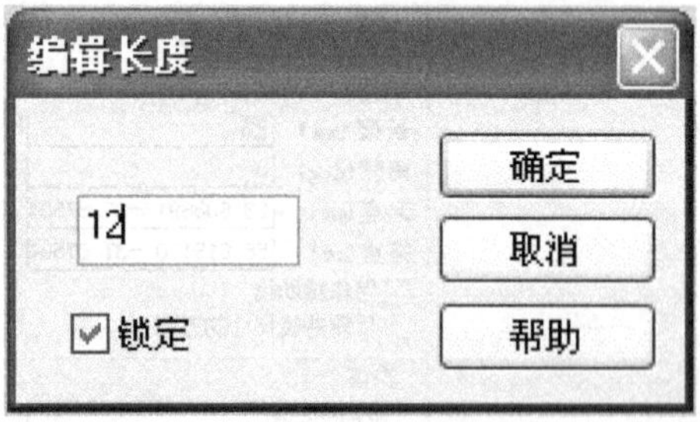

图 2-57 “编辑长度”对话框

图 2-58 结束草图

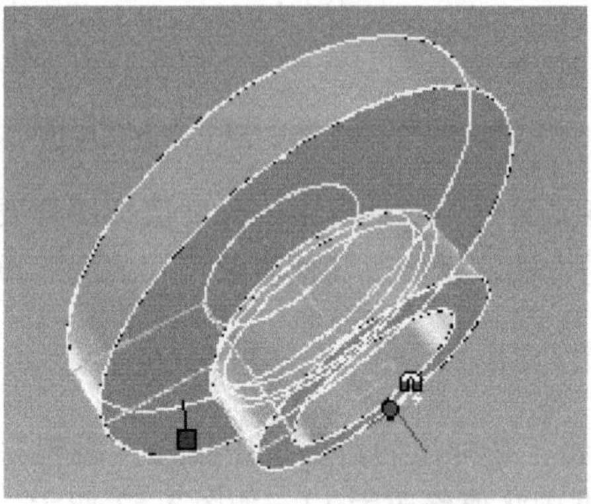

图 2-59 端盖外形

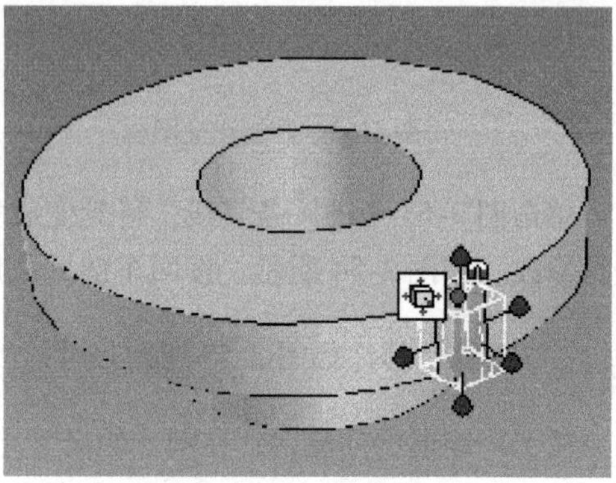

图 2-60 绘制“孔类圆柱体”

按 F10 键打开三维球，如图 2-61 所示，右键单击前面手柄，选择“编辑距离”选项，如图 2-62 所示，输入移动的距离值 -7.5（负号表示反方向移动），确定 ϕ6 孔的位置，如图 2-63 所示。

按空格键，三维球变暗后脱离 ϕ6 孔，右击其黄色球心处，在弹出的对话框中选择“到中心点”，如图 2-64 所示，单击 ϕ24 孔的中心，将三维球移至端盖轴线上，再次按空格键使三维球变亮，与端盖锁定，如图 2-65 所示。

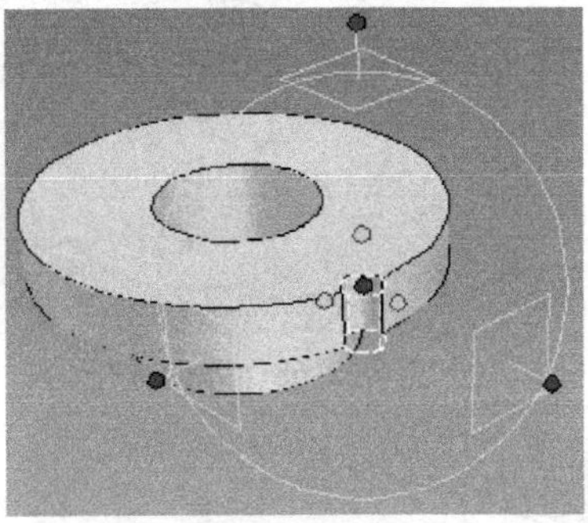

图 2-61　打开三维球

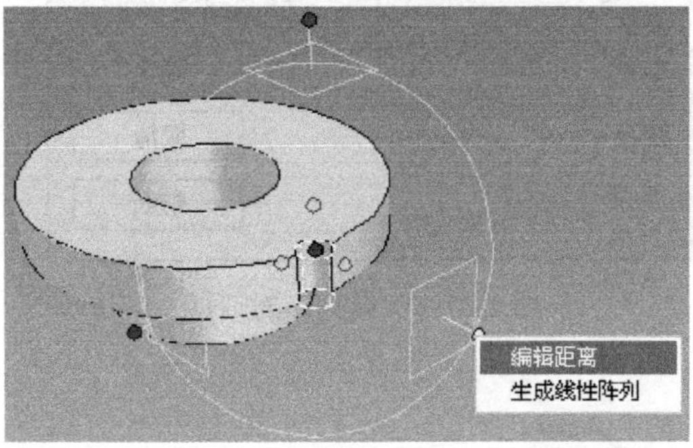

图 2-62　“编辑距离”选项

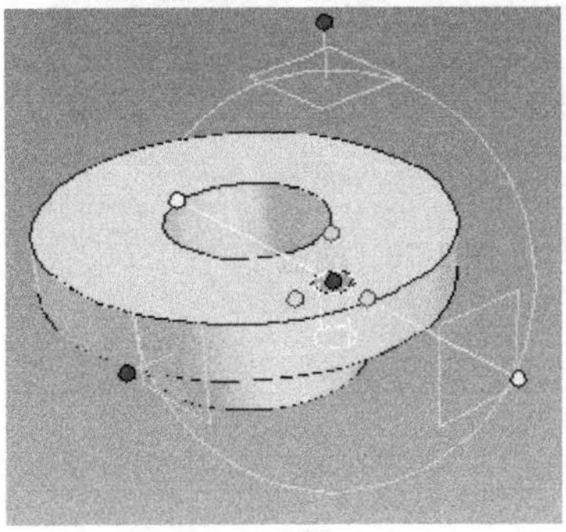

图 2-63　确定 $\phi6$ 孔位置

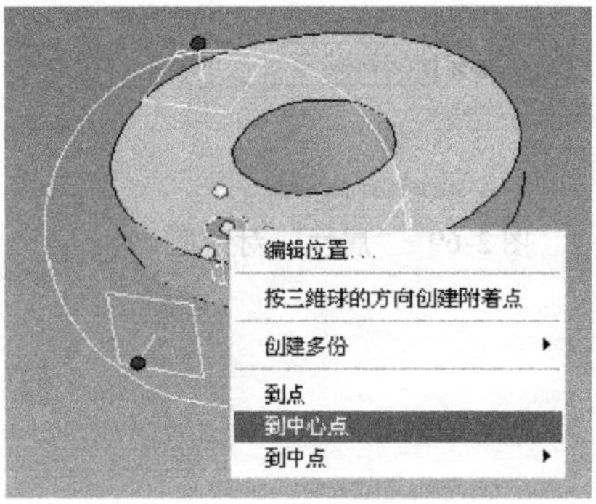

图 2-64　“到中心点”选项

单击三维球的顶端手柄，在其内部按住右键拖放，在弹出的对话框中选择“生成圆形阵列”，如图 2-66 所示，在“阵列”对话框中输入数量和角度，如图 2-67 所示，单击“确定”按钮后阵列出 6 个螺栓孔，如图 2-68 所示。

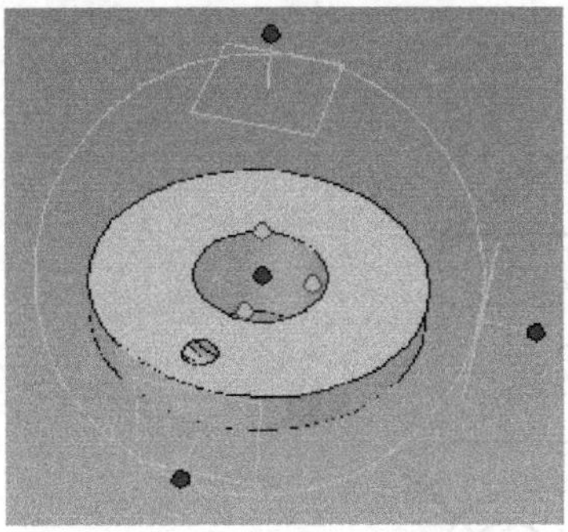

图 2-65　将三维球移至端盖轴线上

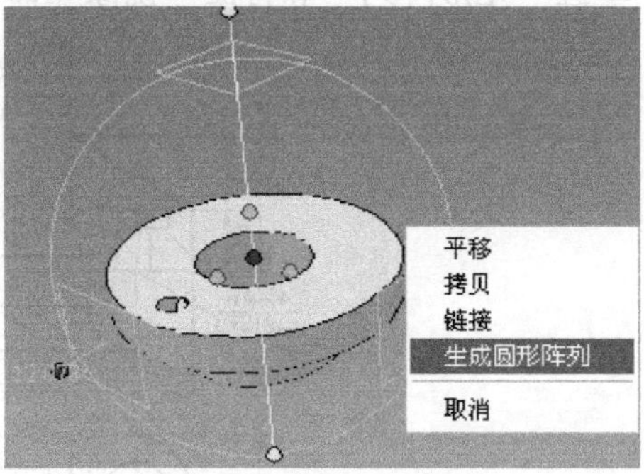

图 2-66　选择“生成圆形阵列”

步骤 5：倒角。单击“特征”菜单中的“边倒角”按钮，将“属性”对话框中的距离改为 1，如图 2-69 所示。选择端盖上表面圆周，单击“✓”按钮后得到端盖，如图 2-70 所示。

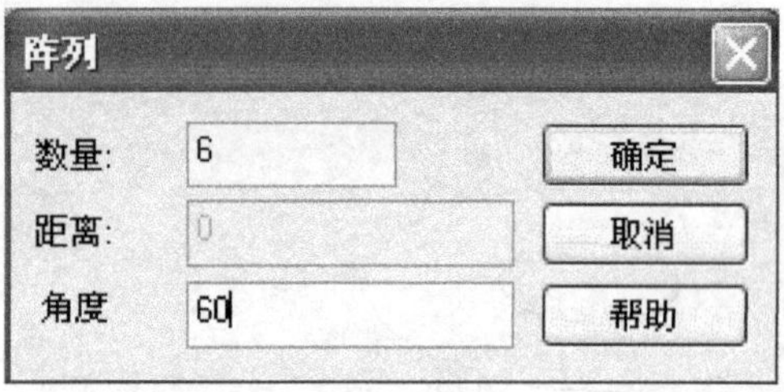

图 2-67 “阵列”对话框

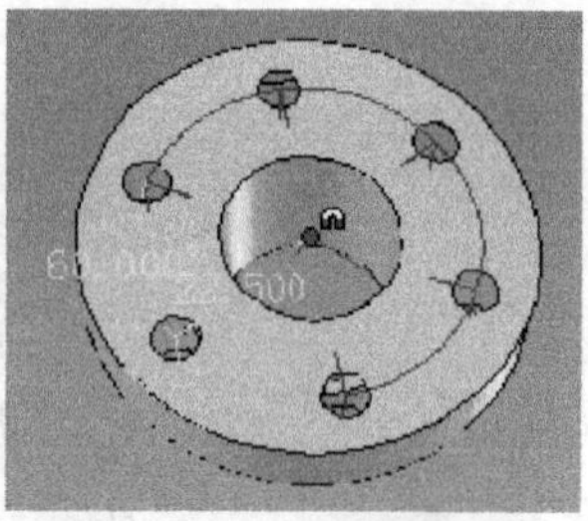

图 2-68 阵列螺栓孔

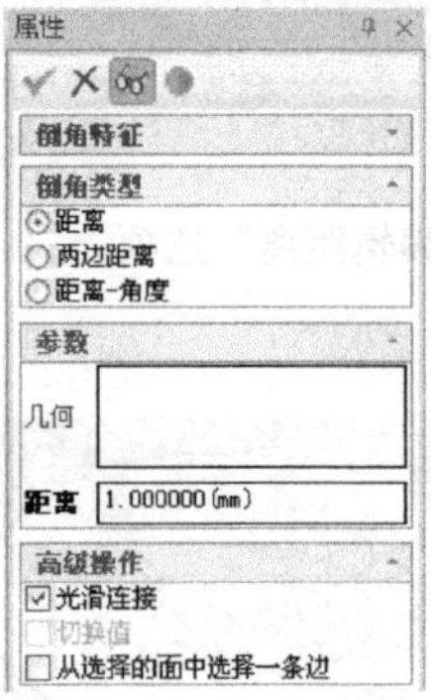

图 2-69 “属性”对话框

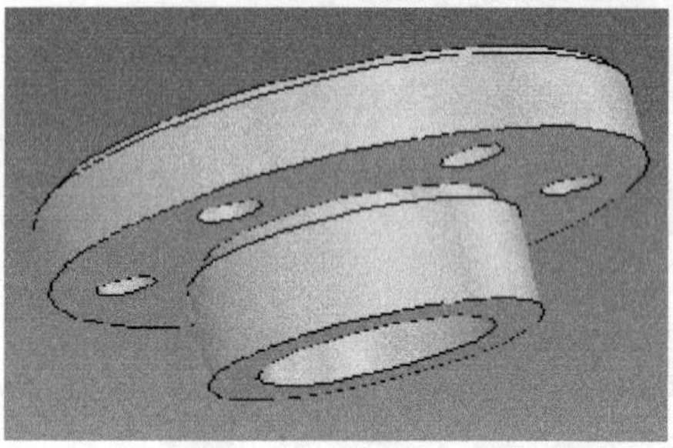

图 2-70 端盖

任务五 箱 体

任务目标

通过绘制如图 2-71 所示的箱体，达到以下目标。

1. 掌握 Shift 键、Ctrl 键和三维球的灵活运用方法。
2. 了解沉头孔和肋板的绘制方法。
3. 掌握“矩形阵列”和特征“镜像”命令。

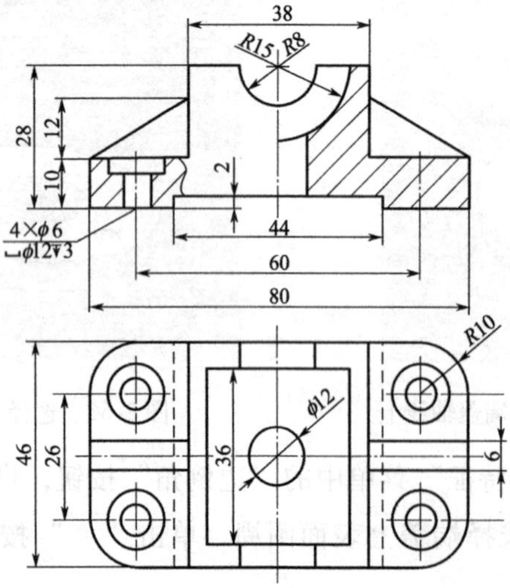

图 2-71 箱体

任务实施流程

步骤1：建立“箱体”文件，保存至E盘。

步骤2：绘制底板。

在设计元素库中选择“长方体”拖放至绘图区并编辑尺寸，在智能图素状态下，在零件上非控制手柄处右键单击，在弹出的对话框中选择“智能图素属性”，如图2-72所示，在“拉伸特征”对话框中选择“棱边编辑”→“侧面边”→“圆角过渡”并输入半径10，如图2-73所示，单击“确定”按钮后，完成底板倒圆角，如图2-74所示。

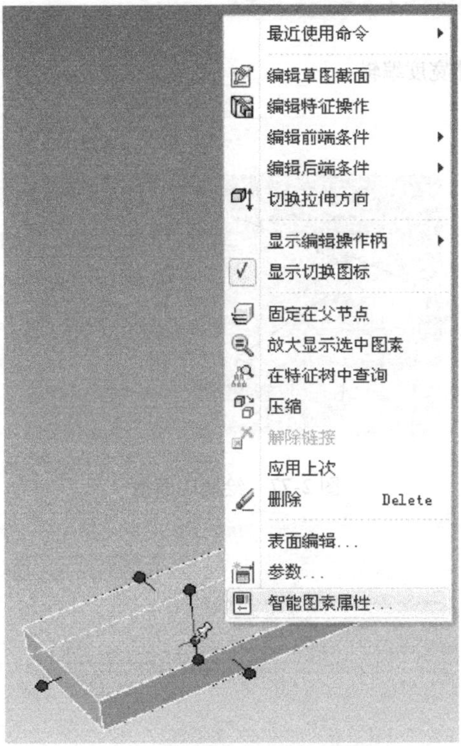

图2-72　选择“智能图素属性”

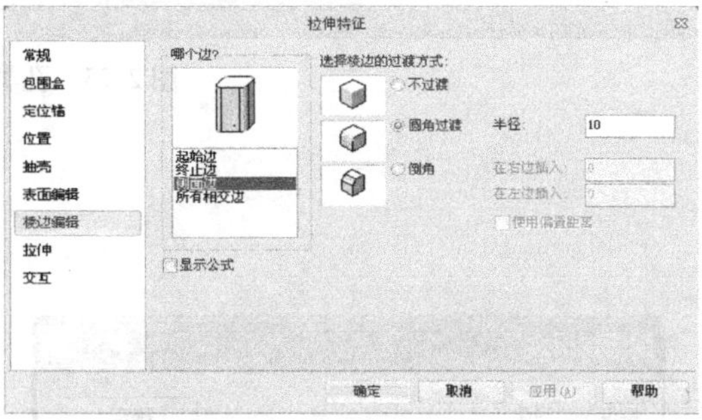

图2-73　“拉伸特征”对话框

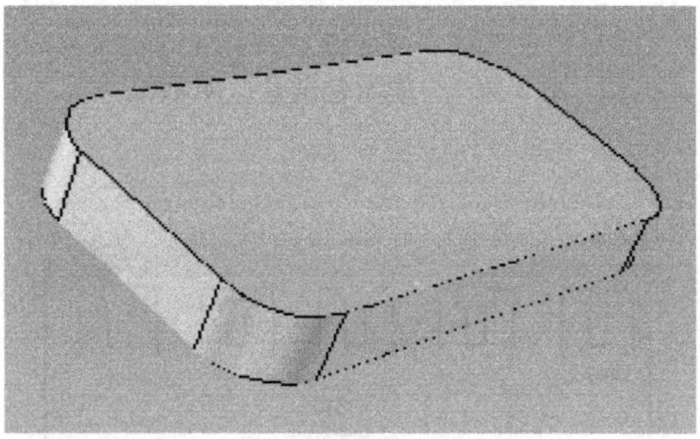

图2-74　底板倒圆角

选择“孔类长方体”拖放至底板上表面中心，按住Ctrl键，单击前后两个手柄（颜色均变黄）后松开，进入双向拉伸状态，要使孔类长方体与长方体的前后表面对齐，应按住Shift键，拖曳孔类长方体前面手柄，待长方体前面颜色变绿时松开，完成其宽度编辑，如图2-75所示。

单击下端手柄编辑其高度为2，同时编辑长度为44，如图2-76所示。单击“确定”按钮后，完成底面槽的绘制，如图2-77所示。

按住鼠标中键，将底板反转后绘制沉头孔，从设计元素库的“工具”选项卡里选择“自定义孔”，拖放至底板上表面一圆心处，在“定制孔”对话框中填好相应尺寸，如图2-78所示，单击“确定”按钮后，得到一沉头孔，如图2-79所示。

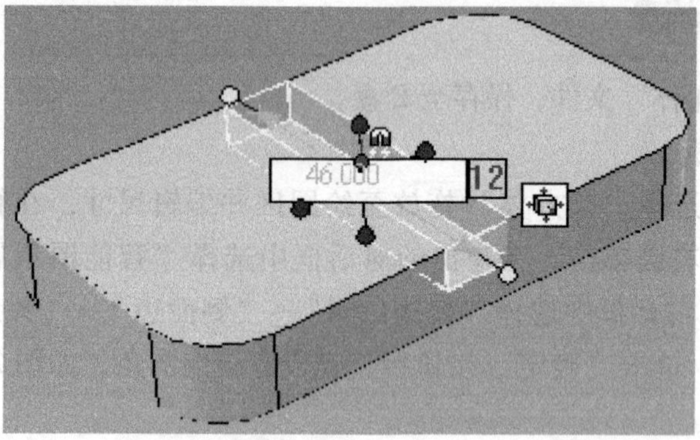

图 2-75　孔类长方体宽度编辑

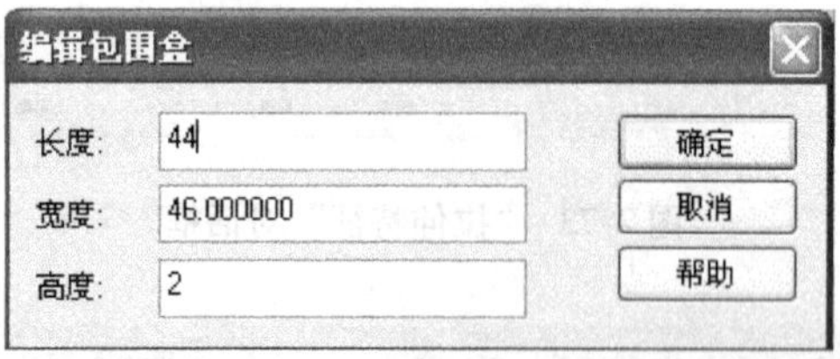

图 2-76 “编辑包围盒”对话框

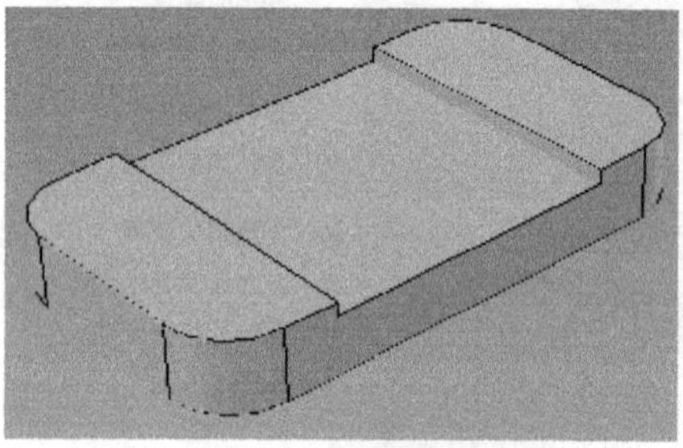

图 2-77　绘制底面槽

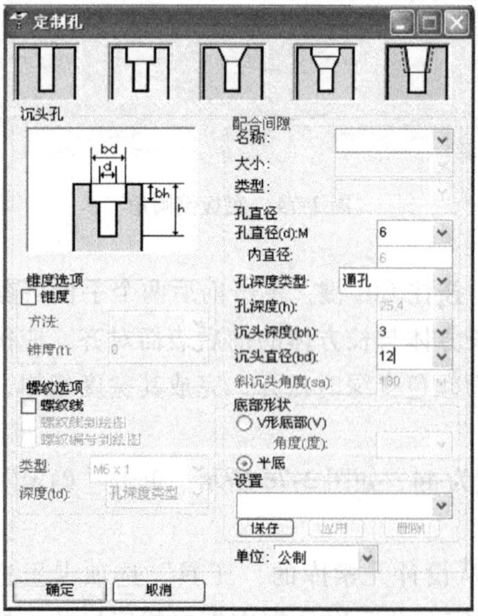

图 2-78 “定制孔”对话框

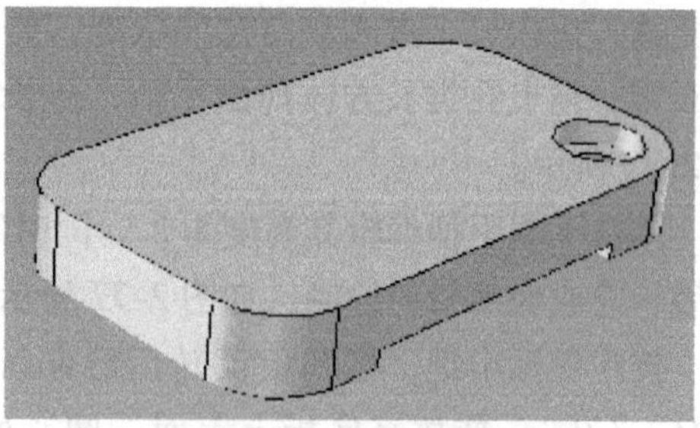

图 2-79　绘制一沉头孔

单击“特征”菜单中的“阵列特征”按钮，在如图2-80所示的“属性”对话框中选择“双向线形阵列”，在零件上选择边作为阵列方向并输入距离值，观察后再决定是否勾选“反转方向”。单击“确定”按钮后，得到底板，如图2-81所示。

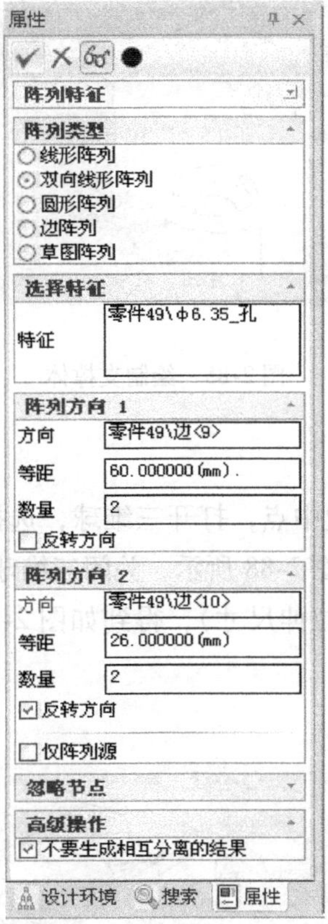

图2-80 “属性”对话框

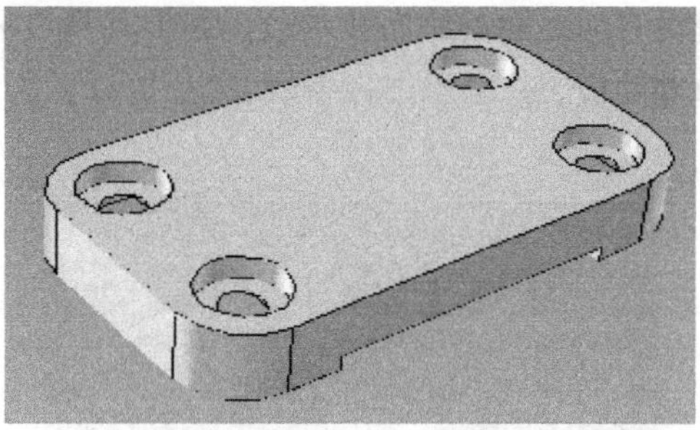

图2-81 底板

步骤3：绘制支撑体。

从设计元素库中选择“长方体”拖放至底板中心，用Ctrl键实现双向编辑，按Shift键使其前后面与底板对齐，并编辑尺寸，如图2-82所示。

从设计元素库中选择“孔类圆柱体”拖放至长方体前棱边中心处并编辑好尺寸，如图2-83所示。用三维球将其向后移动5mm，如图2-84所示。用同样方法完成$R8$孔的绘制，得到支撑体，如图2-85所示。

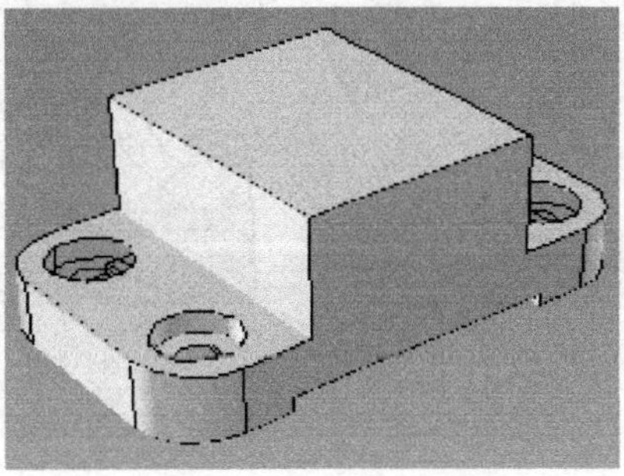

图2-82 绘制长方体

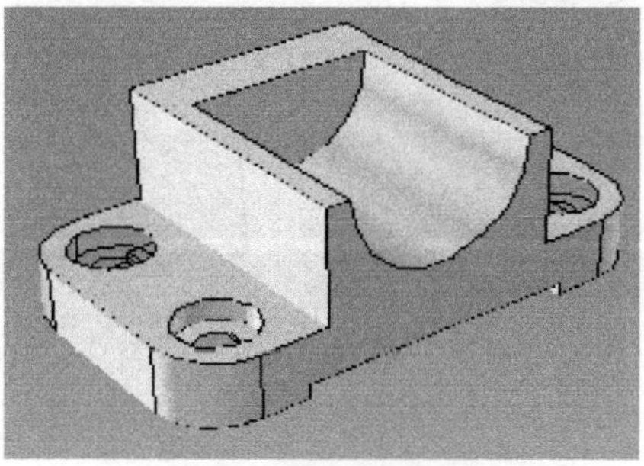

图2-83 绘制孔类圆柱体

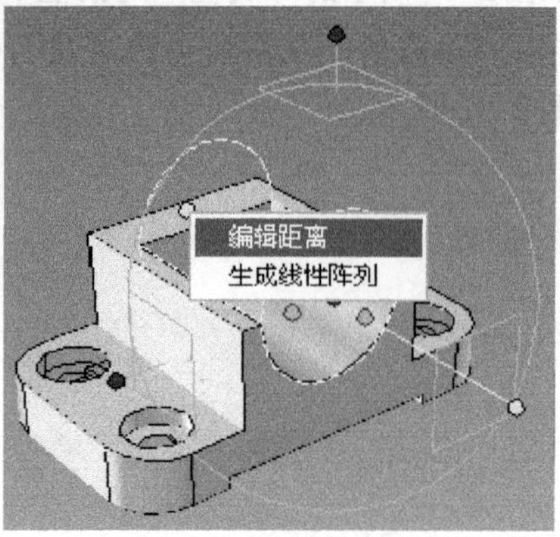

图2-84 移动孔类圆柱体

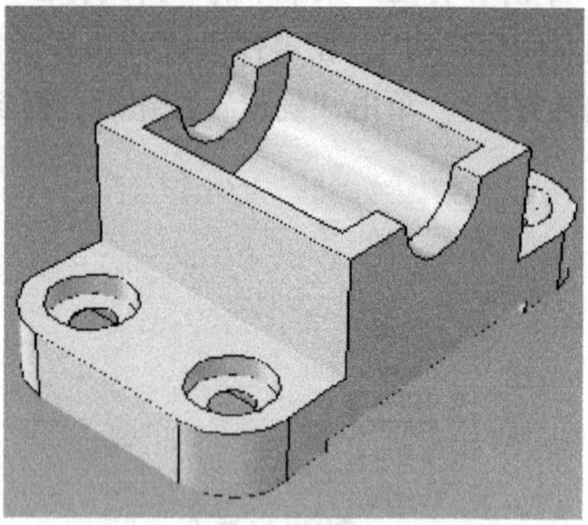

图2-85 绘制支撑体

步骤4：绘制肋板。

从设计元素库拖选“加强肋”到图2-86所示的棱边中点，打开三维球，选择旋转轴，如图2-87所示，在旋转角度栏输入90，旋转加强肋，如图2-88所示，关闭三维球后用Shift键对齐加强肋的底面和左边，编辑其高度和厚度（双向拉伸尺寸），得到如图2-89所示的单侧肋板。

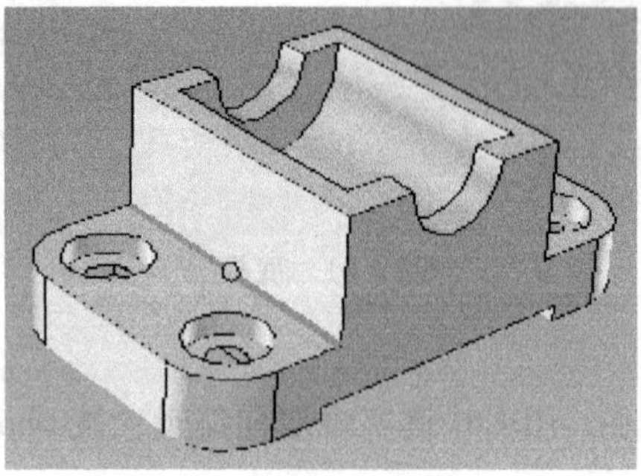

图2-86“加强肋”的放置位置

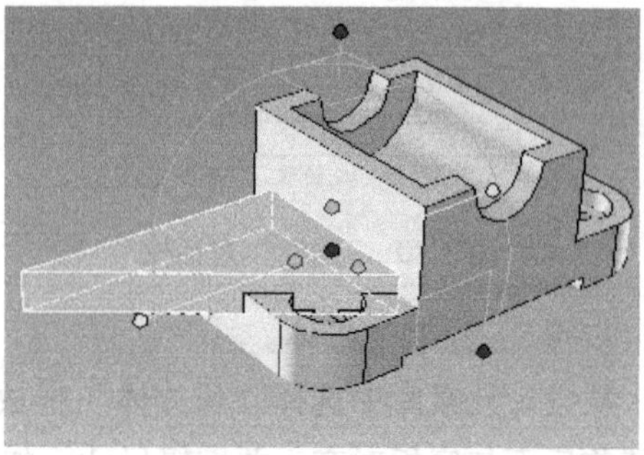

图2-87 选择旋转轴

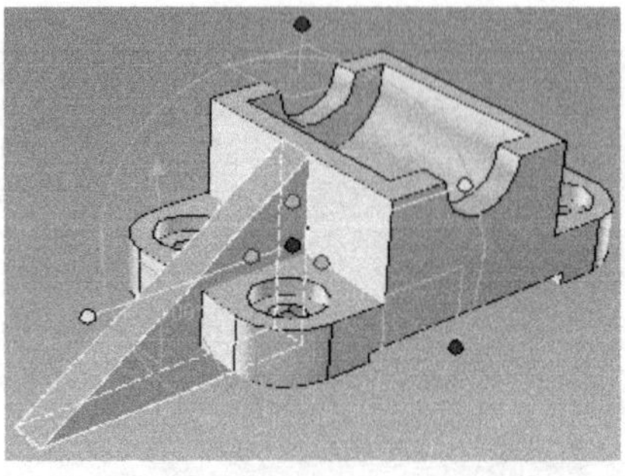

图2-88 旋转加强肋

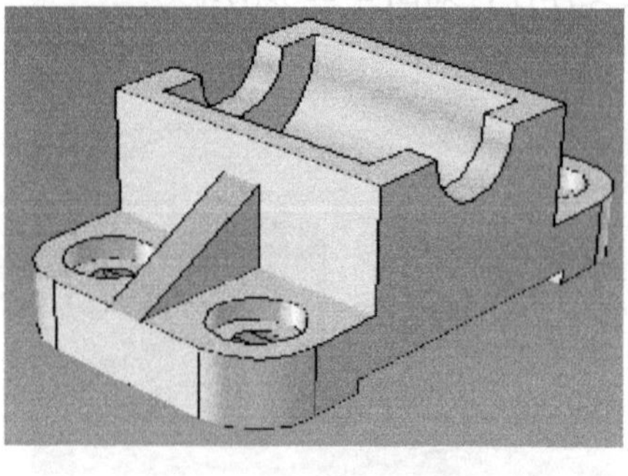

图2-89 绘制单侧肋板

在智能编辑状态下打开三维球，按空格键使其脱离刚绘制好的肋板并移至箱体的左右对称面上任意一点，按空格键使其附着，如图 2-90 所示，右键单击与对称面垂直的内侧手柄，如图 2-91 所示，选择“镜像-复制”后，完成两侧肋板的绘制，如图 2-92 所示。

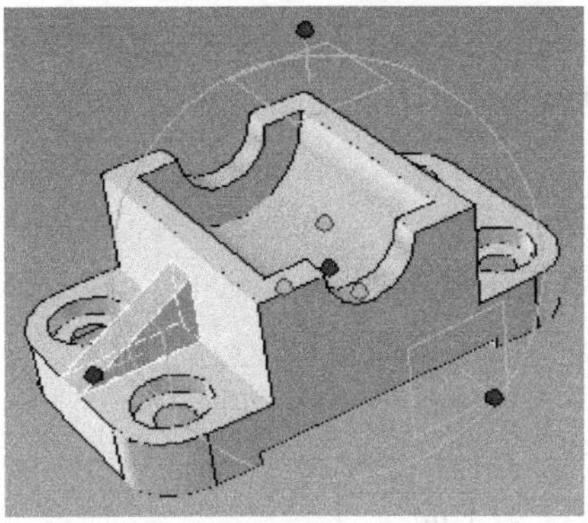

图 2-90　将三维球移至箱体的左右对称面上

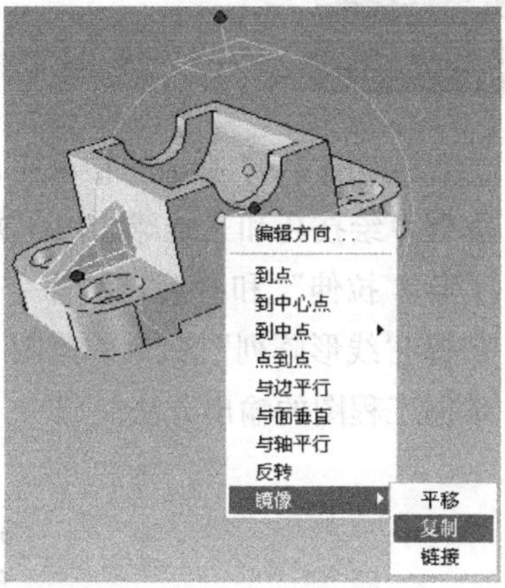

图 2-91　镜像-复制过程

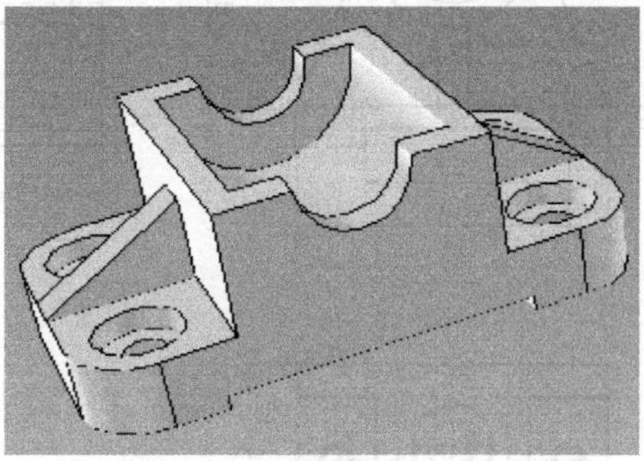

图 2-92　完成两侧肋板的绘制

步骤 5：绘制中心孔。翻转底板，在其中心绘制 $\phi12$ 孔后完成箱体的绘制，如图 2-93 所示。

图 2-93　箱体

任务六 轴 承 座

任务目标

通过绘制如图 2-94 所示的轴承座，达到以下目标。

1. 掌握草绘技巧和三维球的操作方法。
2. 了解“拉伸”和“旋转”命令的综合应用方法。
3. 掌握“线形阵列”命令、草图“镜像”命令和布尔运算。
4. 掌握工程图的输出方法。

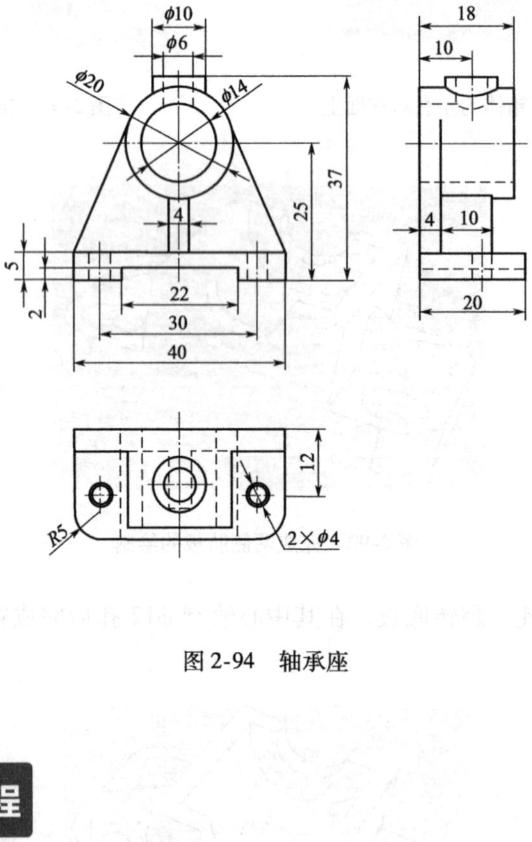

图 2-94 轴承座

任务实施流程

步骤 1：建立“轴承座”文件，保存至 E 盘。

步骤 2：绘制后面支撑板。

在“草图”菜单中选择“Z-X 基准面”按钮，进入草绘界面，分别单击“圆心+半径”和“连续直线”按钮，作如图 2-95 所示任意尺寸圆、水平线和圆的切线。

单击“镜像曲线”按钮，单击两条直线作为实体后（颜色变黄），在“属性”对话框中选择“选取镜像轴”，如图2-96所示，再单击Y轴作为镜像轴，单击“✔”按钮后得到图形，如图2-97所示。

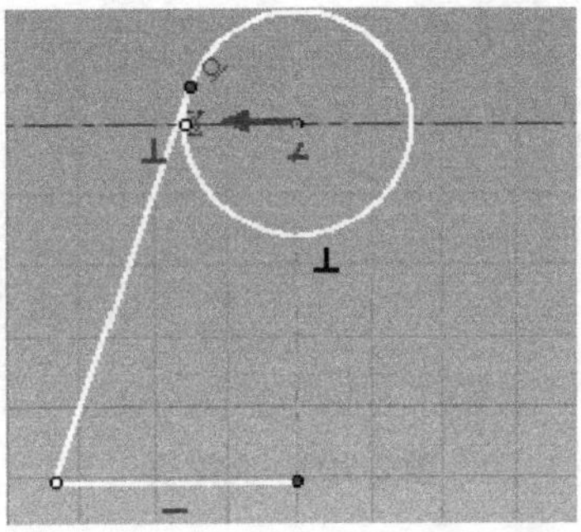

图2-95 绘制圆和连续直线

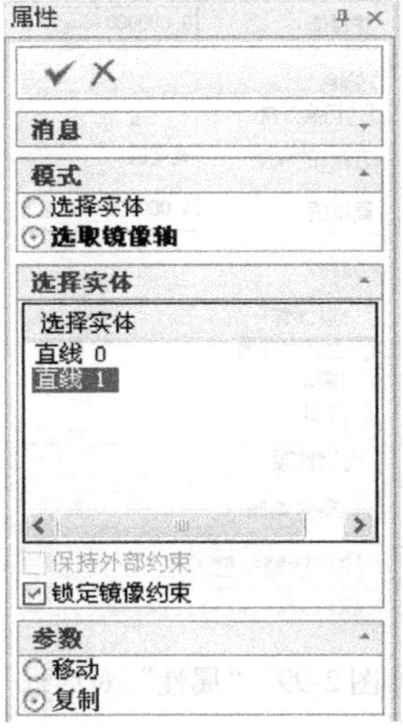

图2-96 “属性”对话框

单击“修改”面板中的“裁剪”按钮裁剪掉下半个圆周，用“智能标注”命令按图样标注各尺寸并进行编辑，得到支撑板的草图，如图2-98所示。

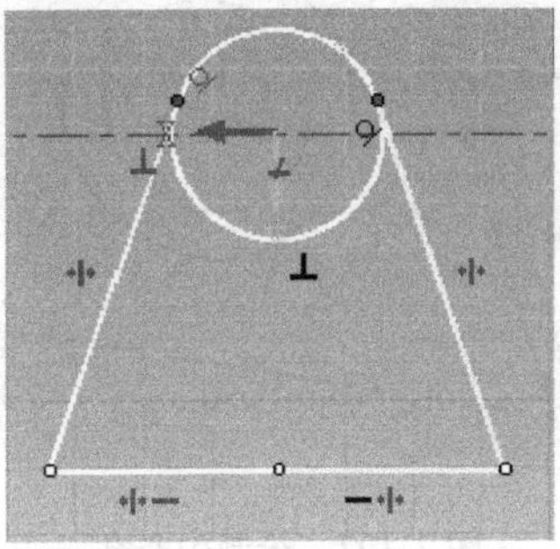

图2-97 镜像直线

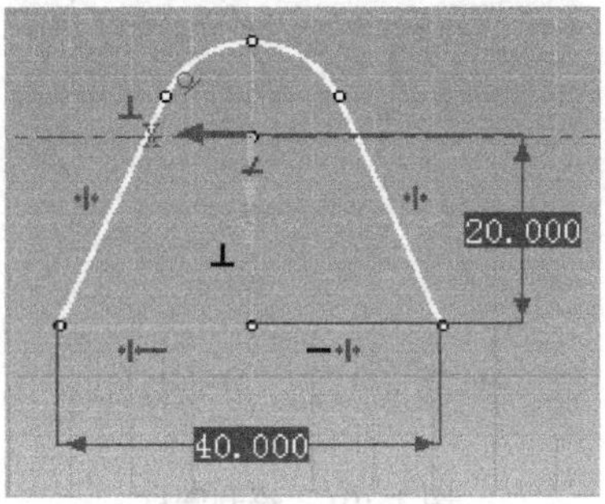

图2-98 支撑板草图

单击“完成”按钮退出草图界面。单击“特征”菜单中的“拉伸”按钮，在“属性”对话框中选择“新生成一个独立的零件”，之后将高度值修改为4，如图2-99所示，单击“✔”按钮后得到支撑板，如图2-100所示。

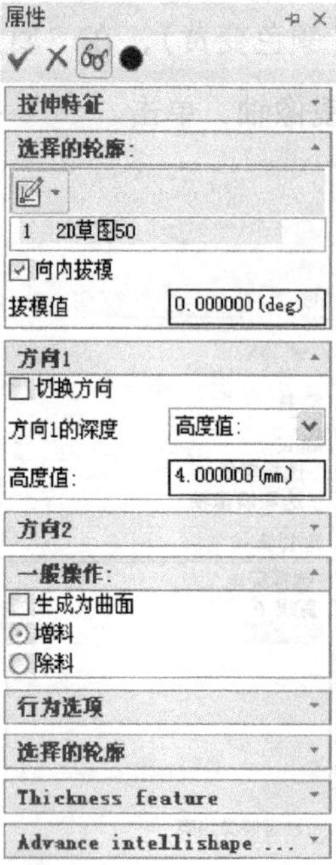

图2-99 “属性”对话框

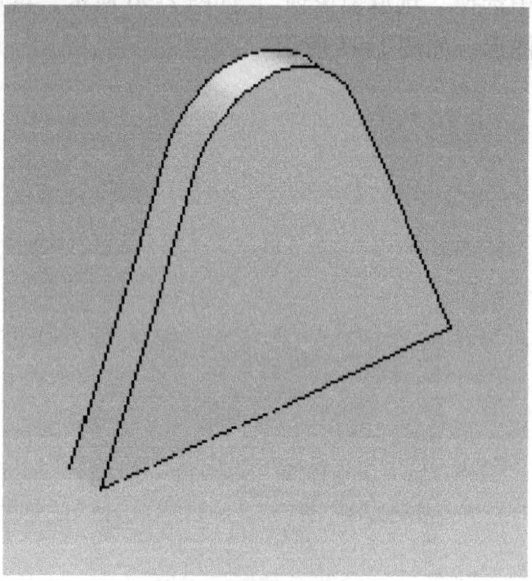

图2-100 支撑板

步骤3：绘制圆筒。在设计元素库中选择“圆柱体”当支撑板的圆心亮显时松开，修改其尺寸，如图2-101所示。用同样的方法绘出其中心孔，如图2-102所示。

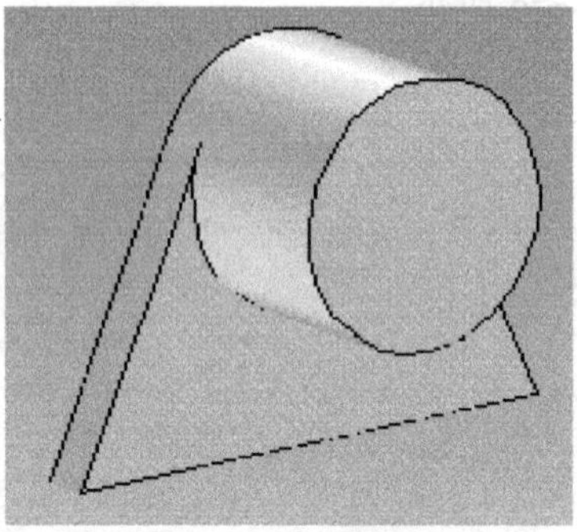

图2-101 绘制圆柱

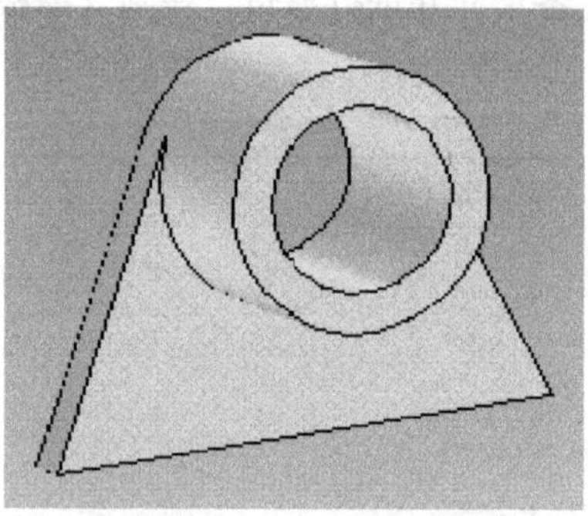

图2-102 绘制中心孔

步骤4：绘制底板。

单击“特征”选项卡中的“拉伸向导”按钮，弹出“2D草图”对话框，选择支撑板后底面中点作为定位面，如图2-103所示。

在“拉伸特征向导”对话框中，选择“增料”和“实体”，将距离改为20，单击“完成”按钮后进入草图界面。通过“连续直线”命令绘出底板一半的大致轮廓并修改尺寸后，镜像得到底板草图，如图2-104所示。

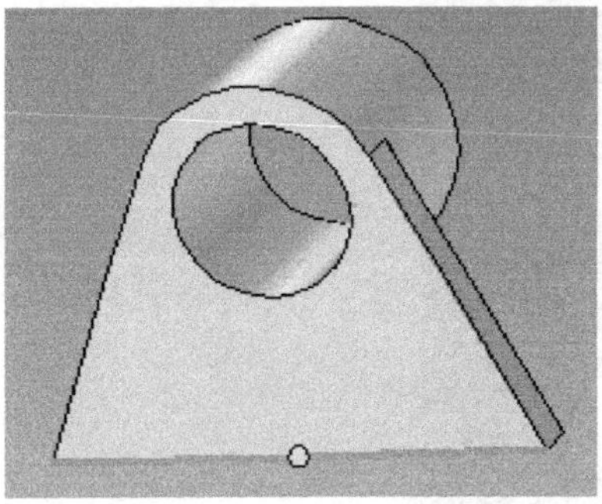

图 2-103　选择定位面

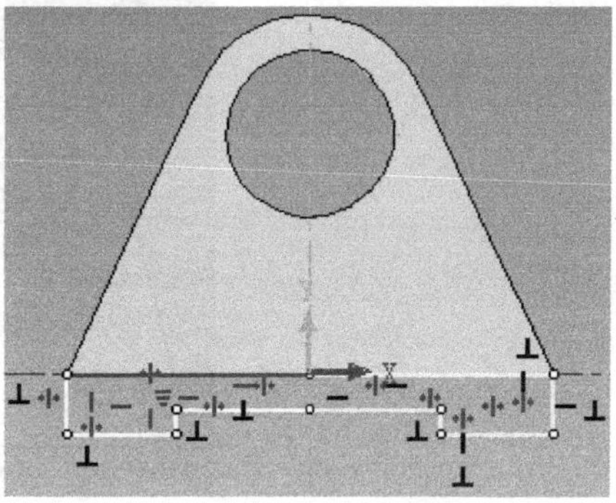

图 2-104　底板草图

单击“完成”按钮后得到底板的虚拟轮廓，如图 2-105 所示。右键单击“设计环境”中的“拉伸5”，在弹出的对话框中选择“切换拉伸方向”，如图 2-106 所示，拉伸好的底板如图 2-107 所示。

图 2-105　底板的虚拟轮廓

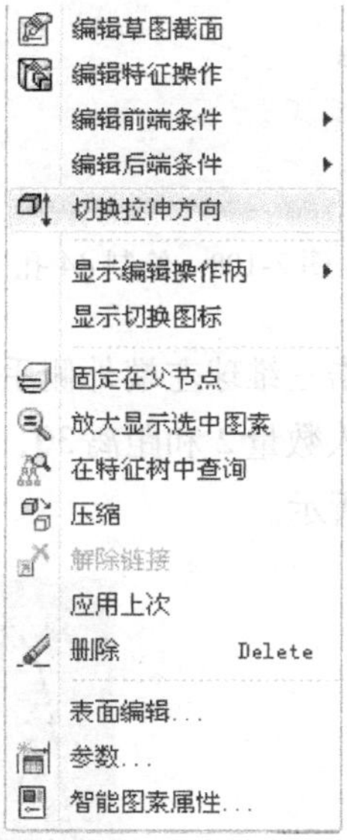

图 2-106　选择“切换拉伸方向”

之后，对底板进行倒圆角并在圆角圆心处绘制一 ϕ4 孔，按 F10 键打开三维球，如图 2-108 所示，单击其前端外侧手柄以改变孔的移动方向，右键单击其反方向手柄，选择“编辑距离”，如图 2-109 所示，输入距离值 3，将 ϕ4 孔向后移至正确位置。

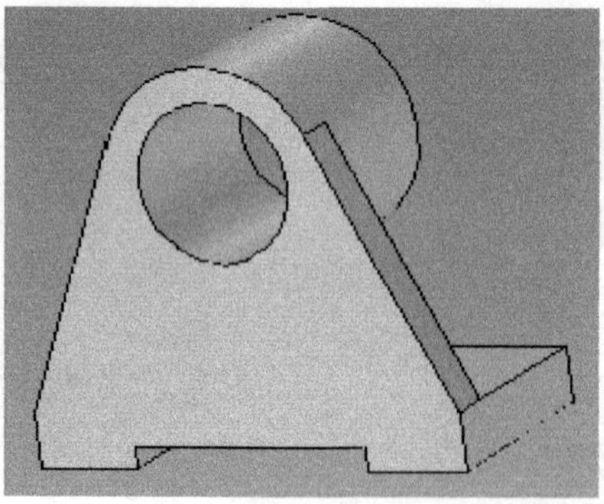

图 2-107　拉伸底板

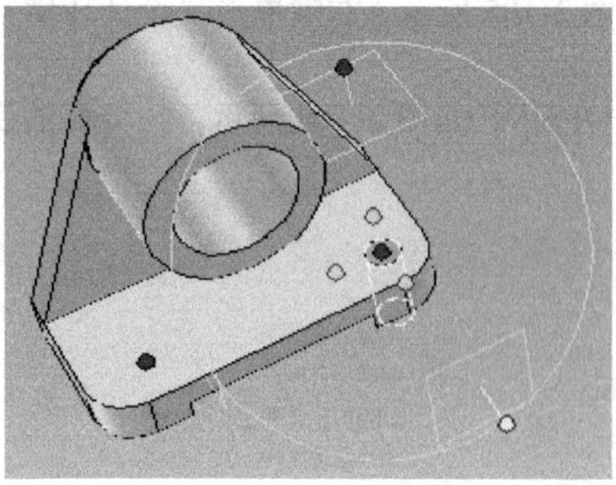

图 2-108　绘制 ϕ4 孔

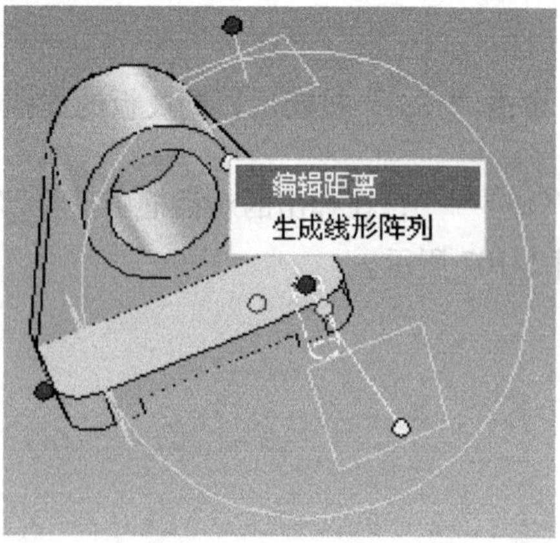

图 2-109　选择“编辑距离”

右键单击三维球左端外侧手柄，选择“生成线形阵列”，如图 2-110 所示。在“阵列”对话框中输入数量 2 和距离 30，如图 2-111 所示。单击“确定”按钮后，完成底板的绘制，如图 2-112 所示。

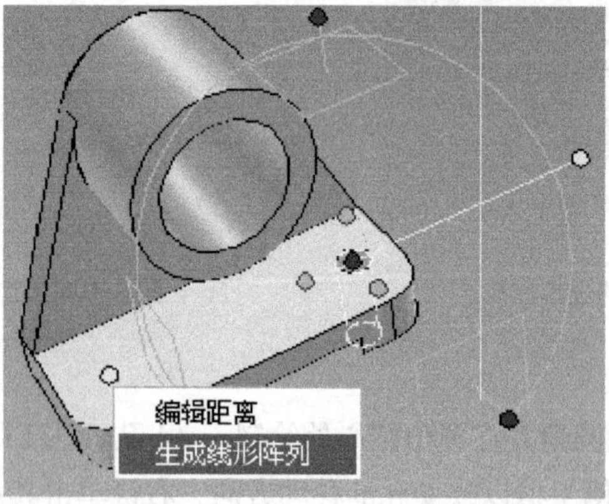

图 2-110　选择“生成线形阵列”

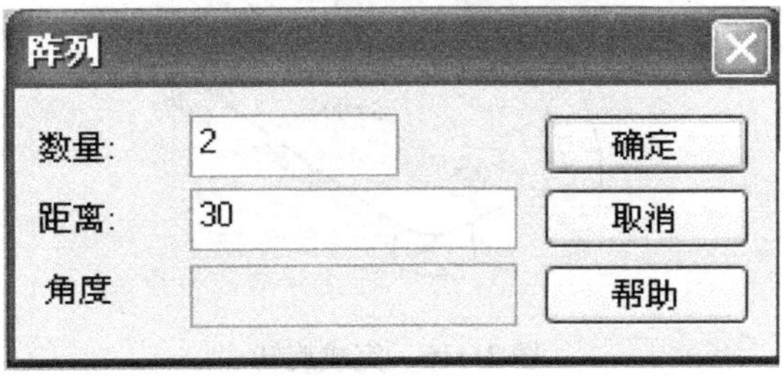

图 2-111　“阵列”对话框

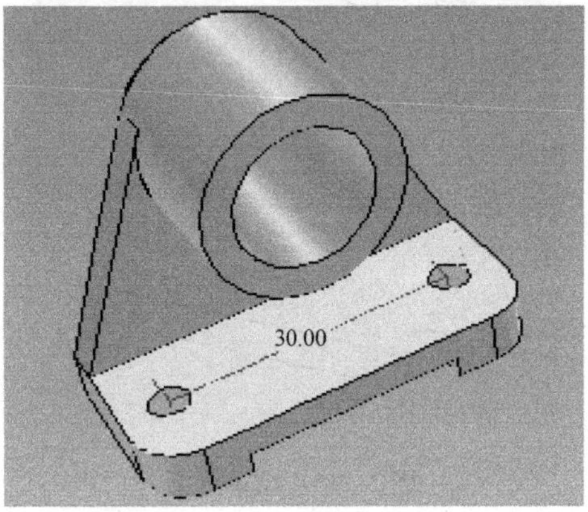

图 2-112　绘制底板

步骤 5：绘制圆凸台。

在“草图”菜单中选择“Z-X 基准面”按钮，进入草绘界面，过底面画一条水平线，单击“约束”面板中的“固定”按钮，将其位置固定，在其上方画一条与之平行且距离为 37 的水平线，用以确定圆凸台的高度，过 *Y* 轴与上面一条水平线的交点作一长方形，如图 2-113 所示。删除两条水平线并将长方形的长度编辑为 5，高度与圆筒相交即可，如图 2-114所示。

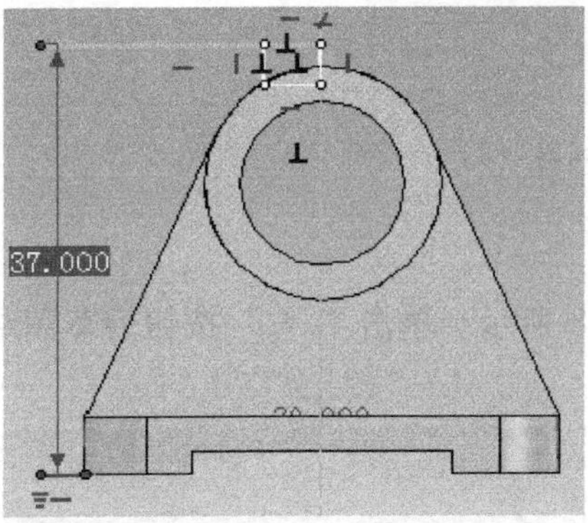

图 2-113　绘制一长方形

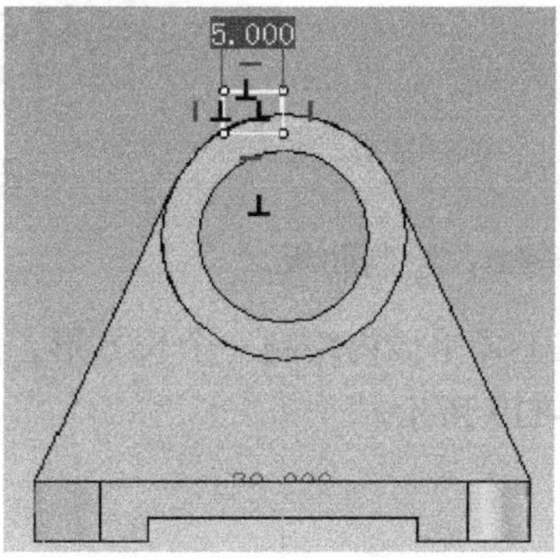

图 2-114　编辑长方形的长度

单击“完成”按钮结束草图，如图 2-115 所示。单击“特征”菜单中的“旋转”按钮，在“属性”对话框中选择“新生成一个独立的零件”，单击“✓”按钮后完成旋转，如图 2-116 所示。

之后，用三维球将其向前移动 10，完成圆凸台的绘制，如图 2-117 所示。

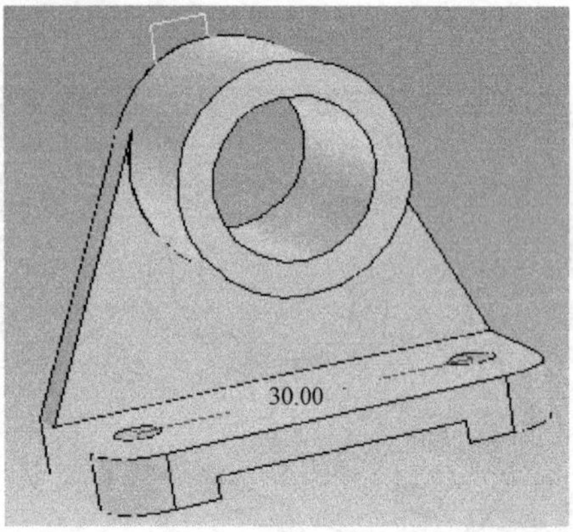

图 2-115　结束草图

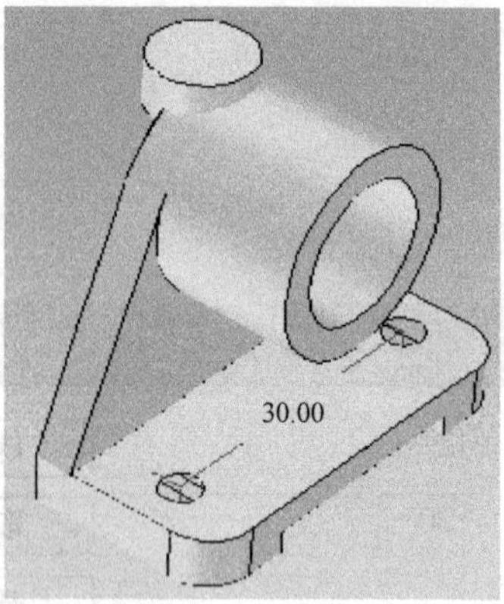

图 2-116　完成旋转

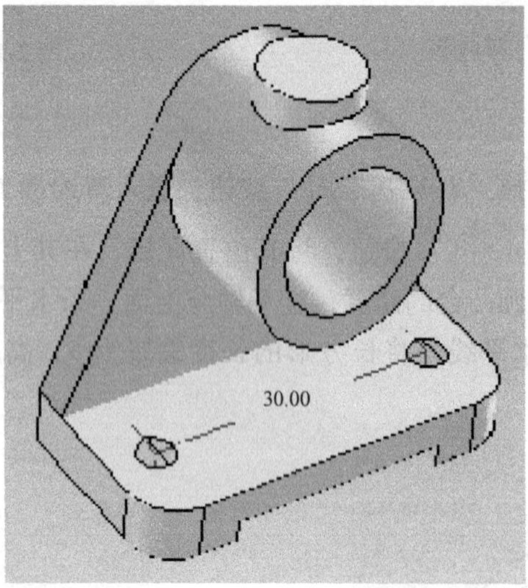

图 2-117　绘制圆凸台

步骤 6：绘制肋板。

在 *Y-Z* 平面内绘制一个长方形，尺寸如图 2-118 所示。单击“✔”按钮后草图结束，如图 2-119 所示。

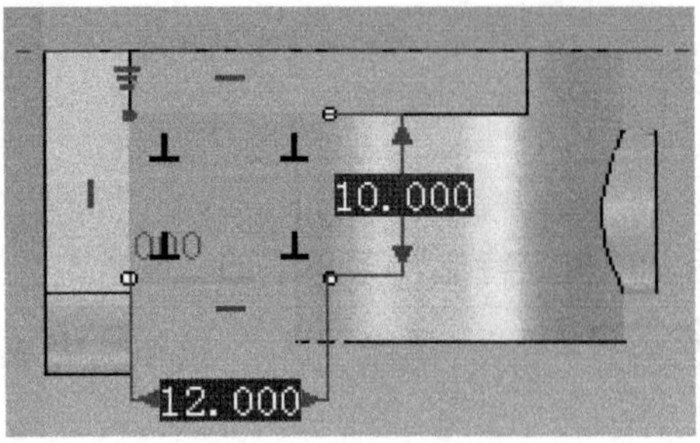

图 2-118　绘制长方形

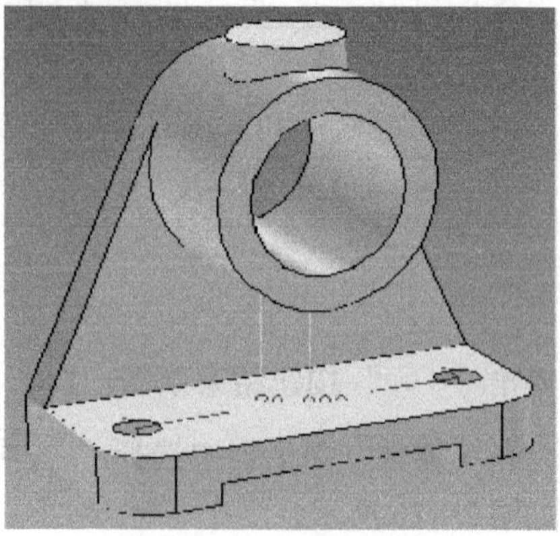

图 2-119　草图结束

单击“特征”菜单中的“拉伸”按钮，在“属性”对话框中选择“新生成一个独立的零件”，将方向1的深度选择为“中性面”，并将高度值修改为2，如图2-120所示，单击“✔”按钮后得到肋板，如图2-121所示。

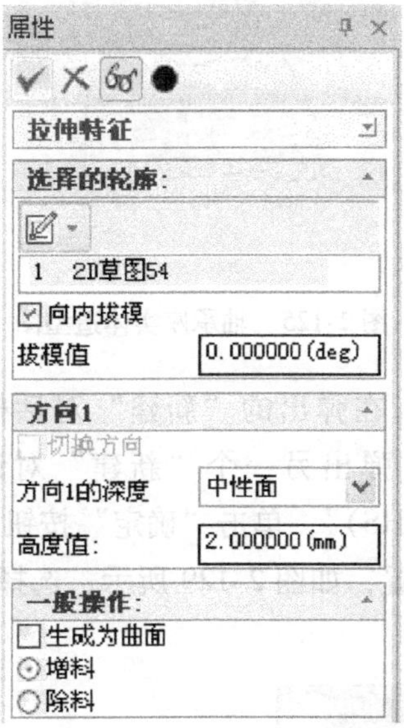

图2-120　“属性”对话框

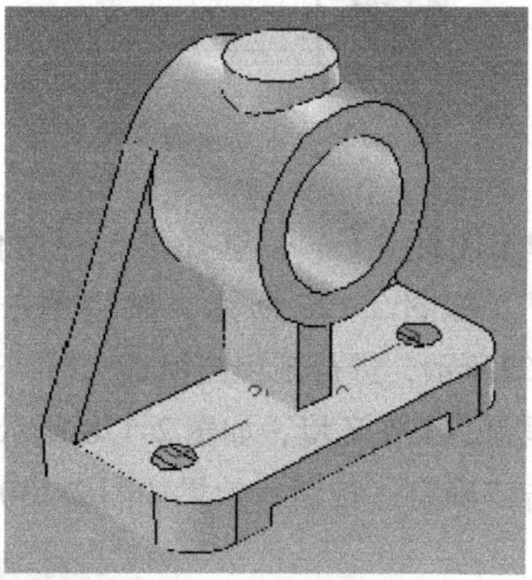

图2-121　绘制肋板

步骤7：布尔运算。单击“修改”面板中的“布尔”按钮，在弹出的对话框中操作类型选“加”，在绘图环境中单击两个零件进行布尔加运算，“属性”对话框如图2-122所示。

步骤8：绘制圆凸台上的$\phi 6$孔。从设计元素库选择“孔类圆柱体”，拖放至圆凸台的圆心处并修改其尺寸，完成轴承座的绘制，如图2-123所示。

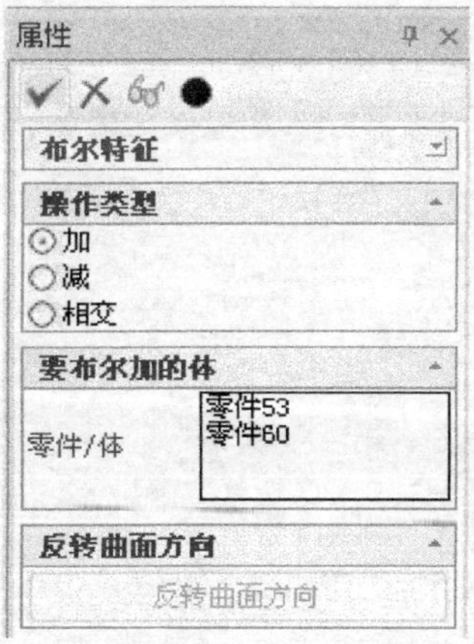

图2-122　“属性”对话框

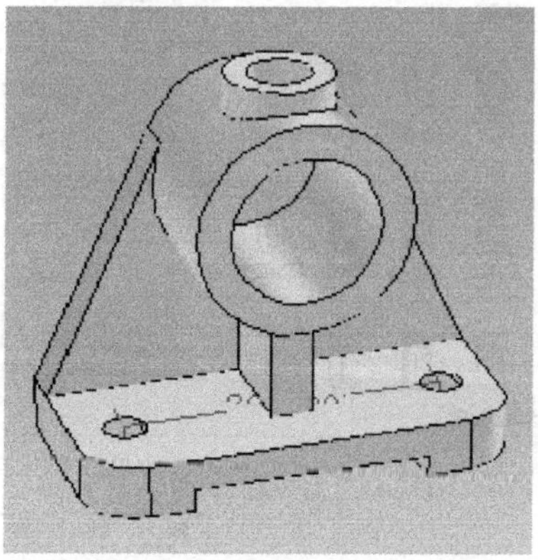

图2-123　轴承座

步骤9：工程图的输出。

打开文件，如图2-124所示，调入已实体造型好的轴承座，如图2-125所示。

图2-124　轴承座源文件

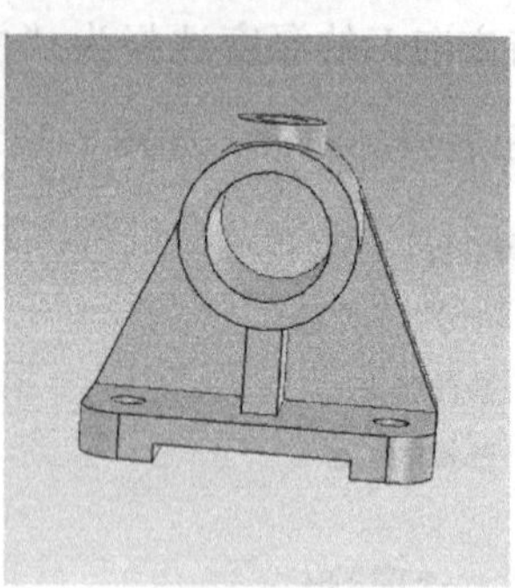

图2-125　轴承座实体造型图

单击图标“ ”，选择菜单“文件”→“新文件”，在弹出的“新建”对话框中选择“图纸”，如图2-126所示，然后单击“确定”按钮，弹出另一个“新建”对话框，如图2-127所示，进行工程图模板选择，选择“GB-A4（CHS）”，单击“确定”按钮，出现二维工程图的工作环境，如图2-128所示，对图幅进行设置，如图2-129所示，选择“横放”后单击“确定”按钮，效果如图2-130所示。

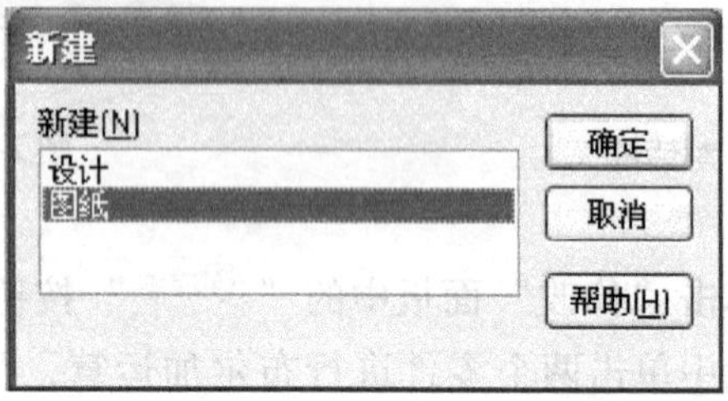

图2-126　“新建”对话框

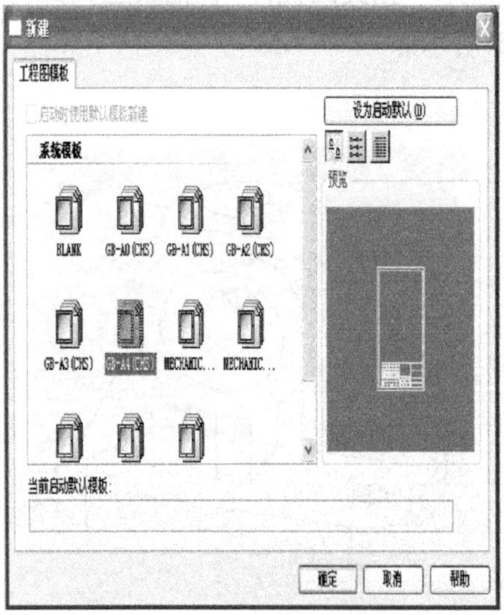

图2-127　工程图模板选择

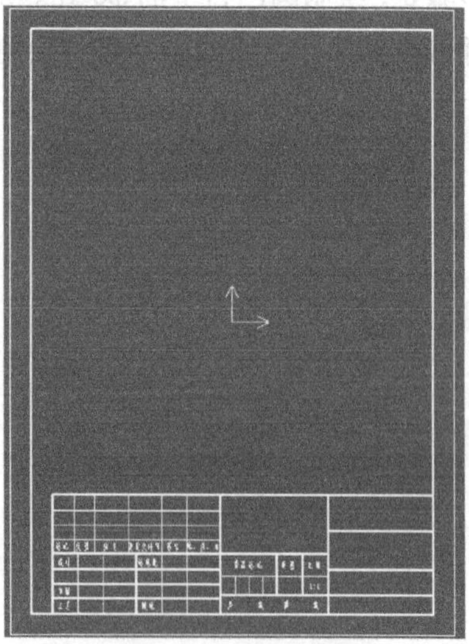

图2-128　工程图模板

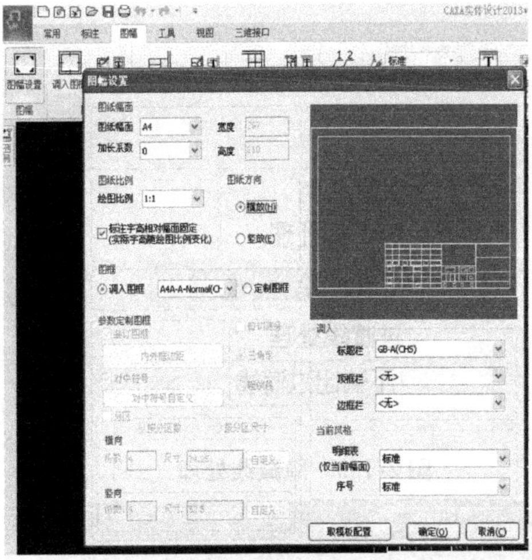

图 2-129　图幅设置

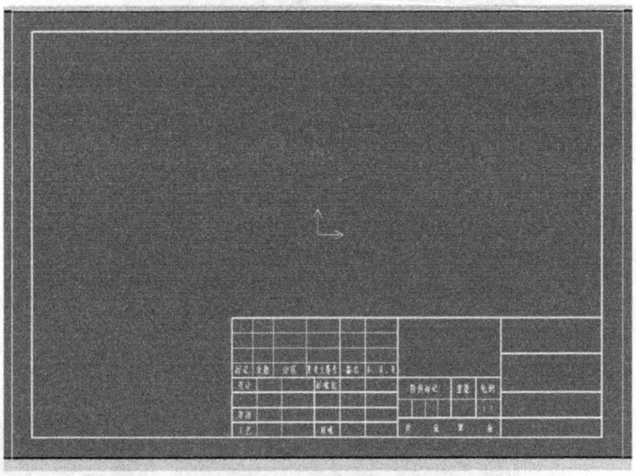

图 2-130　模板设置完成

选择菜单栏的“三维接口”，在下级目录中选择“标准视图”后，弹出“标准视图输出”对话框，如图 2-131 所示。此对话框有“视图设置”、“部件设置”、“选项”和“螺纹线设置”四个选项卡，每个选项卡下有若干项的内容可供设置，可根据不同的输出要求进行设置。下面以“轴承座”为例进行简单的设置如下：在“视图设置”下，调整主视图如图 2-132 所示，单击“标准三视图”按钮；在“选项”下，调整隐藏线处理，改为“输出所有隐藏线”，如图 2-133 所示，其余默认，然后单击“确定”按钮，拖曳鼠标将三视图一一放置在适当的位置，如图 2-134 所示。

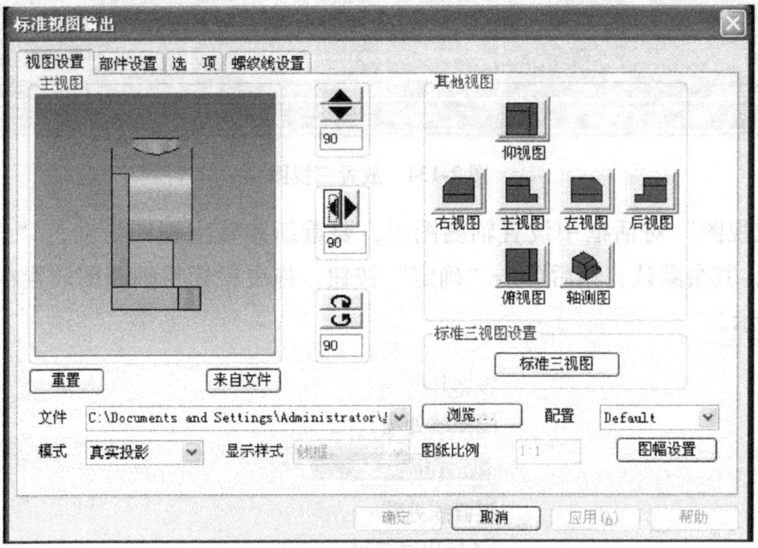

图 2-131　“标准视图输出”对话框

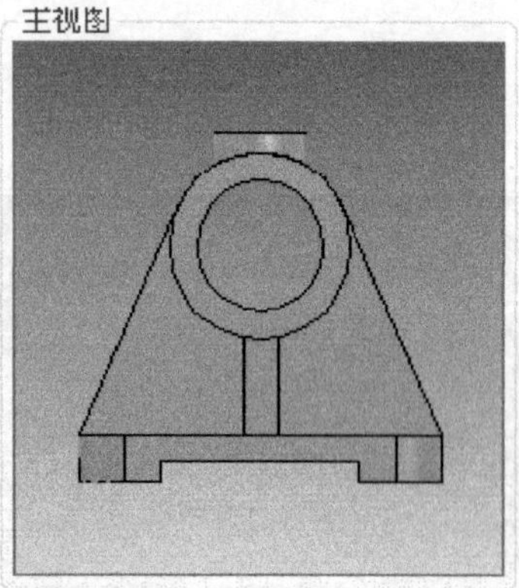

图 2-132　调整主视图

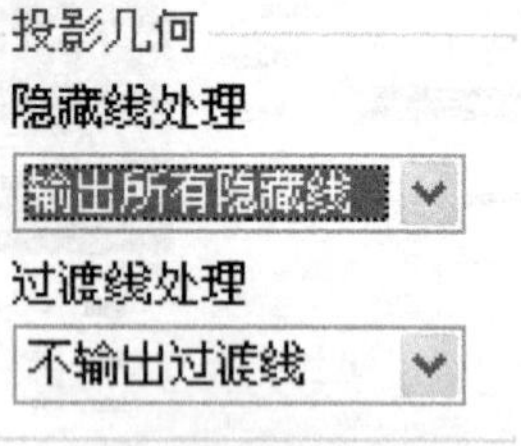

图 2-133　隐藏线处理（一）

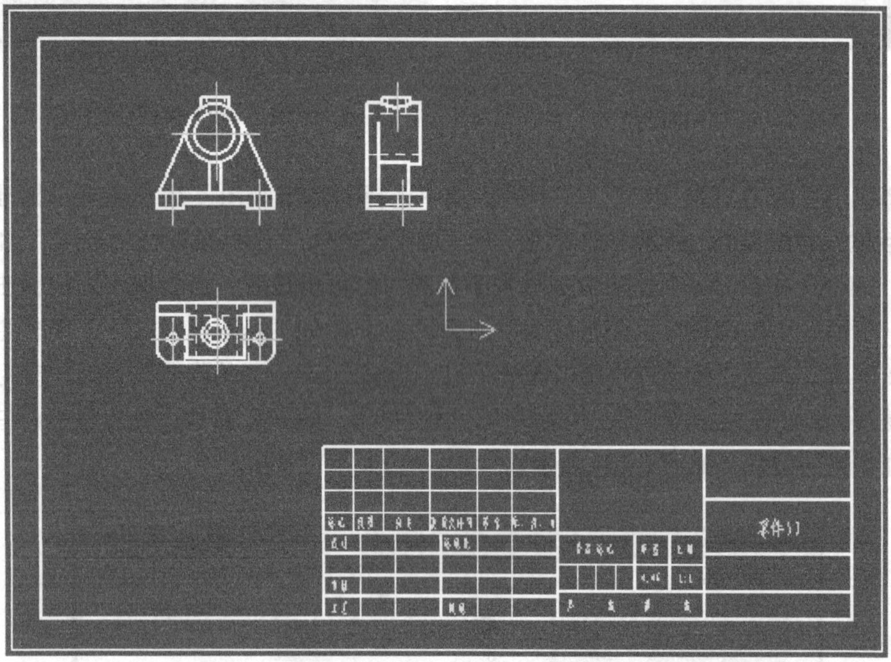

图 2-134　放置三视图

在“标准视图”对话框中设置轴测图时，要重新调整主视图方向，“选项”设置如图 2-135所示，其余默认，然后单击“确定”按钮，拖曳鼠标将轴测图放置在适当的位置，如图 2-136 所示。

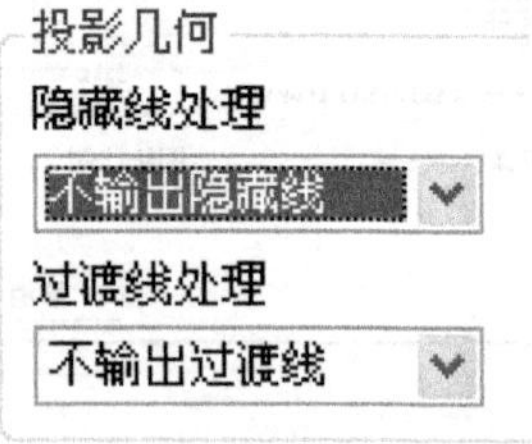

图 2-135　隐藏线处理（二）

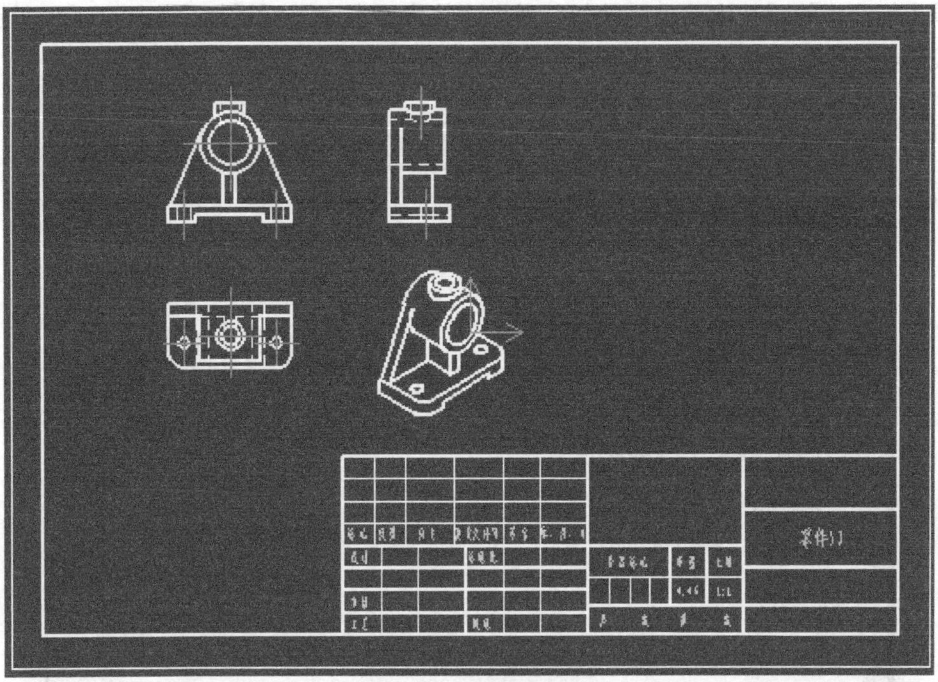

图 2-136　放置轴测图

选择“标注”菜单，如图 2-137 所示，根据机械制图要求对三视图进行标注尺寸，如图 2-138所示。

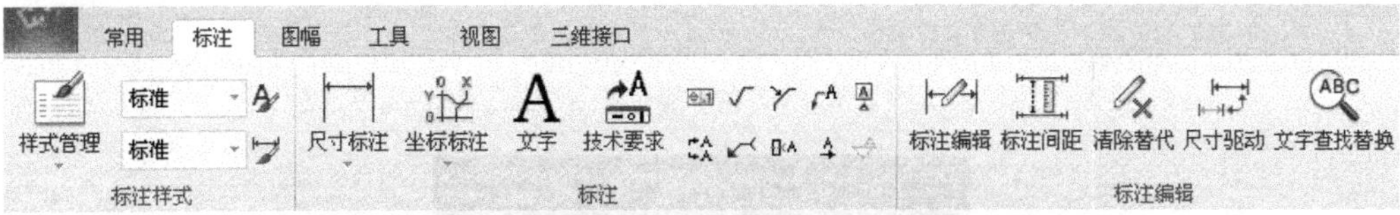

图 2-137　标注工具栏

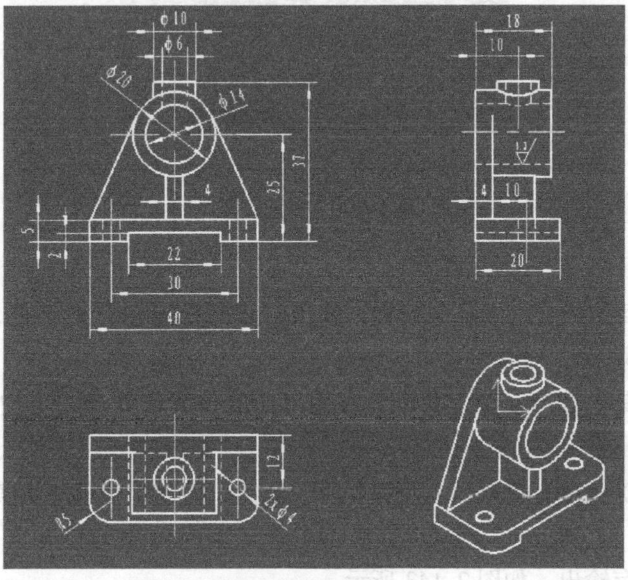

图 2-138　标注尺寸

单击标注中的“技术要求”按钮，弹出“技术要求库”对话框，如图2-139所示，设置完成后在图中适当位置拾取对角两点，放置“技术要求”，如图2-140所示。

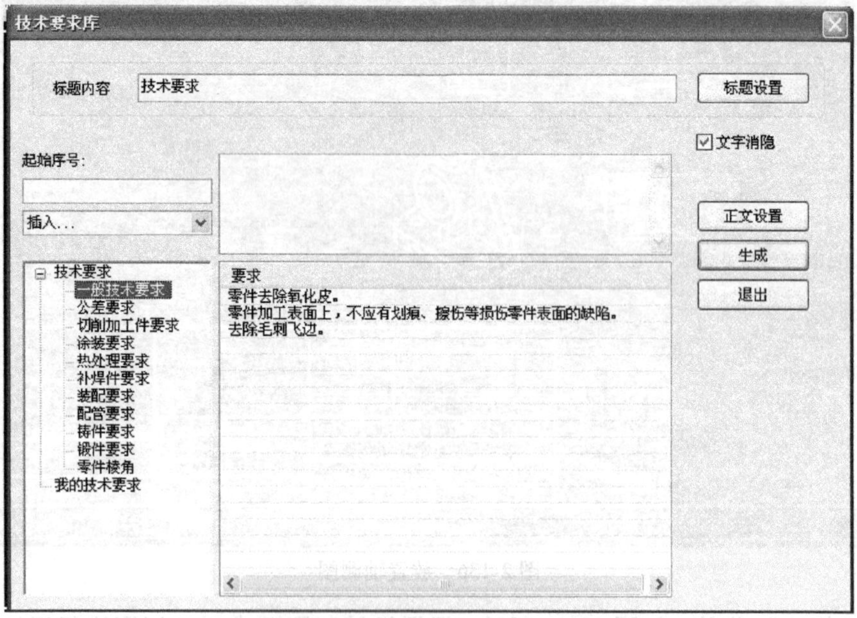

图2-139 “技术要求库”对话框

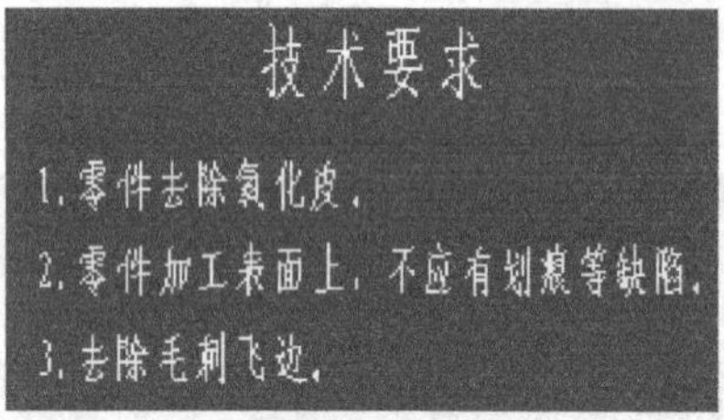

图2-140 技术要求

单击“图幅”菜单中的“T”按钮，弹出“填写标题栏”对话框，如图2-141所示，在“图纸名称”后填写“轴承座”。

补齐图样中的其他部分，调整各部分在图样中的位置使其分布更加合理，最后效果如图2-142所示。

检查工程图，确认没有错误后，将其保存。至此，完成了轴承座从实体造型图到二维工程图输出的操作。

最后将文件保存输出，如图2-143所示。

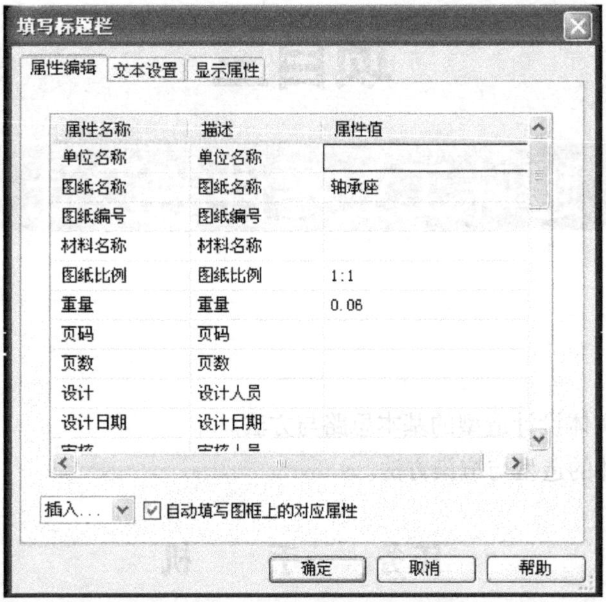

图 2-141　“填写标题栏”对话框

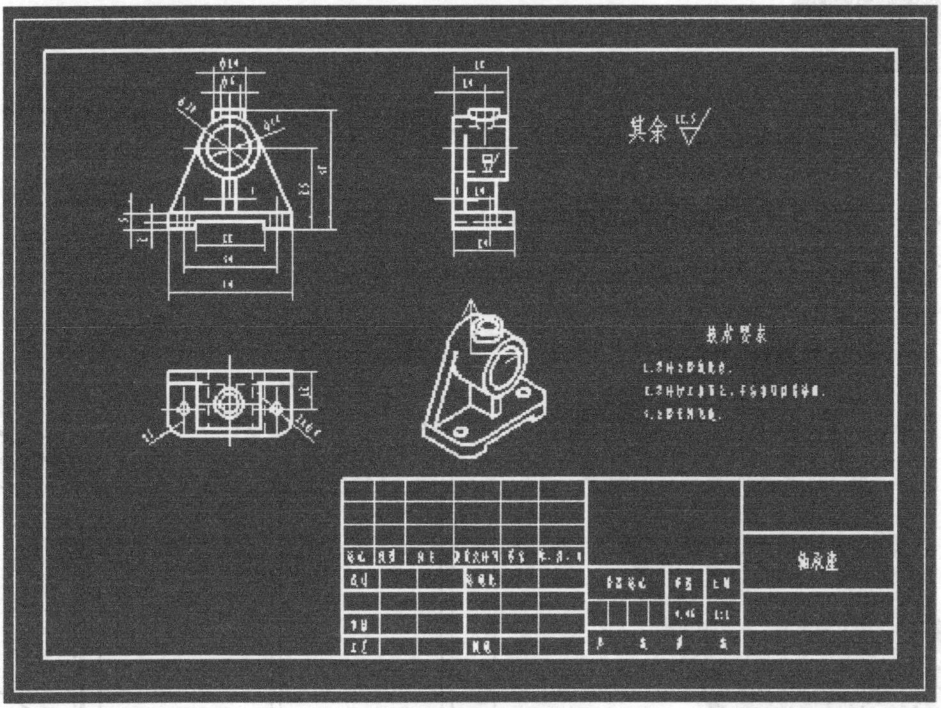

图 2-142　轴承座工程图

图 2-143　轴承座工程图文件

项目三

趣味工业零件的设计

学习目标

1. 熟悉 CAXA 实体设计造型的基本思路与方法。
2. 掌握工业零件的造型与渲染方法。

任务一　手　　机

任务目标

根据如图 3-1 所示的手机模型和图 3-2 所示图样，建立手机的三维模型。
1. 熟悉拉伸指令的应用方法。
2. 熟悉圆角过渡和边倒角的应用方法。
3. 熟悉渲染的应用方法。

图 3-1　手机模型

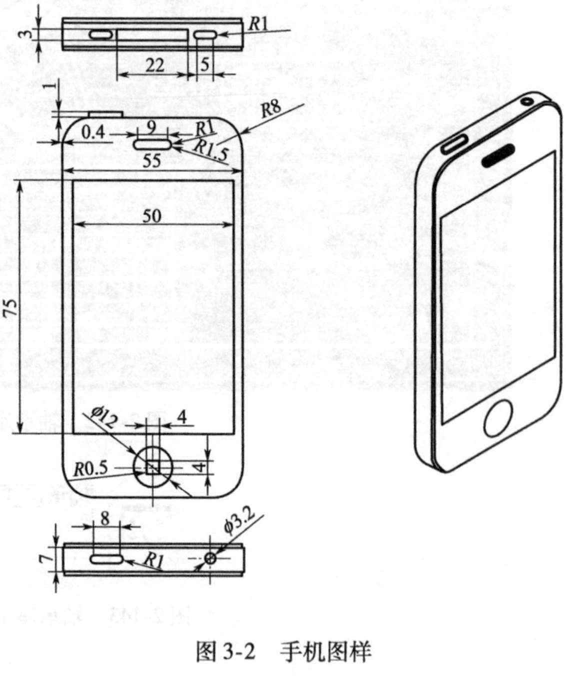

图 3-2　手机图样

任务实施流程

步骤 1：创建用于拉伸的草图，如图 3-3 所示。

步骤 2：单击选中步骤 1 所画的草图，用鼠标右键单击选中“生成”→“拉伸”选项，如图 3-4 所示，输入拉伸距离为 9，如图 3-5 所示。拉伸后的图形如图 3-6 所示。

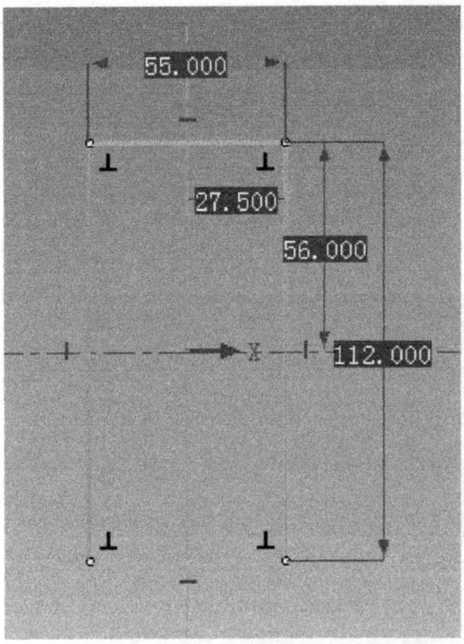

图 3-3　创建草图

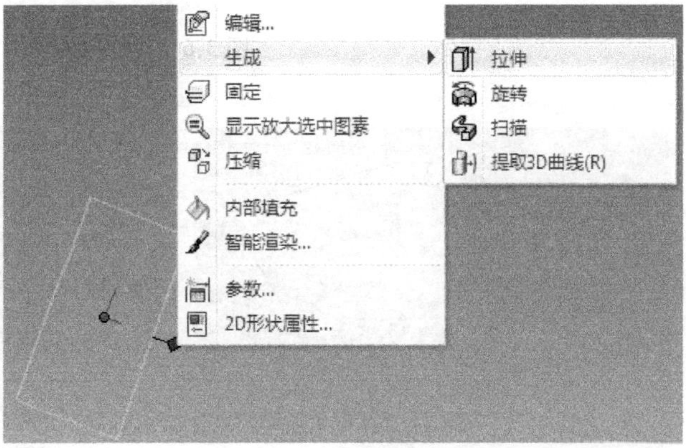

图 3-4　拉伸草图

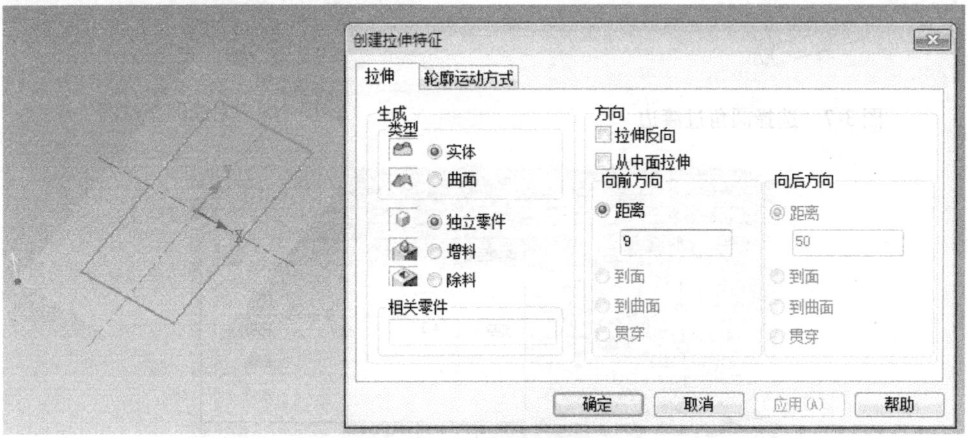

图 3-5　编辑拉伸参数

步骤 3：作圆角过渡。单击“特征”栏中的“圆角过渡”，把半径设为 8，选择圆角过渡边，如图 3-7 所示。完成圆角过渡后如图 3-8 所示。

步骤 4：创建手机护边。把草图平面用三维球移到中间位置，如图 3-9 所示，在草图平面创建护边草图，如图 3-10 所示；对所建护边草图进行拉伸，选择“从中面拉伸”，前后各拉伸 3.5，如图 3-11 所示，完成护边拉伸后如图 3-12 所示。

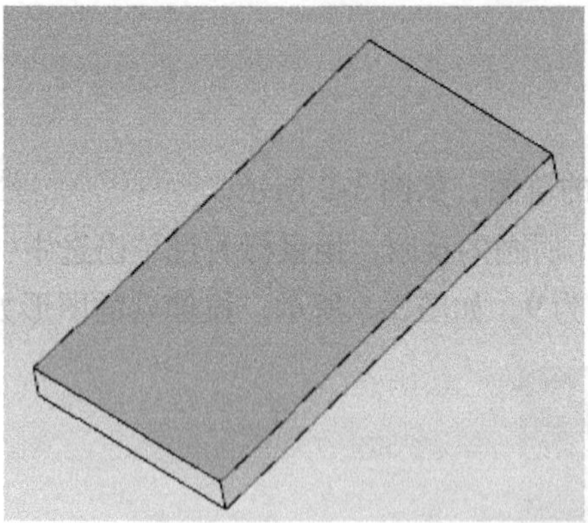

图 3-6　拉伸后的图形

图 3-7　选择圆角过渡边

图 3-8　完成圆角过渡

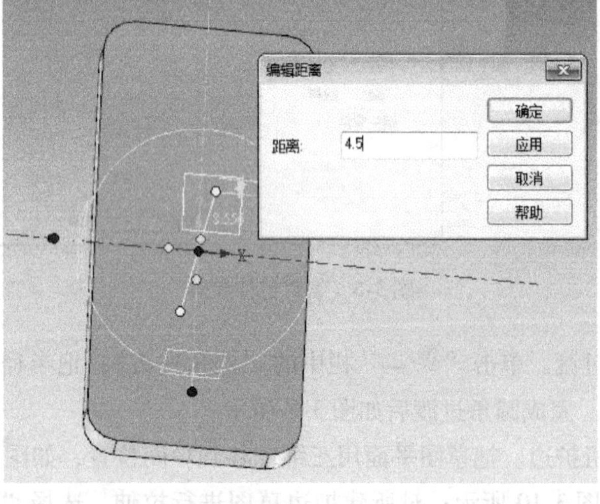

图 3-9　编辑草绘平面

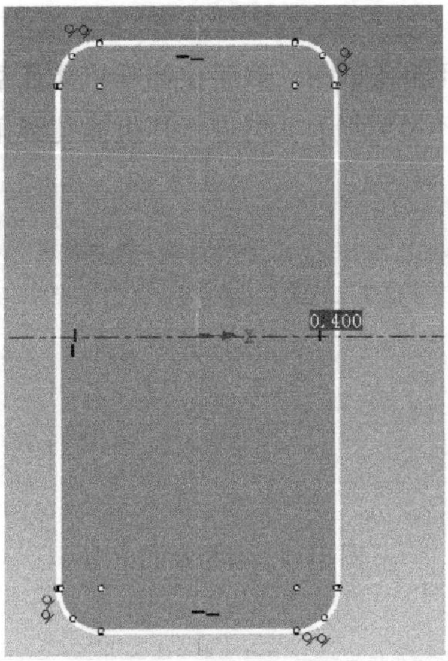

图 3-10　创建护边草图

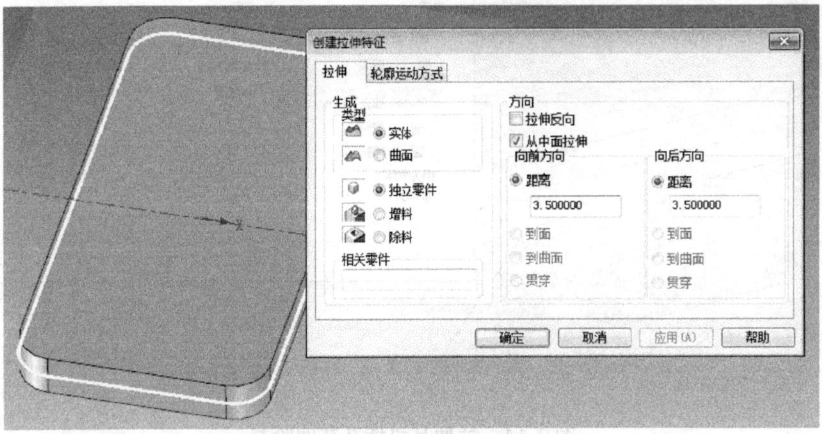

图 3-11　拉伸护边草图

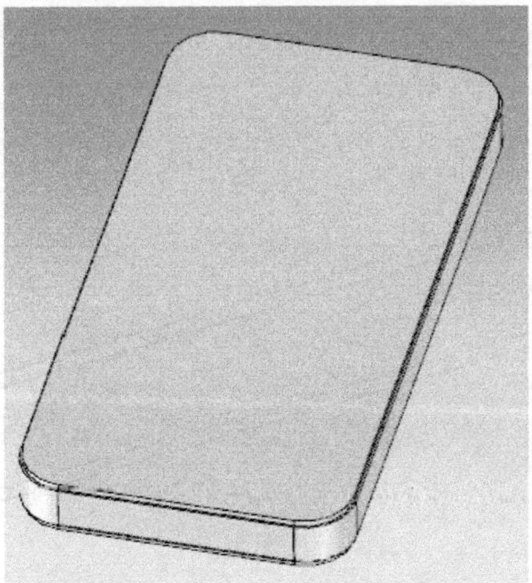

图 3-12　完成护边拉伸

步骤 5：创建耳机插孔。

如图 3-13 所示，创建耳机插孔草图，然后拉伸耳机插孔草图除料，如图 3-14 所示，完成耳机插孔除料后的草图如图 3-15 所示，再进行耳机插孔圆角过渡，如图 3-16 所示。

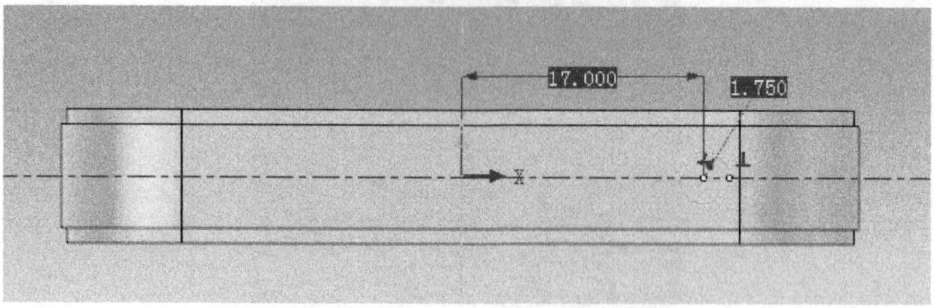

图 3-13　耳机插孔草图

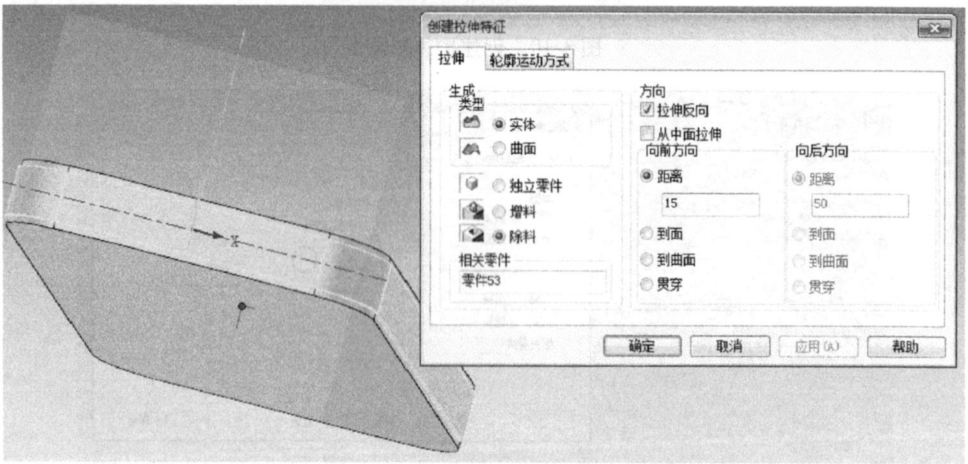

图 3-14　拉伸耳机插孔草图除料

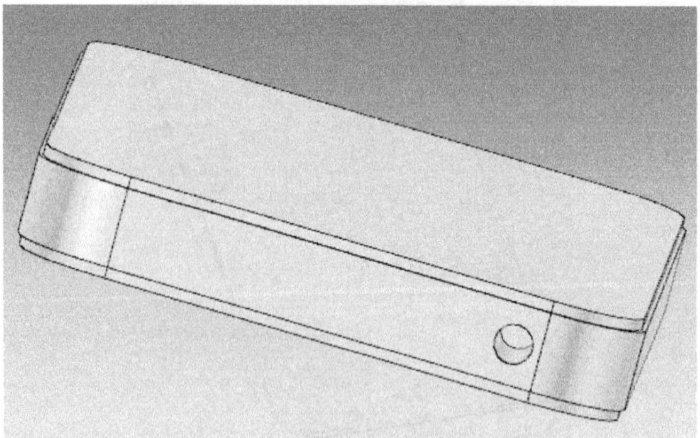

图 3-15　完成耳机插孔除料

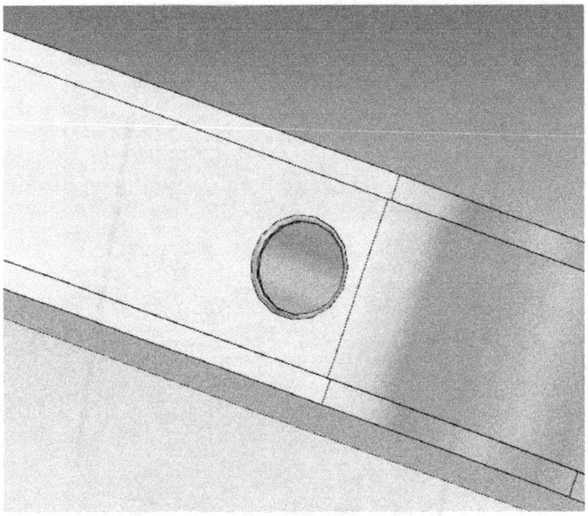

图 3-16　耳机插孔圆角过渡

步骤 6：创建开关键。创建如图 3-17 所示的开关键草图，然后拉伸开关键草图（图 3-18)，开关键创建完成后如图 3-19 所示。

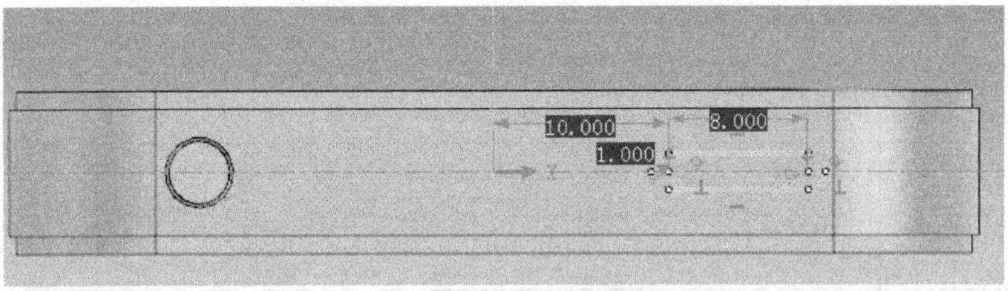

图 3-17　开关键草图

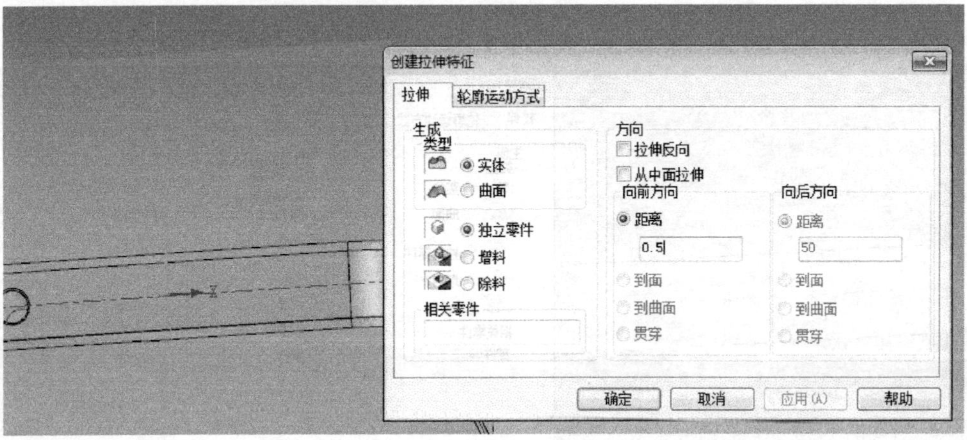

图 3-18　拉伸开关键草图

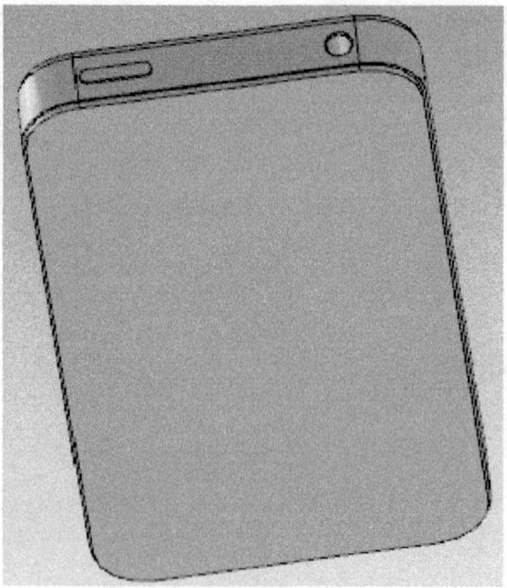

图 3-19　开关键创建完成

步骤 7：创建话筒。创建如图 3-20 所示的话筒草图，然后拉伸草图除料（图 3-21），完成后如图 3-22 所示。

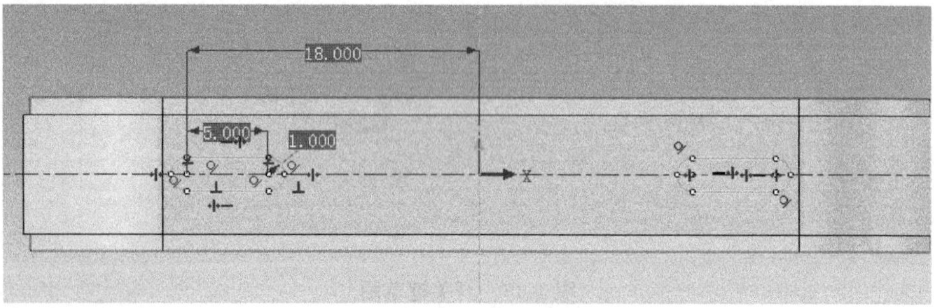

图 3-20　话筒草图

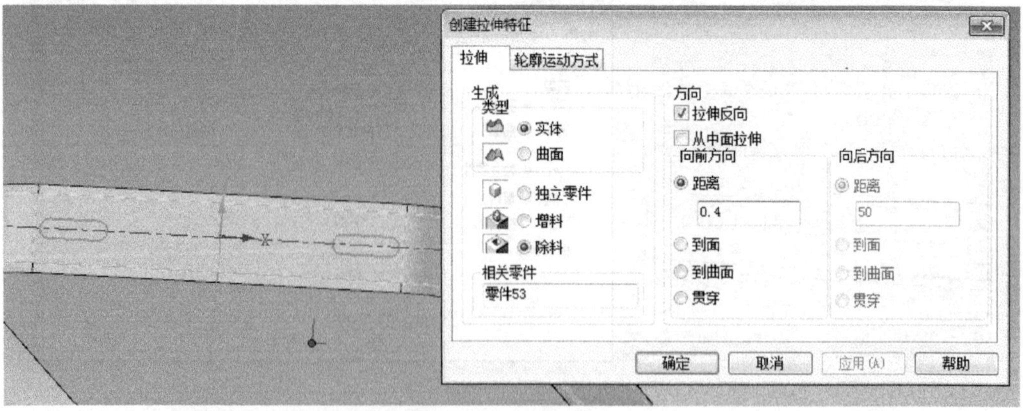

图 3-21　拉伸草图除料

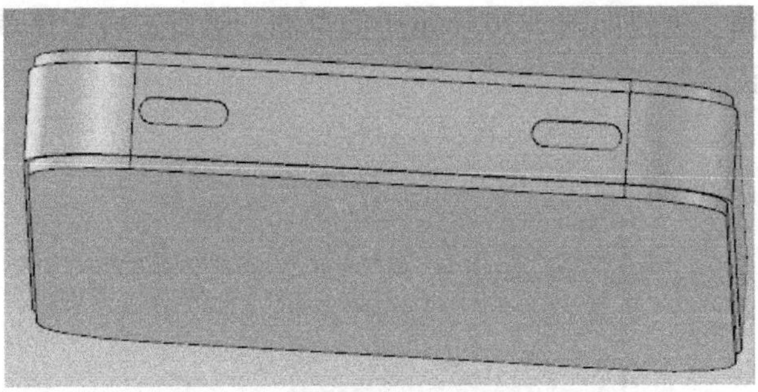

图 3-22　完成话筒

步骤 8：创建数据线插孔。创建如图 3-23 所示数据线插孔草图，然后进行拉伸除料（图 3-24），完成后如图 3-25 所示。

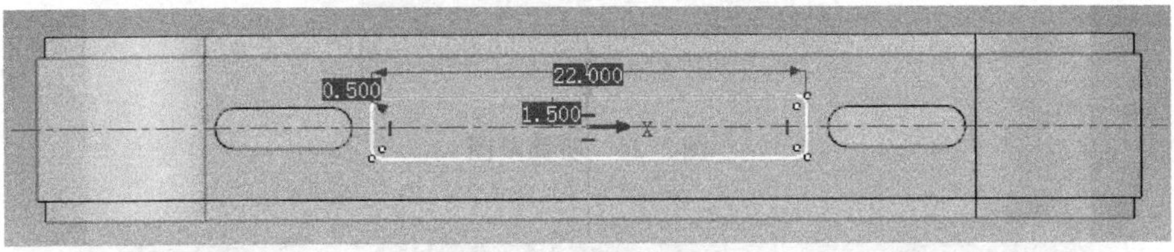

图 3-23　数据线插孔草图

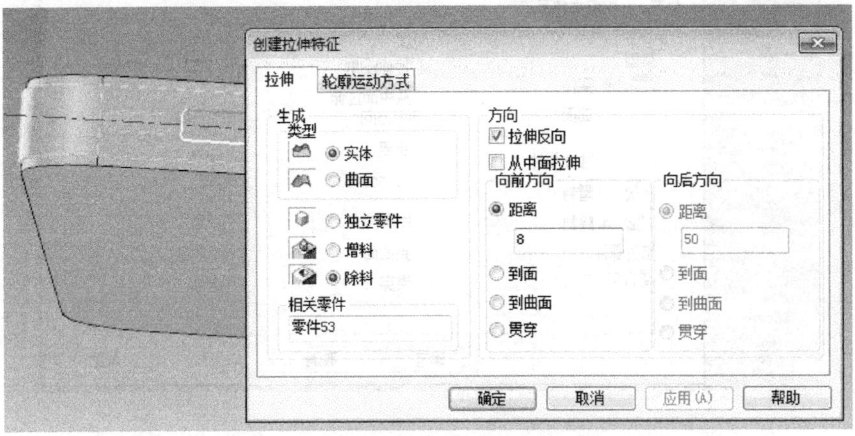

图 3-24　数据线插孔草图拉伸除料

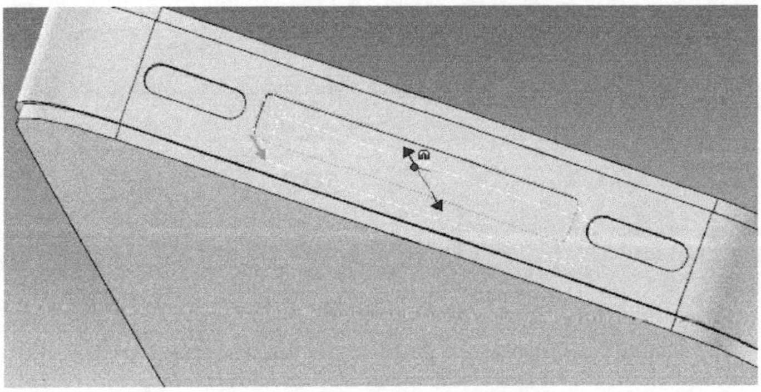

图 3-25　完成数据线插孔

步骤 9：创建听筒。创建如图 3-26 所示听筒草图，然后进行听筒草图拉伸（图 3-27），完成后如图 3-28 所示。

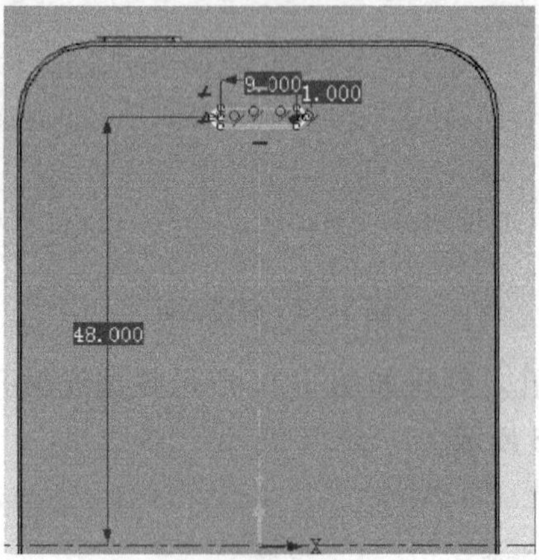

图 3-26 听筒草图

图 3-27 听筒草图拉伸

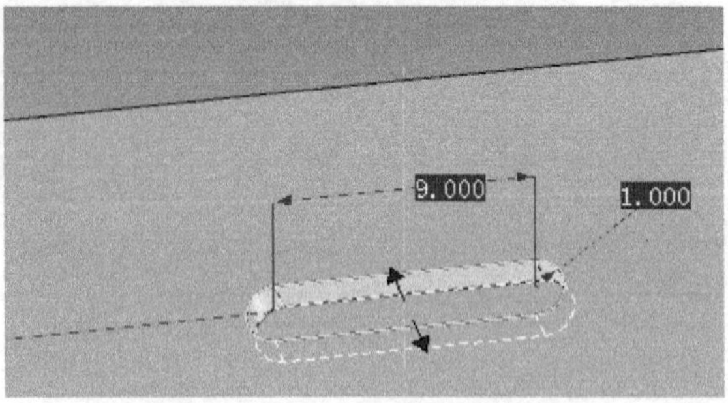

图 3-28 完成听筒

步骤 10：听筒倒角。听筒倒角后如图 3-29 所示。

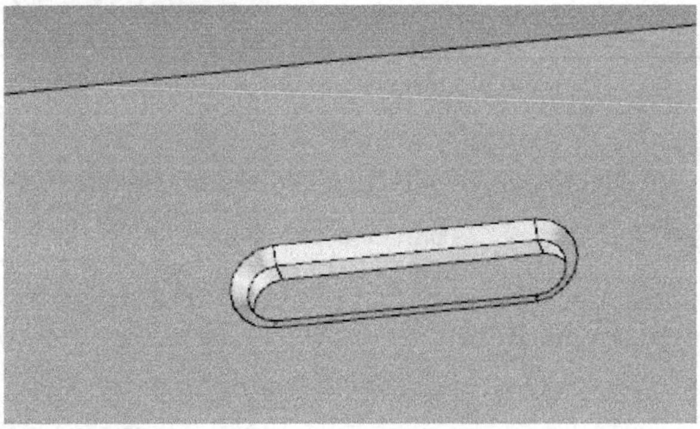

图 3-29　听筒倒角

步骤 11：创建 Home 键。创建如图 3-30 所示 Home 键草图，然后进行草图拉伸（图 3-31），再创建 Home 键标志草图，如图 3-32 所示。完成 Home 键创建后如图 3-33 所示。

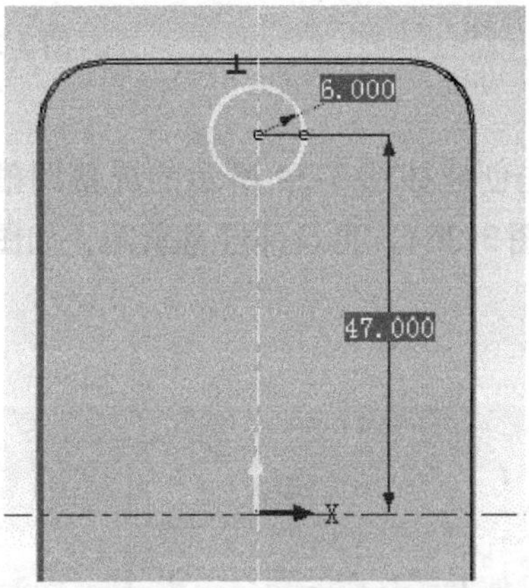

图 3-30　Home 键草图

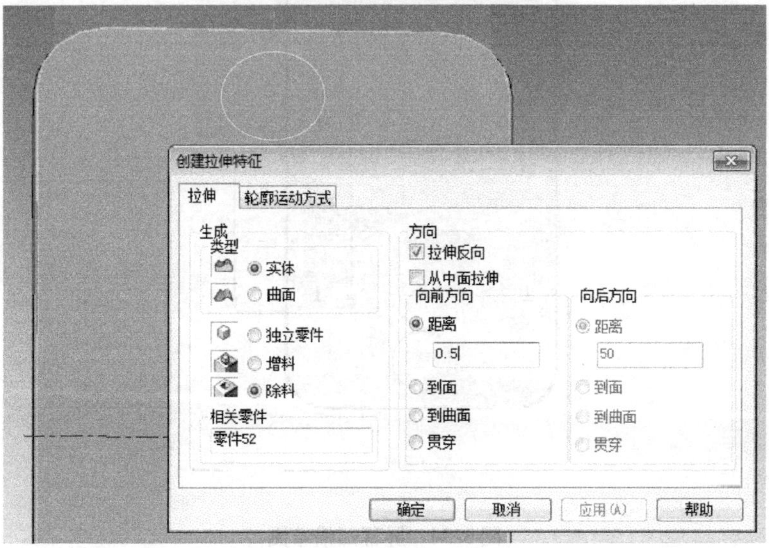

图 3-31　Home 键草图拉伸

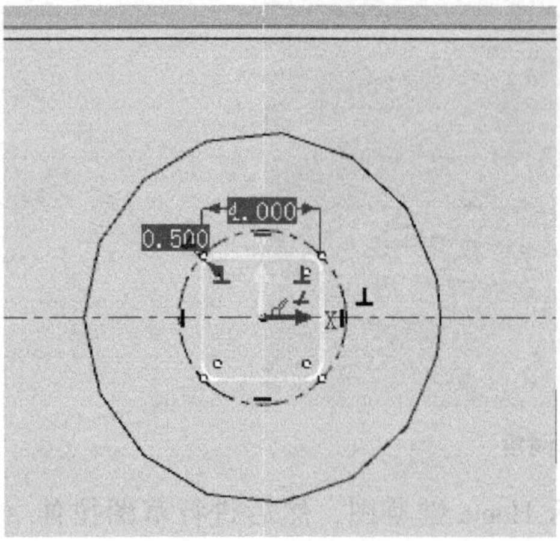

图3-32 Home键标志草图

图3-33 完成Home键创建

步骤12：创建屏幕。首先创建如图3-34所示的屏幕凹槽草图，并进行拉伸除料（图3-35），然后创建屏幕草图（图3-36），再拉伸屏幕草图，如图3-37所示，最后完成屏幕的创建，如图3-38所示。

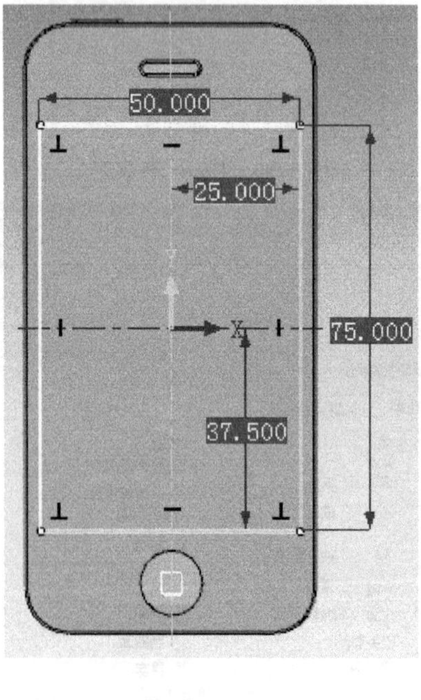

图3-34 屏幕凹槽草图

图 3-35　屏幕凹槽草图拉伸除料

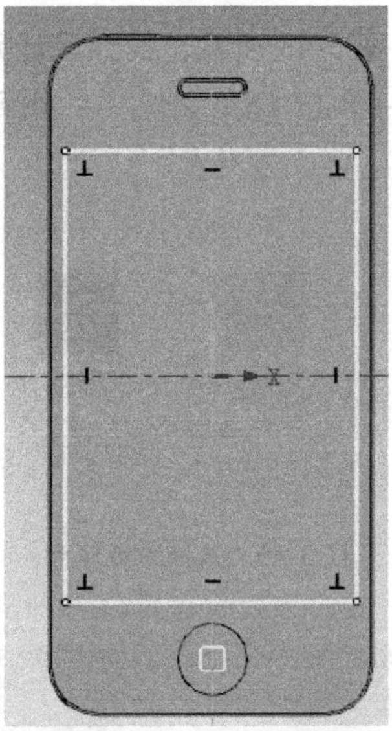

图 3-36　屏幕草图

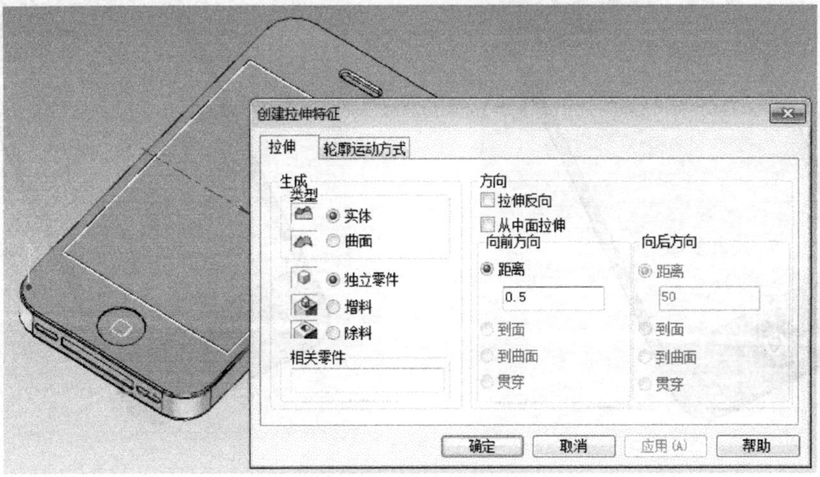

图 3-37　拉伸屏幕草图

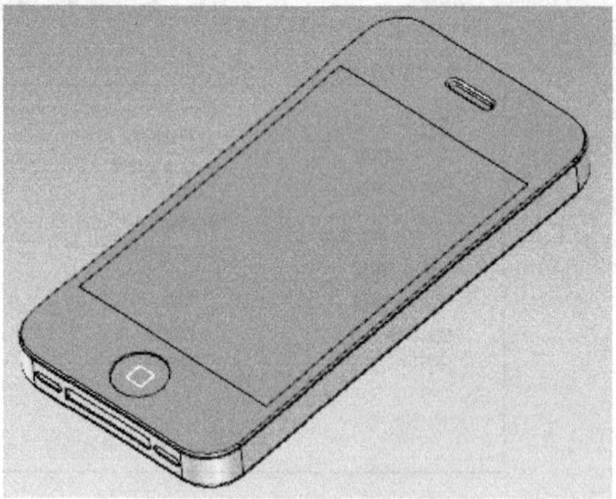

图 3-38　完成屏幕创建

步骤 13：渲染。如图 3-39 ~ 图 3-43 所示，找到设计元素库中的“颜色”→“灰 10”→“选中屏幕”，选择“智能渲染”→单击“浏览文件”→“找到图片”，单击“确定”按钮完成渲染，如图 3-44 所示。

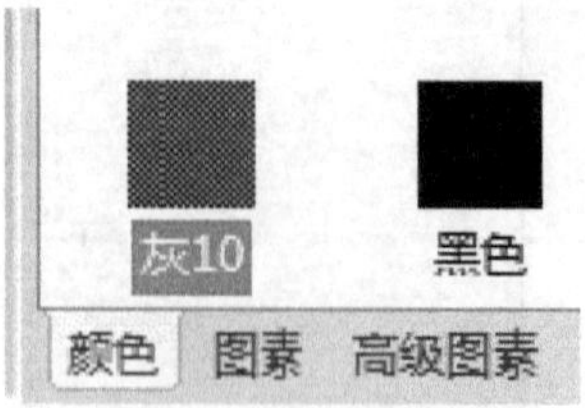

图 3-39　选择渲染颜色

图 3-40　渲染手机主体

图 3-41　渲染听筒

图 3-42　智能渲染屏幕

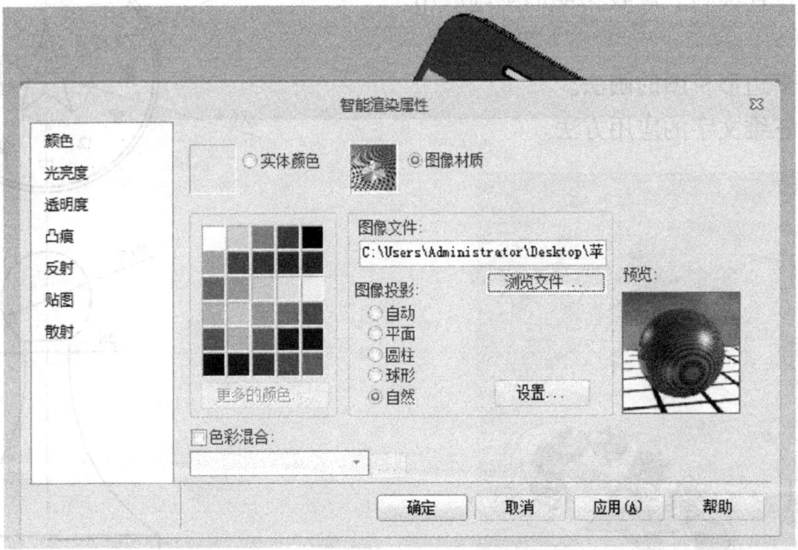

图 3-43　选择图片

图 3-44 完成渲染

任务二 图 章

任务目标

根据如图 3-45 所示的图章模型与图 3-46 所示图章图样，建立图章的三维模型。

1. 熟悉创建旋转用草图的方法。

2. 熟悉拉伸除料、旋转功能的基础应用方法。

3. 熟悉多边形草图的画法。

4. 熟悉三维文字的应用方法。

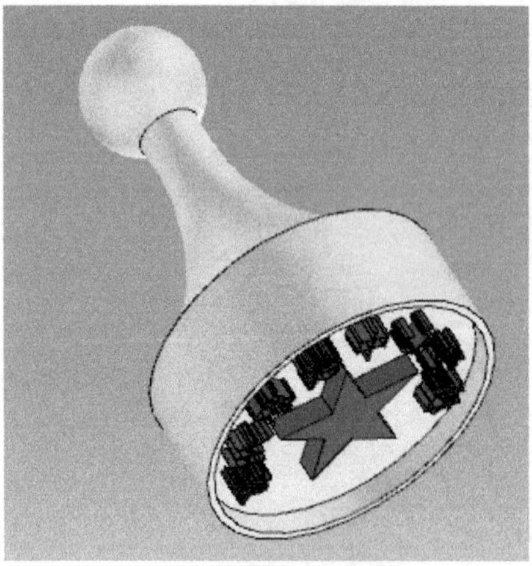

图 3-45 图章模型

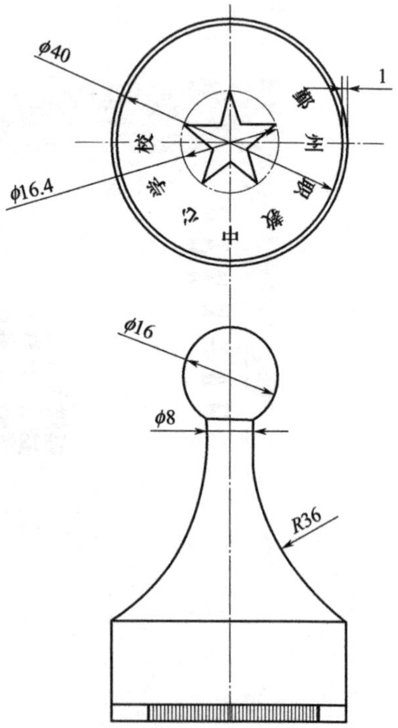

图 3-46 图章图样

任务实施流程

步骤 1：创建用于旋转的草图，注意选择旋转轴，如图 3-47 所示。

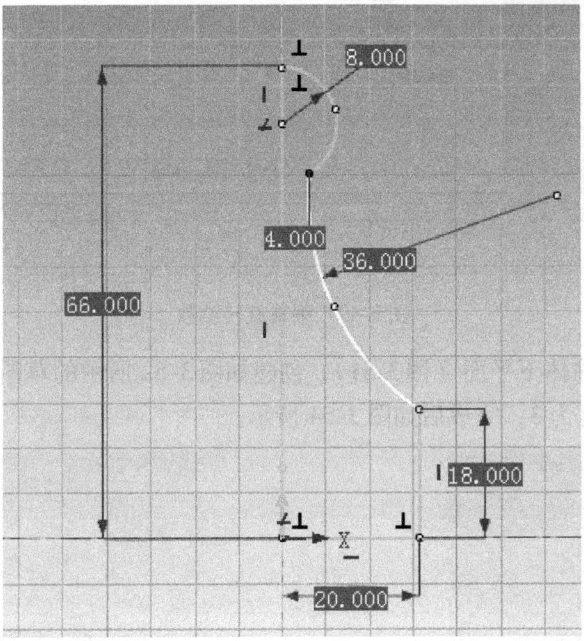

图 3-47 图章草图

步骤 2：左键选中步骤 1 所画的草图，右键单击选中“生成”→“旋转”选项，如图 3-48 所示，输入旋转角度为 360°，如图 3-49 所示。旋转后的图形如图 3-50 所示。

图 3-48 旋转图章草图

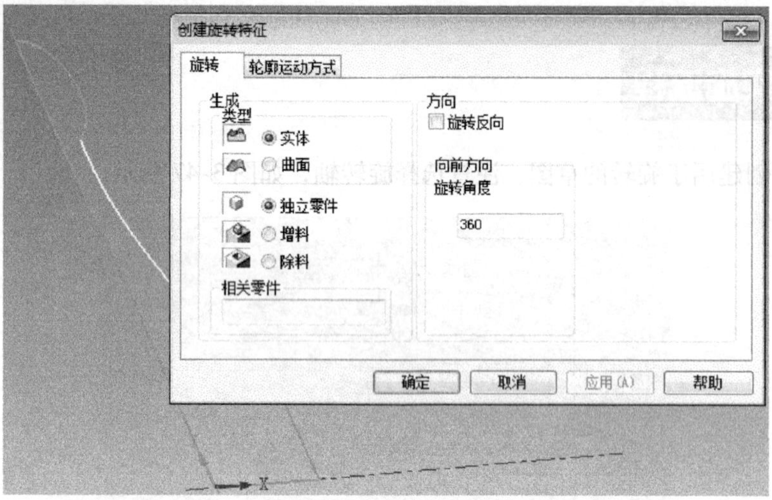

图 3-49 编辑旋转参数

步骤 3：选中圆柱体下平面（图 3-51），创建如图 3-52 所示的草图，然后进行拉伸（图 3-53），输入拉伸深度为 3，完成后如图 3-54 所示。

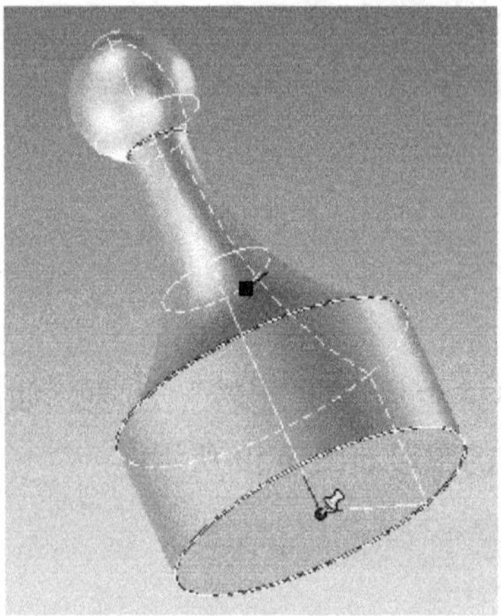

图 3-50 旋转后的图形

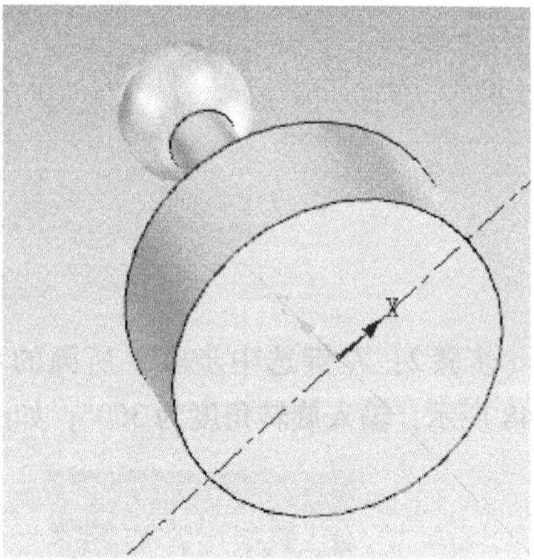

图 3-51 选择图章凹槽草图平面

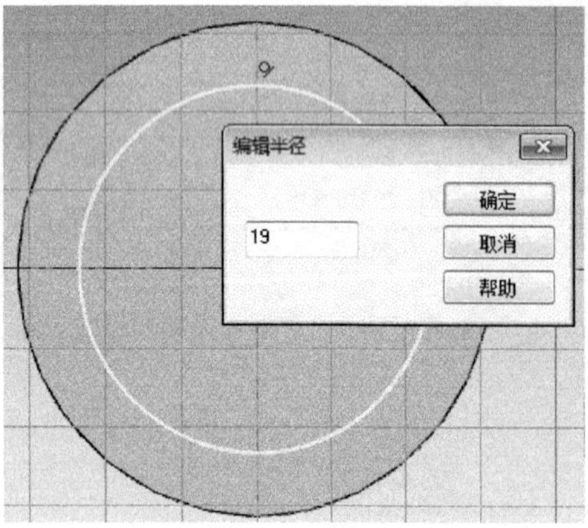

图 3-52 凹槽草图

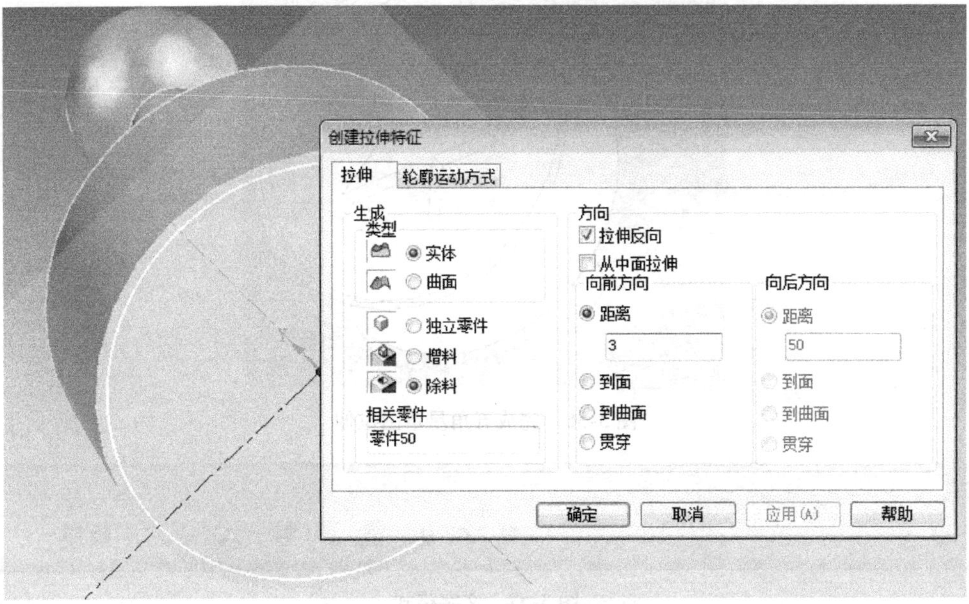

图 3-53　凹槽草图拉伸

步骤 4：草绘五角星草图并拉伸，如图 3-55 所示，拉伸深度为 3，完成后如图 3-56 所示。

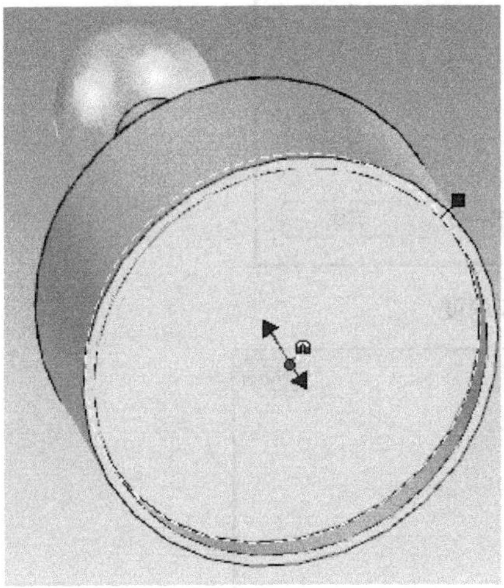

图 3-54　完成凹槽

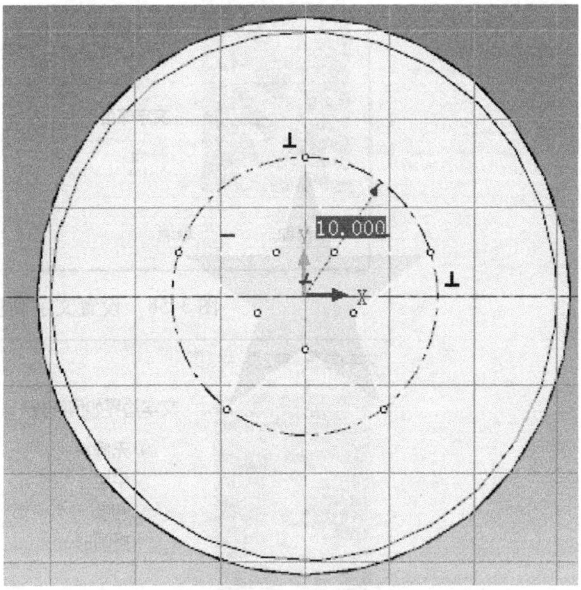

图 3-55　五角星草图

步骤 5：创建文字格式。在如图 3-57 所示的“文件格式”对话框中设置文字字体，然后在“文字向导”第 1 页中设置文字高度和文字深度，如图 3-58 所示，再在“文字向导”第 2 页中设置文字边界，如图 3-59 所示，然后在“文字向导”第 3 页中设置文字定向（图 3-60），之后输入第一个文字“鄞”，如图 3-61 所示。

图 3-56　完成五角星草图拉伸

图 3-57　文字格式

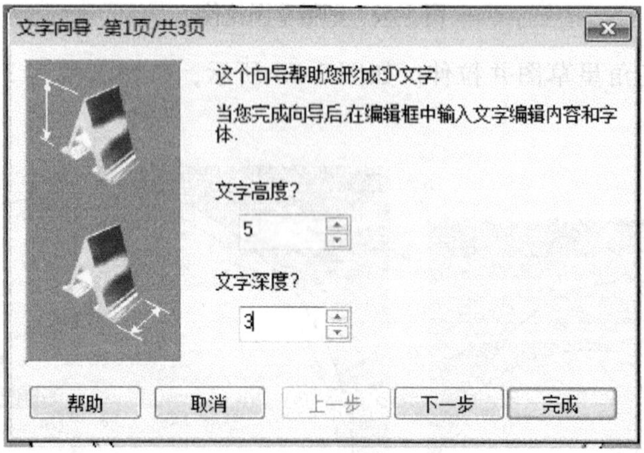

图 3-58　设置文字高度和深度

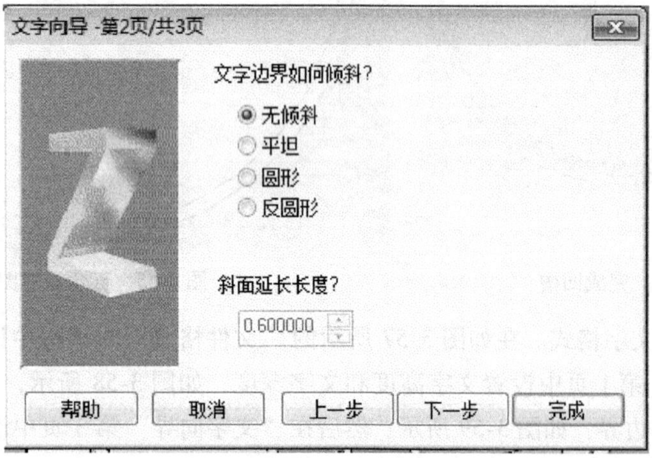

图 3-59　设置文字边界

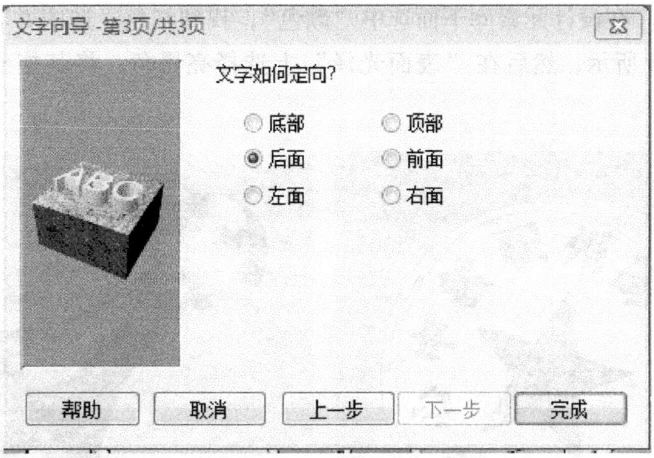

图 3-60 设置文字定向

步骤 6：运用三维球调整文字位置，调整后的效果如图 3-62 所示。

注意：字要一个一个分开完成。

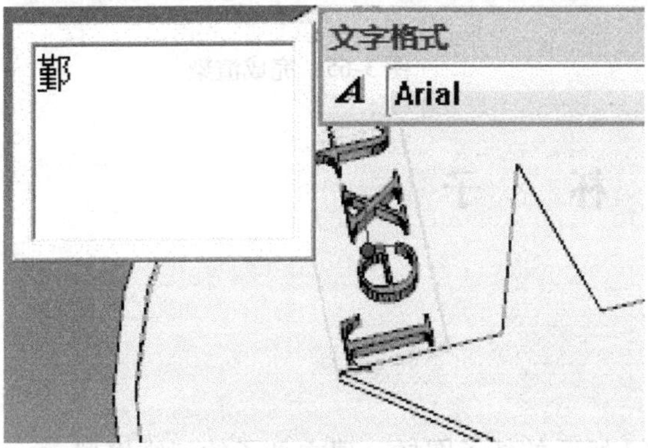

图 3-61 输入文字

图 3-62 三维球调整文字

步骤 7：用相同的方法，完成其他字的创建，完成后如图 3-63 所示。

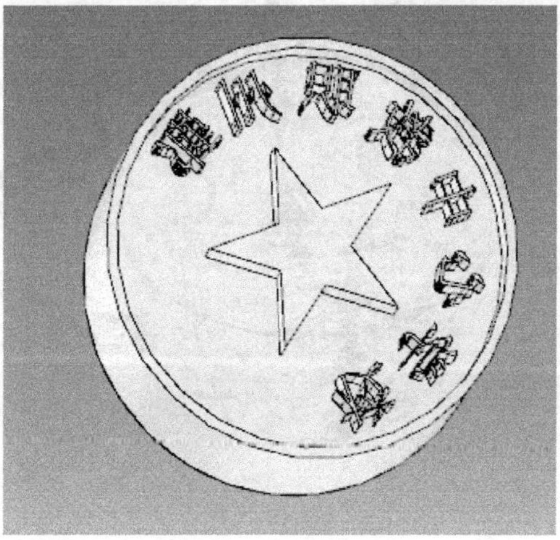

图 3-63 完成文字

步骤 8：渲染。在设计元素库下面选中“颜色”，找到红色，选中并将其拖到五角星和文字上，如图 3-64 所示，然后在“表面光泽”上选择亮黑色，将其拖到图章手柄上，如图 3-65 所示。

图 3-64 渲染文字和五角星

图 3-65 完成渲染

任务三 杯 子

任务目标

根据如图 3-66 所示的杯子模型和图 3-67 所示的杯子图样，建立杯子的三维模型。

图 3-66 杯子模型

1. 掌握旋转指令的应用方法。
2. 掌握抽壳的应用方法。
3. 掌握运用扫描创建杯柄。
4. 熟悉渲染的应用方法。

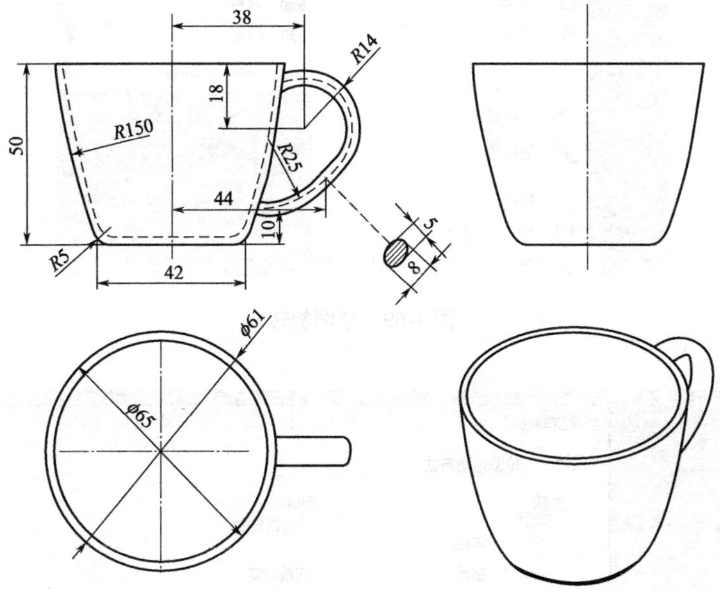

图 3-67 杯子图样

任务实施流程

步骤 1：创建用于旋转的草图，注意选择旋转轴，如图 3-68 所示。

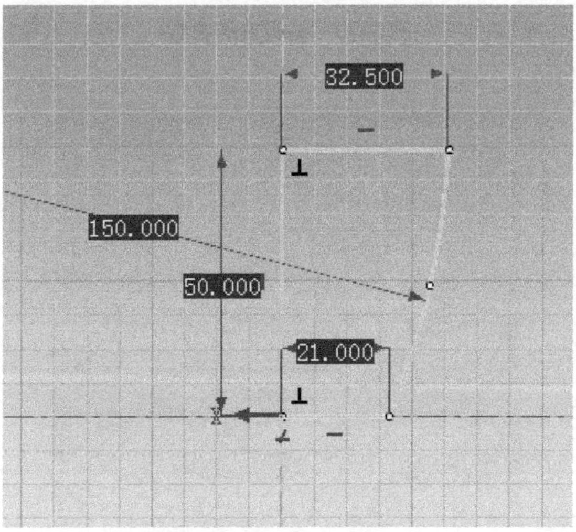

图 3-68 杯体草图

步骤2：左键选中步骤1所画的草图，右键单击选中“生成”→“旋转”，如图3-69所示，输入旋转角度为360°，如图3-70所示。旋转后的图形如图3-71所示。

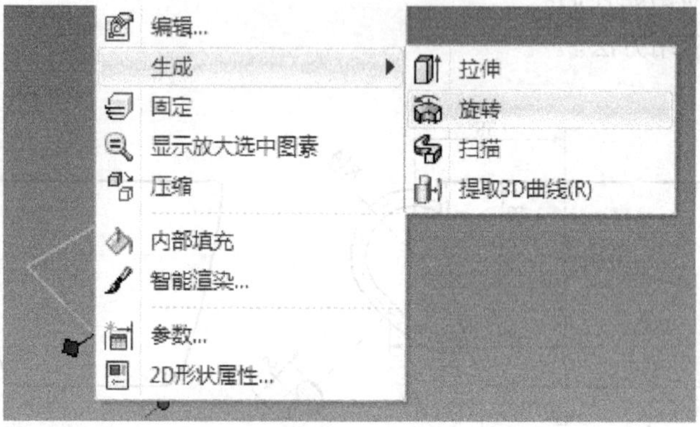

图3-69 草图旋转

图3-70 编辑旋转参数

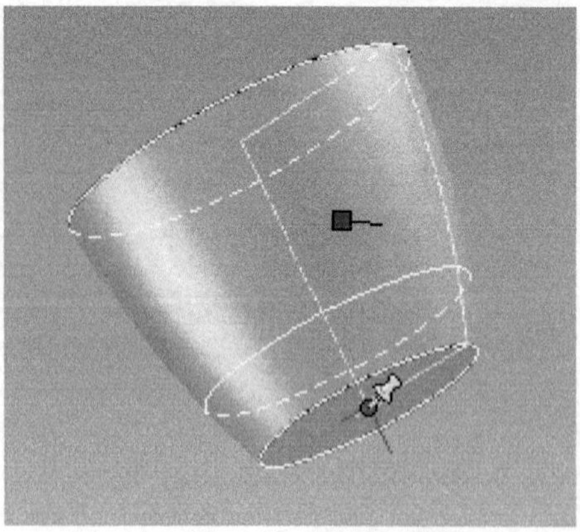

图3-71 完成旋转

步骤3：圆角过渡。单击“特征”栏中的“圆角过渡”，把半径设为5，如图3-72所示，完成圆角过渡后如图3-73所示。

图3-72 杯子底部圆角过渡

图3-73 完成圆角过渡

步骤4：对零件进行“抽壳”操作。选取“抽壳”选项，选中零件上表面，设置抽壳厚度为2，如图3-74所示。

步骤5：杯柄造型。创建如图3-75所示杯柄轨迹草图。

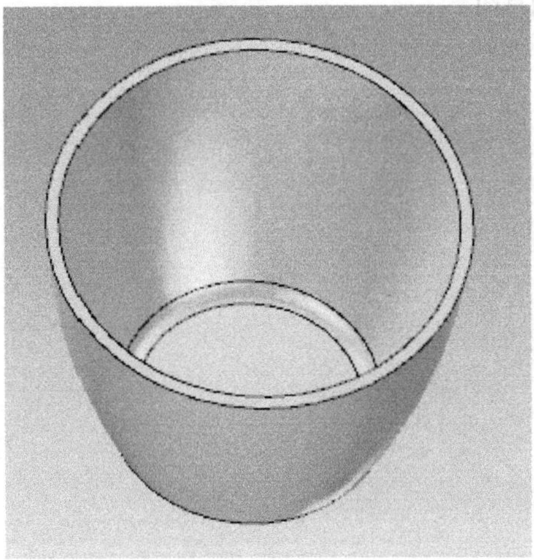

图3-74 抽壳

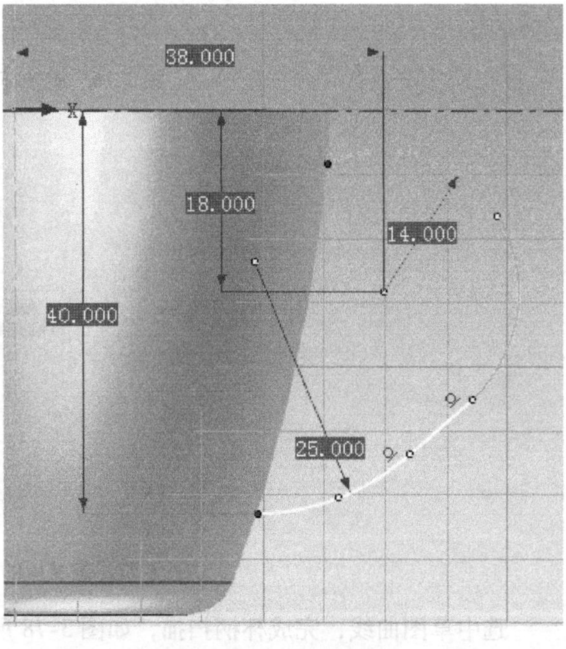

图3-75 杯柄轨迹草图

步骤6：扫描。单击“扫描”→“新生成一个独立的零件。”，旋转杯柄截面草图（图3-76）。旋转后的杯柄草图截面如图3-77所示。

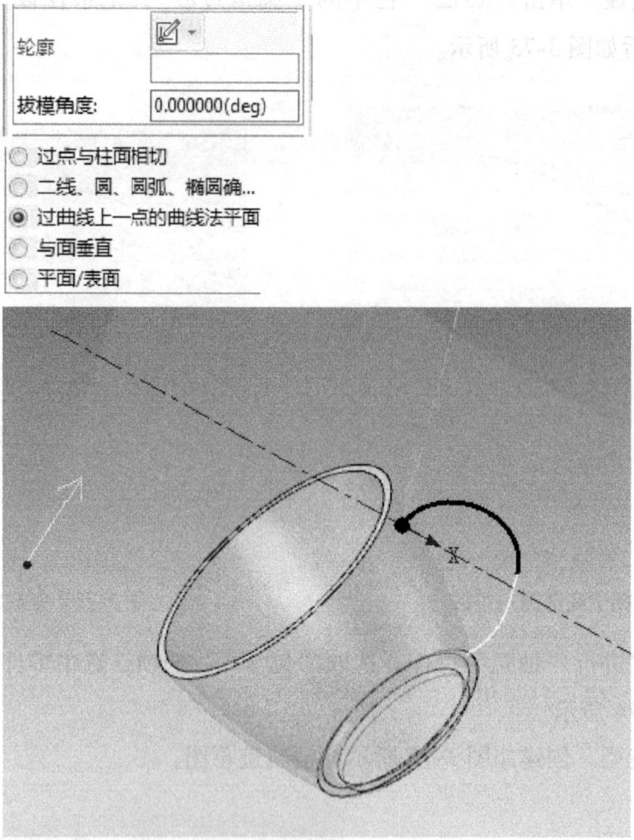

图 3-76　旋转杯柄截面草图

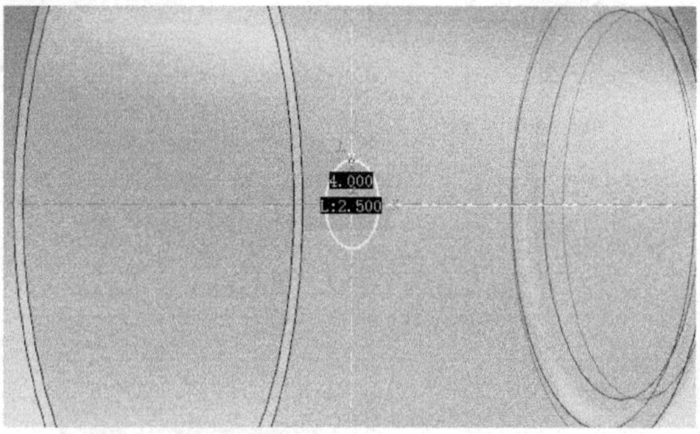

图 3-77　旋转后的杯柄草图截面

选中草图曲线，完成杯柄扫描，如图 3-78 所示。

步骤 7：表面匹配。单击“表面匹配”图标，然后选中如图 3-79 所示面，单击如图 3-80 所示“匹配面选项”图标，然后选中如图 3-81 所示杯体表面，出现如图 3-82 所示“面编辑通知”对话框，单击“是”按钮，完成上端面的匹配，如图 3-83 所示。

图 3-78 完成杯柄扫描

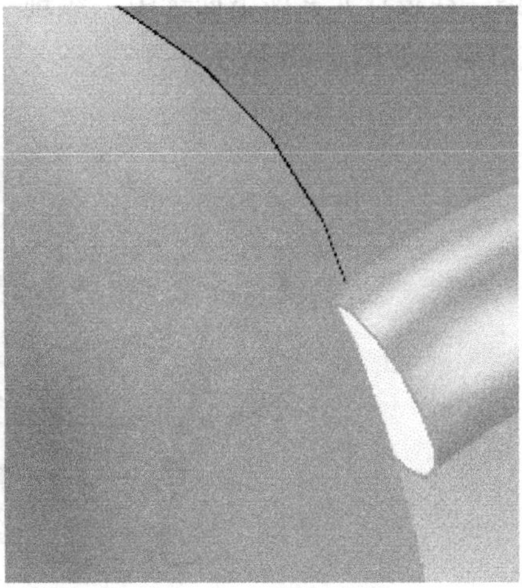

图 3-79 杯柄上部端面

图 3-80 匹配面选项

图 3-81 杯体表面

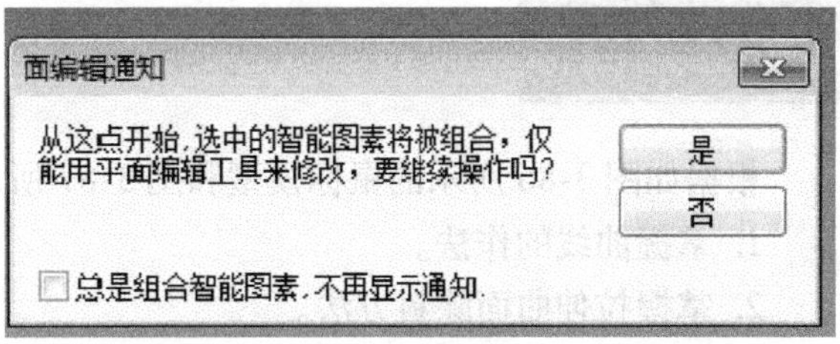

图 3-82 “面编辑通知”对话框

步骤 8：按同样的操作方法，完成杯柄另一端的匹配，如图 3-84 所示。

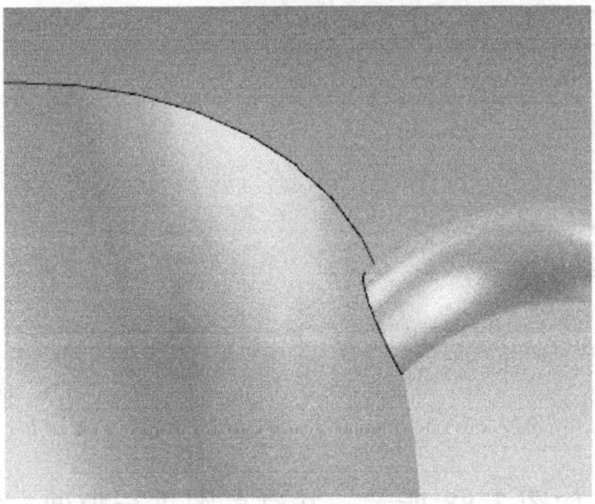

图 3-83 完成上端面匹配

图 3-84 完成杯体和杯柄的匹配

步骤 9：渲染。在设计元素库下面选中“纹理”，找到阿拉伯图案，选中并将其拖曳到零件表面，完成渲染后如图 3-85 所示。

图 3-85 完成渲染

任务四 鼠 标

任务目标

根据如图 3-86 所示的鼠标模型和图 3-87 所示的鼠标图样，建立杯子的三维模型。

1. 掌握曲线的作法。
2. 掌握拉伸曲面除料方法。
3. 掌握圆角过渡的方法。

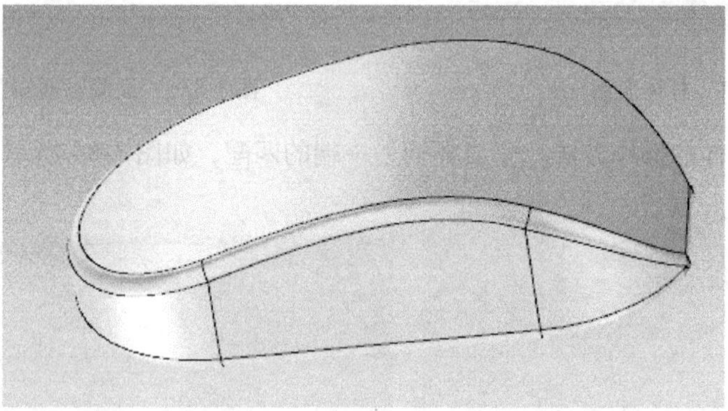

图 3-86 鼠标三维模型

任务实施流程

步骤 1：创建拉伸体。创建用于拉伸的草图，如图 3-88 所示，并对草图进行拉伸，如图 3-89 所示，输入拉伸距离为 50，如图 3-90 所示，完成拉伸后如图 3-91 所示。

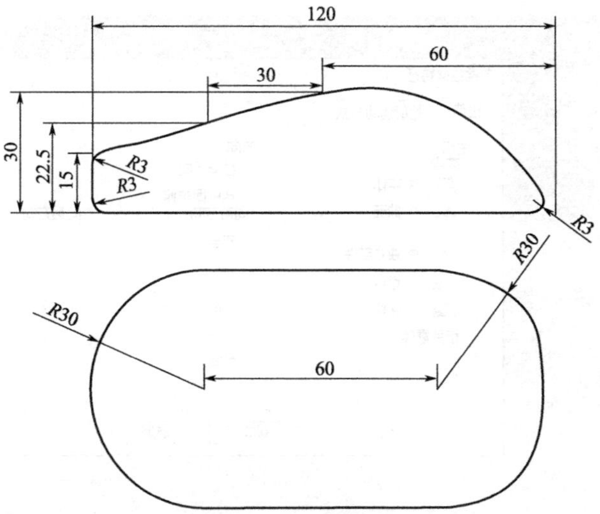

图 3-87　鼠标图样

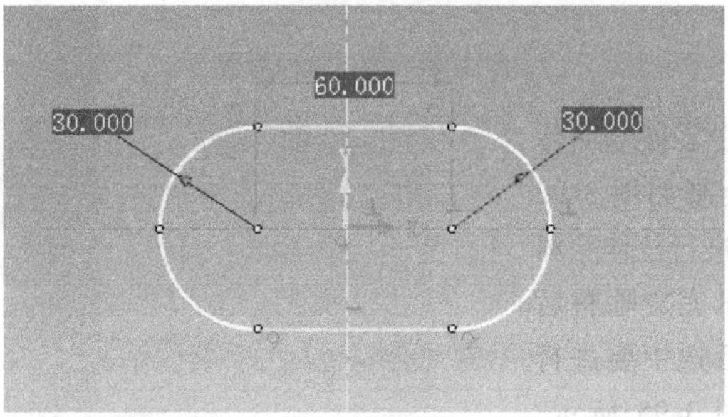

图 3-88　草图

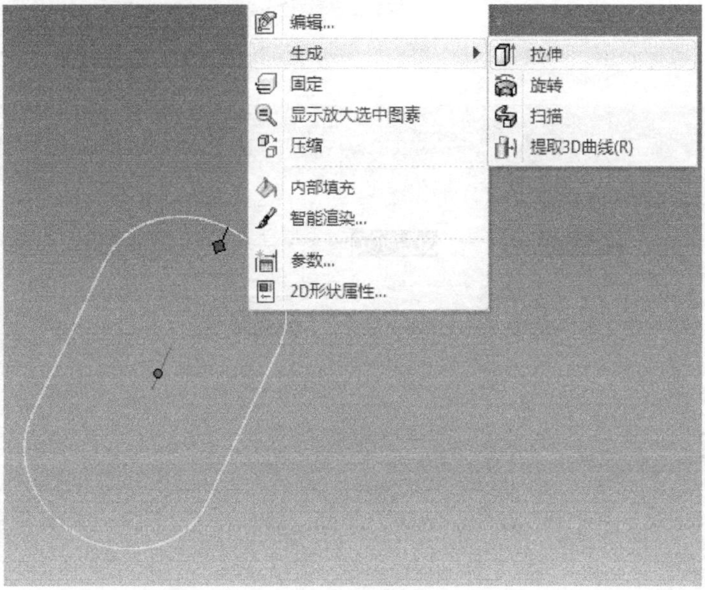

图 3-89　拉伸草图

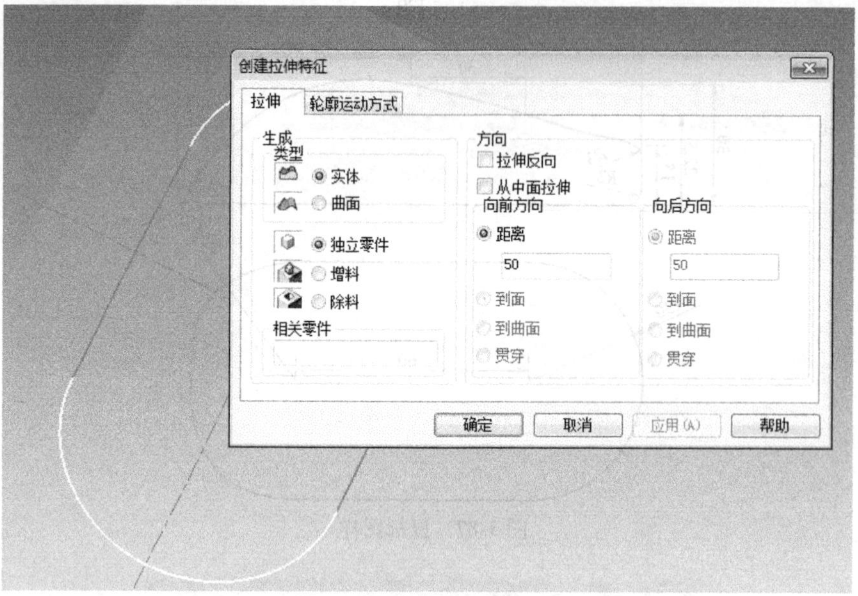

图3-90 编辑拉伸参数

步骤2：左键选中零件侧面作为绘制草图平面，绘制如图3-92所示曲线，并对曲线进行拉伸除料操作，如图3-93所示完成除料后如图3-94所示，然后选中要进行圆角过渡的边，如图3-95所示，设半径为3，完成鼠标造型，如图3-96所示。

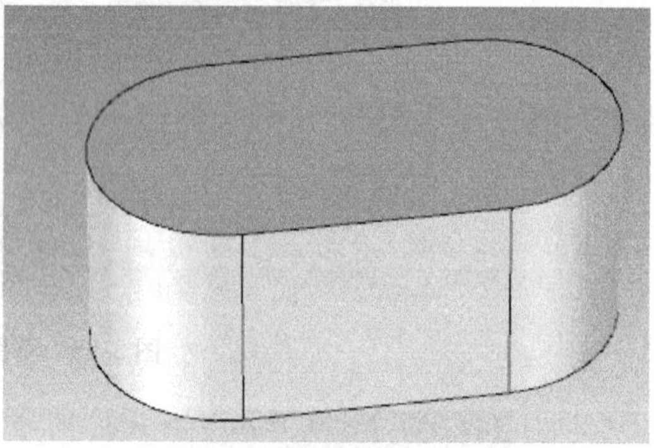

图3-91 完成拉伸

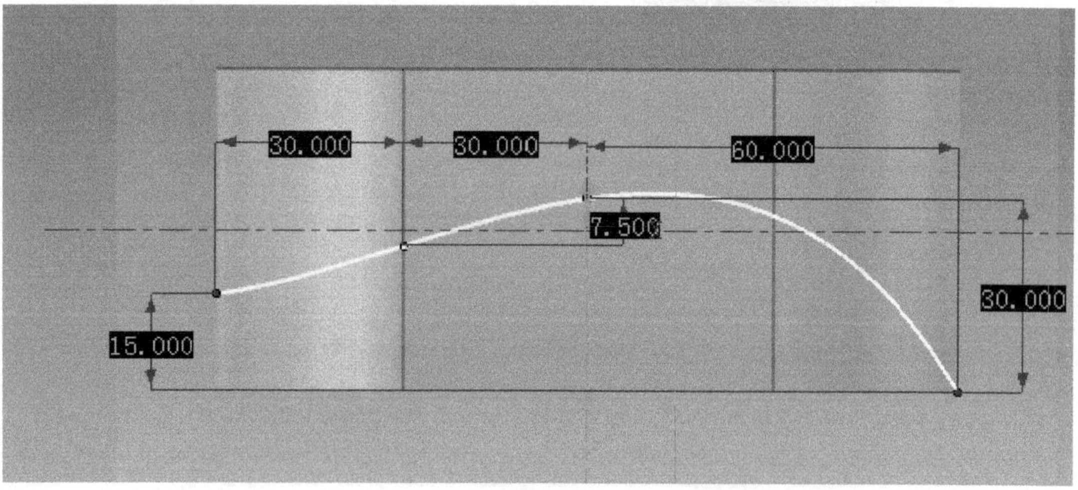

图3-92 绘制曲线草图

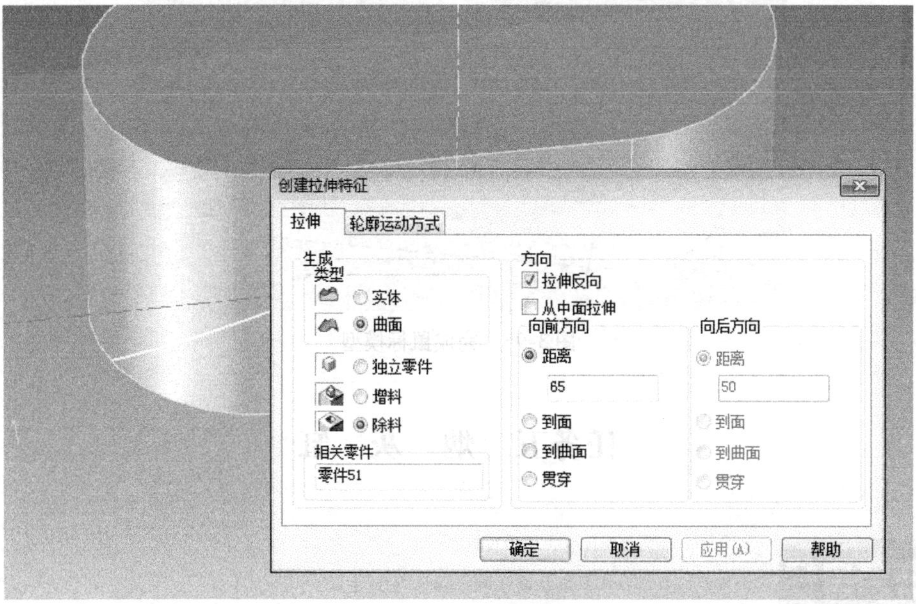

图 3-93　拉伸曲线除料

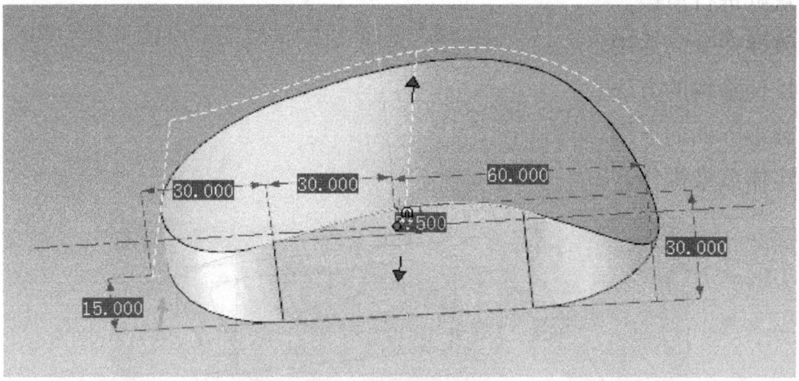

图 3-94　完成除料

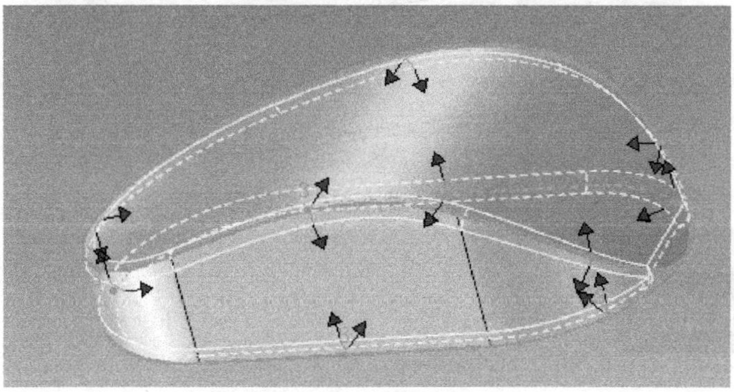

图 3-95　圆角过渡

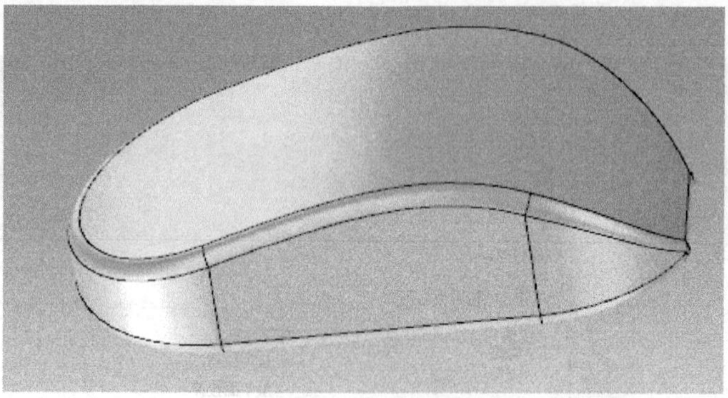

图 3-96　完成鼠标模型

任务五　烟　灰　缸

任务目标

1. 创建如图 3-97 所示烟灰缸的三维模型。
2. 对烟灰缸进行渲染。
3. 掌握放样指令的运用。
4. 掌握拉伸除料的方法。
5. 掌握圆形阵列的运用。
6. 掌握实体渲染操作。

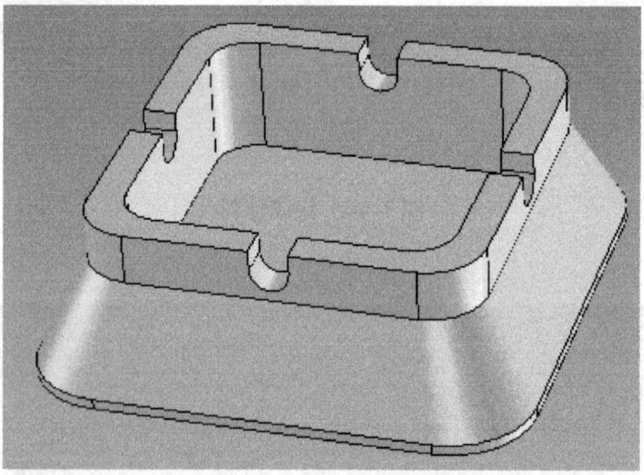

图 3-97　烟灰缸三维模型

任务实施流程

步骤 1：创建放样体。单击"放样向导"，把草图中的直线长度改成30，如图 3-98 所示，然后单击“确定”按钮，出现如图3-99所示界面，单击“完成造型”按钮，绘制第一截面草图，如图3-100所示，再单击图3-101中的“下一截面”按钮，绘制第二截面草图，如图3-102所示，再单击图3-103中的“完成造型”按钮，完成放样截面，如图3-104所示。

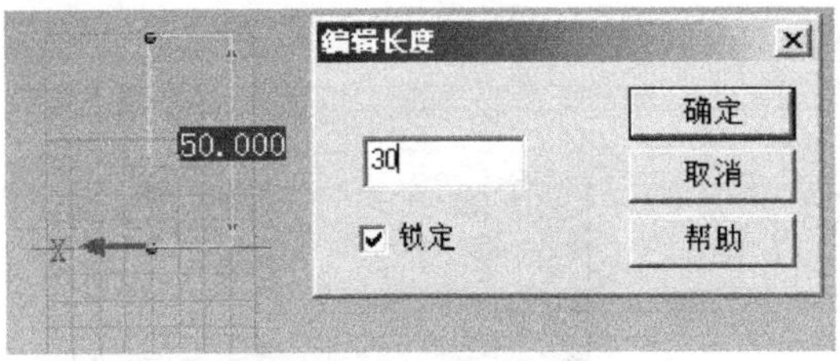

图3-98 放样体轨迹线

图3-99 完成轨迹线

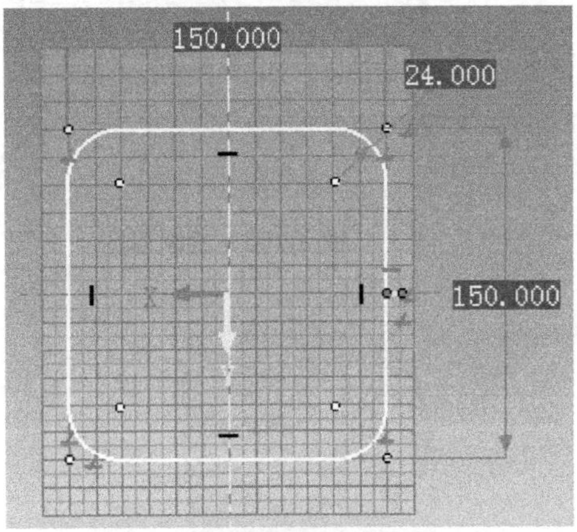

图3-100 绘制第一截面草图

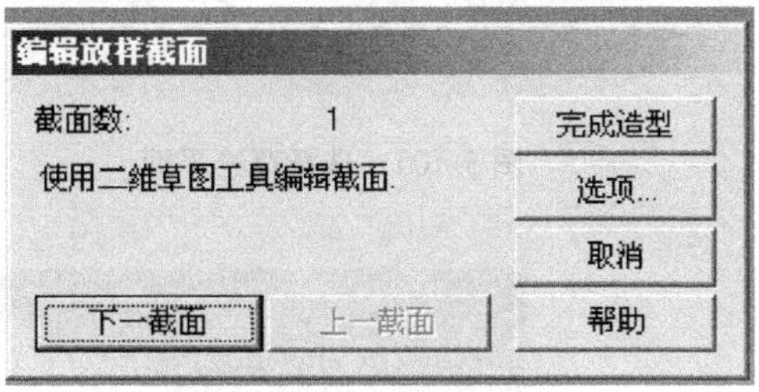

图3-101 绘制下一截面

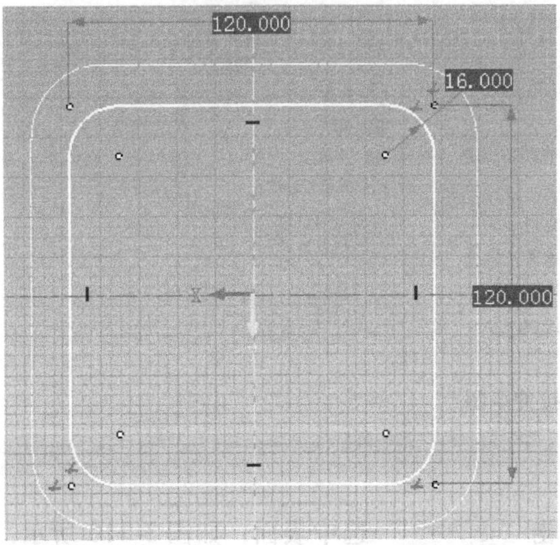

图3-102 绘制第二截面草图

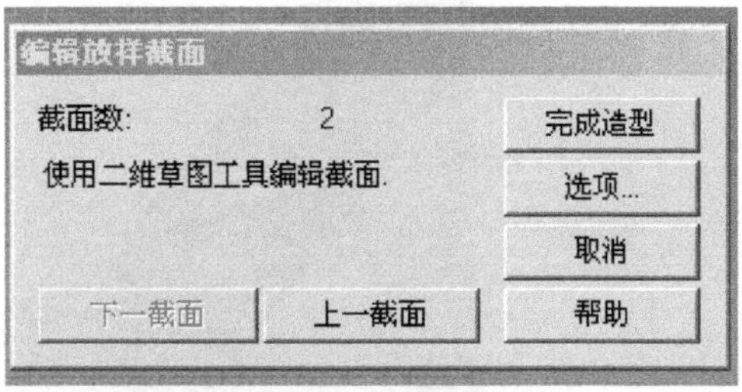

图3-103 完成放样截面

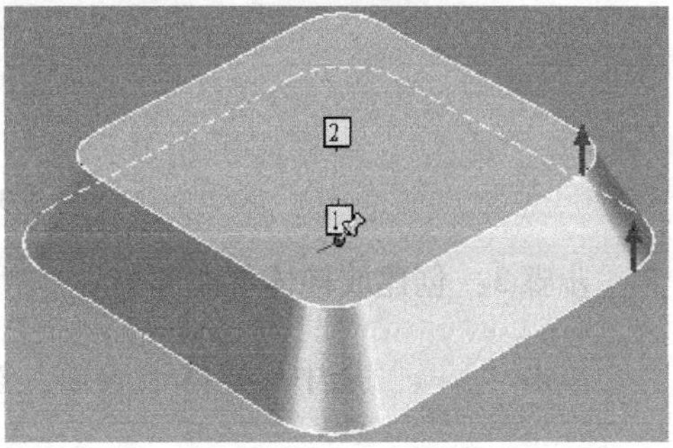

图3-104 完成放样体

步骤 2：创建放样体上面部分。单击“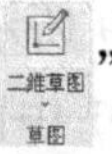”选中放样体上表面，如图 3-105 所示，单击“”选中投影表面，绘制草图，如图 3-106 所示，并对草图进行拉伸，如图 3-107 所示，设置拉伸距离为 15，如图 3-108 所示，完成上部分拉伸，如图 3-109 所示。

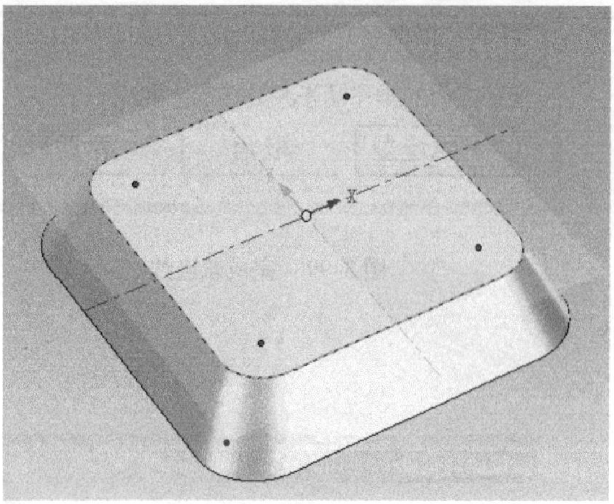

图 3-105 选择草绘平面

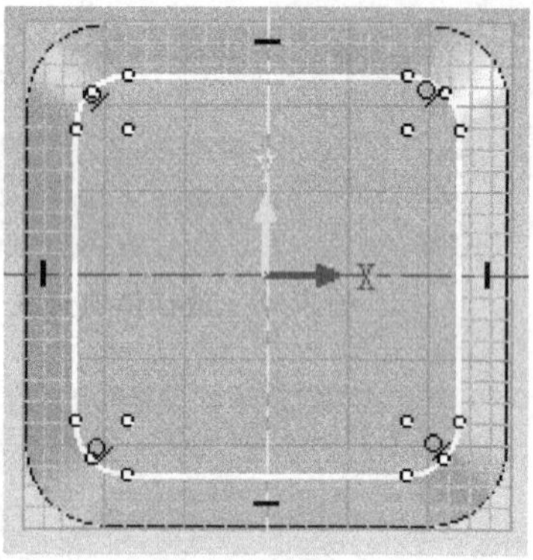

图 3-106 绘制草图

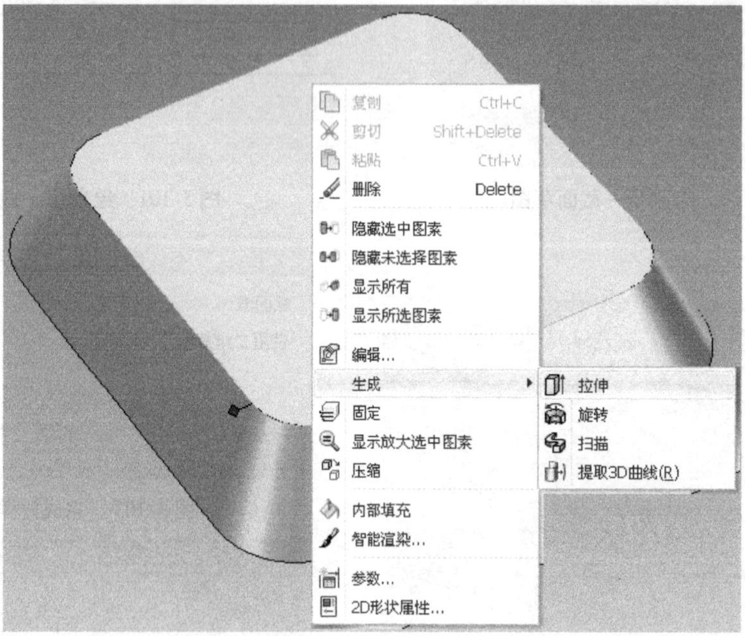

图 3-107 拉伸草图

步骤 3：创建放样体下面部分。

单击“”选中放样体下表面，然后单击“”选中表面，如图 3-110 所示，然后设置拉伸距离为 3，完成后如图 3-111 所示。

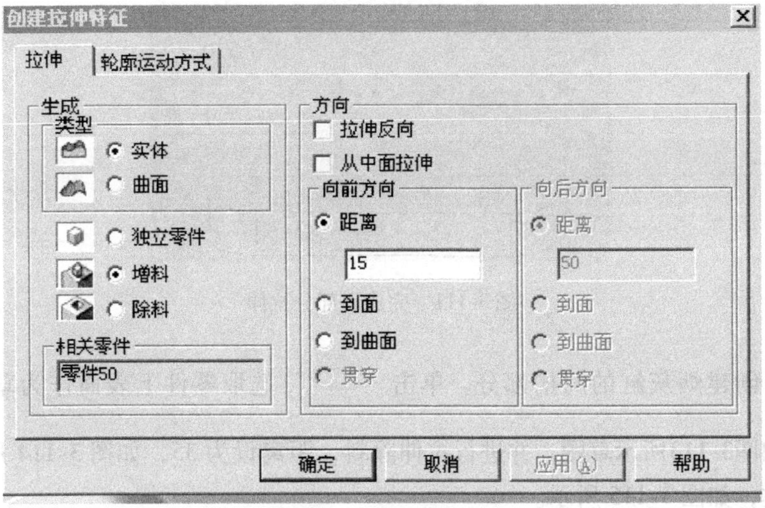

图 3-108 编辑拉伸参数

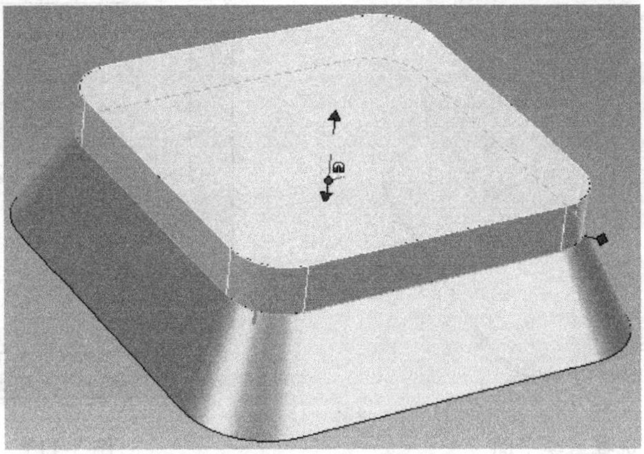

图 3-109 完成上部分拉伸

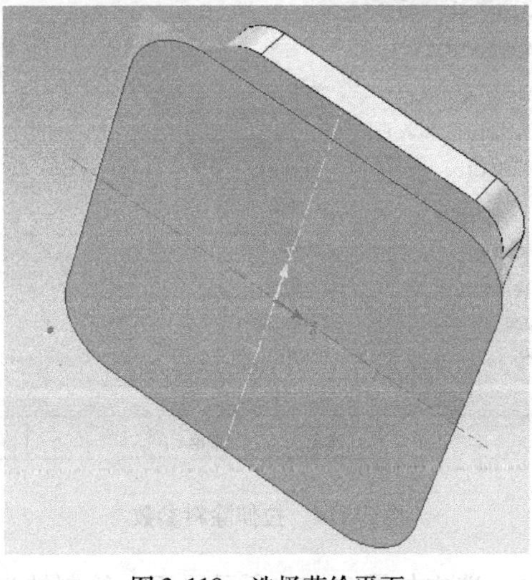

图 3-110 选择草绘平面

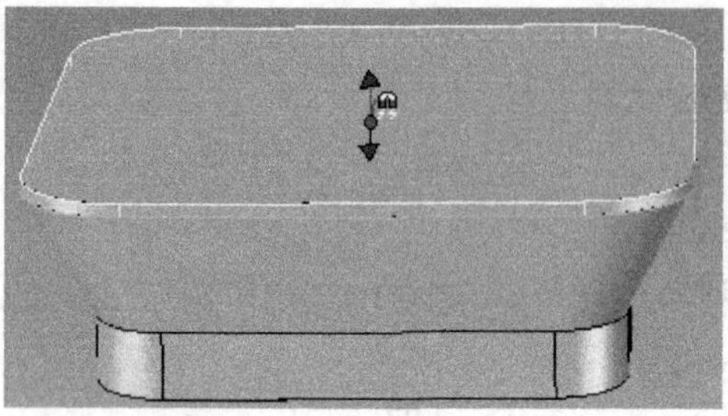

图 3-111 完成下部分拉伸

步骤 4：创建烟灰缸的凹槽部分。单击“”选取零件上表面作为草绘平面（图 3-112），作如图3-113所示草图，并进行拉伸除料，距离设为 35，如图 3-114 所示，完成凹槽部分的创建，如图 3-115 所示。

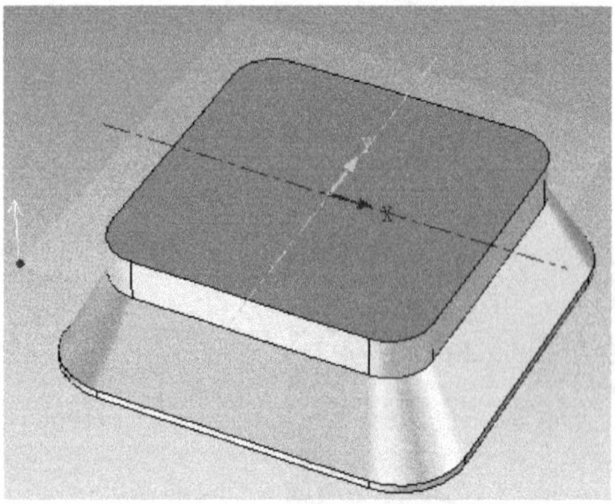

图 3-112 选择草绘平面

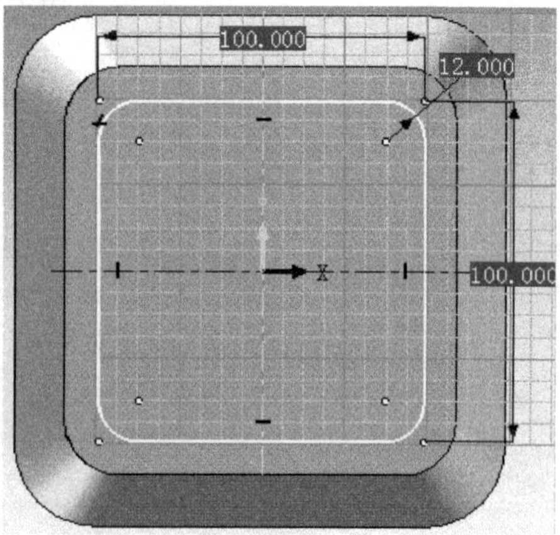

图 3-113 凹槽草图

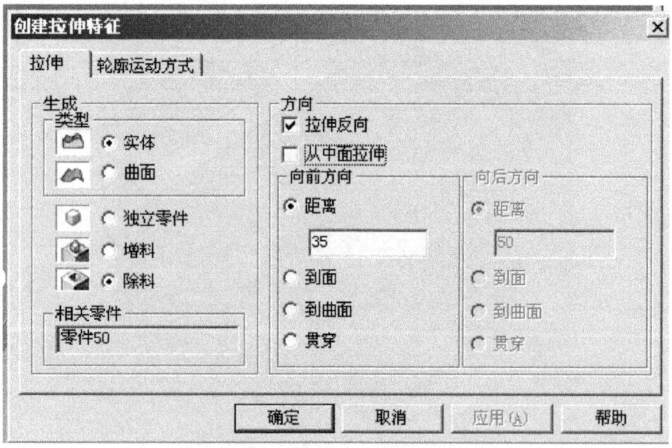

图 3-114 拉伸除料参数

步骤 5：创建缺口部分。选中如图 3-116 所示平面，绘制缺口草图，如图 3-117 所示，

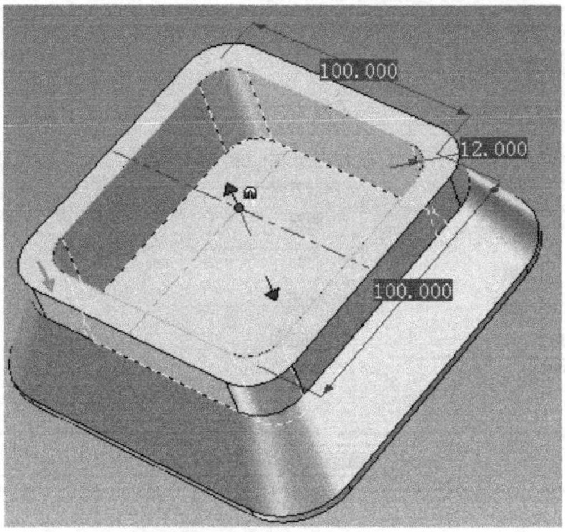

图 3-115 完成凹槽创建

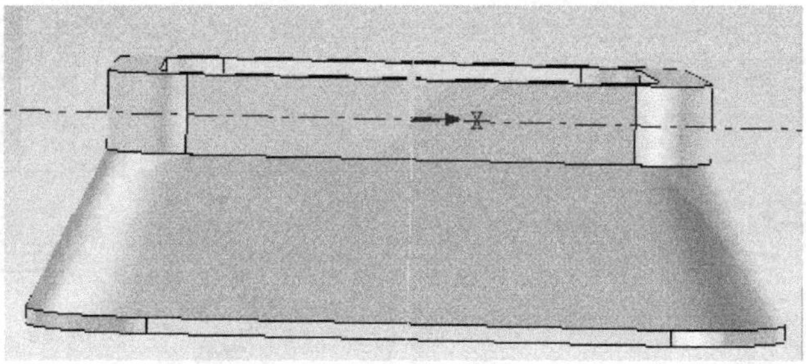

图 3-116 选择草绘平面

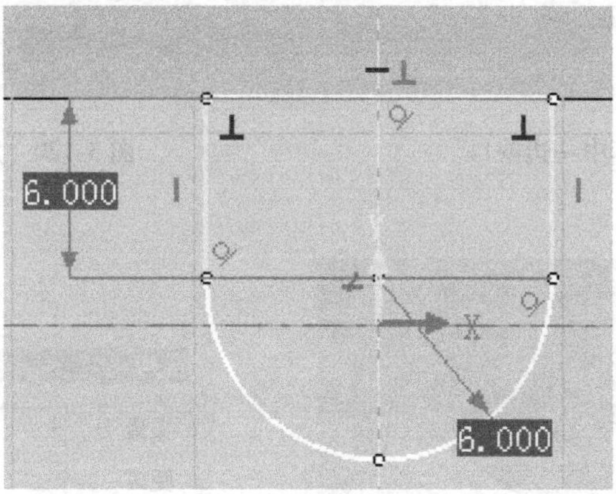

图 3-117 绘制缺口草图

并对草图进行拉伸除料，如图 3-118 所示，完成其中一边缺口，如图 3-119 所示。

步骤 6：运用三维球对缺口进行阵列。首先定位三维球位置，如图 3-120 所示，然后对缺口进行圆形阵列，如图 3-121 所示，输入圆形阵列参数，如图 3-122 所示，完成缺口阵列，如图 3-123 所示。

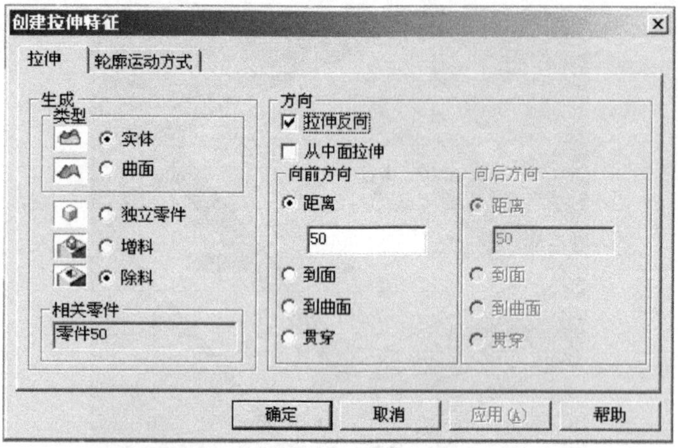

图 3-118 编辑拉伸除料参数

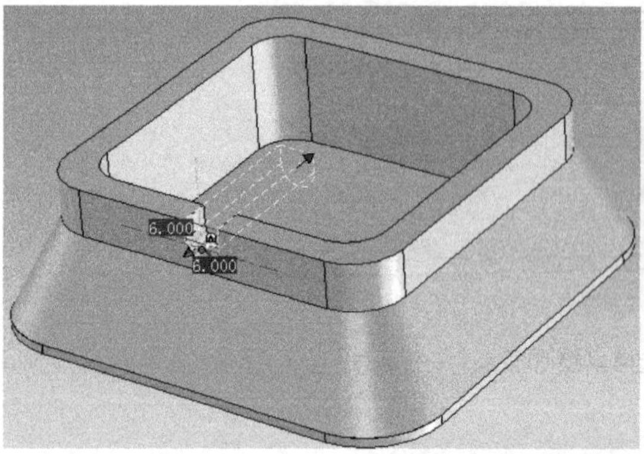

图 3-119 完成其中一边缺口

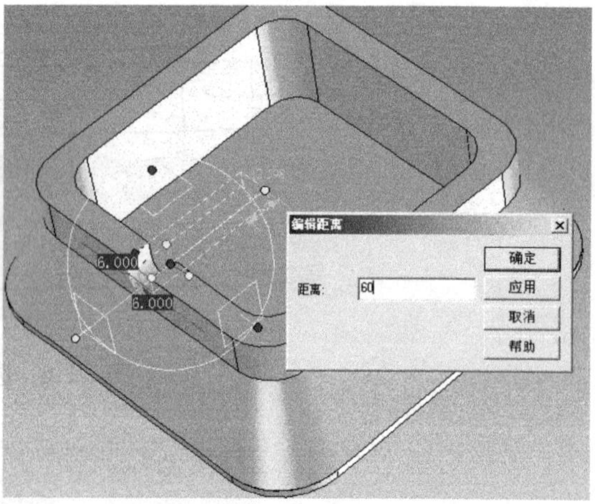

图 3-120 定位三维球位置

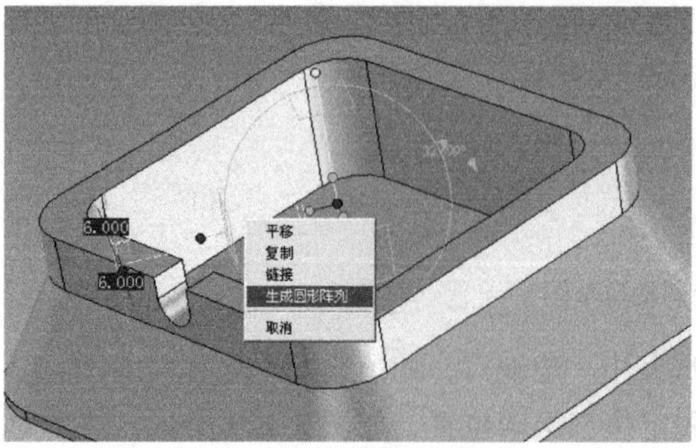

图 3-121 缺口圆形阵列

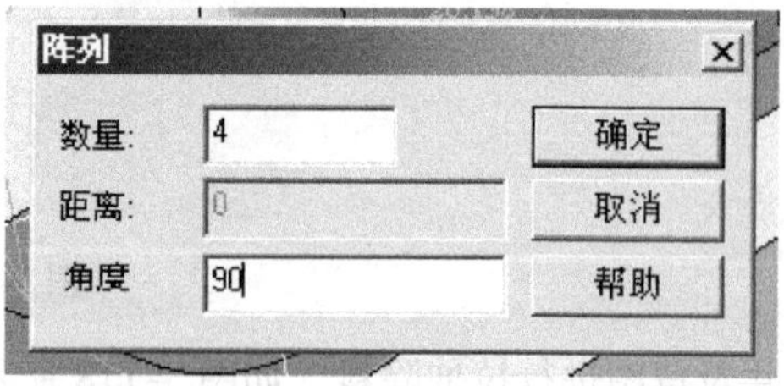

图 3-122 圆形阵列参数

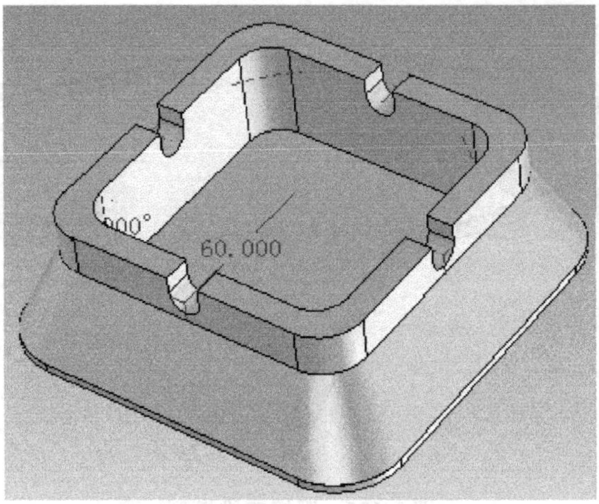

图 3-123　完成缺口阵列

步骤 7：烟灰缸的渲染。选择“表面光泽”→“镀金”选项，完成烟灰缸的渲染，如图 3-124 所示。

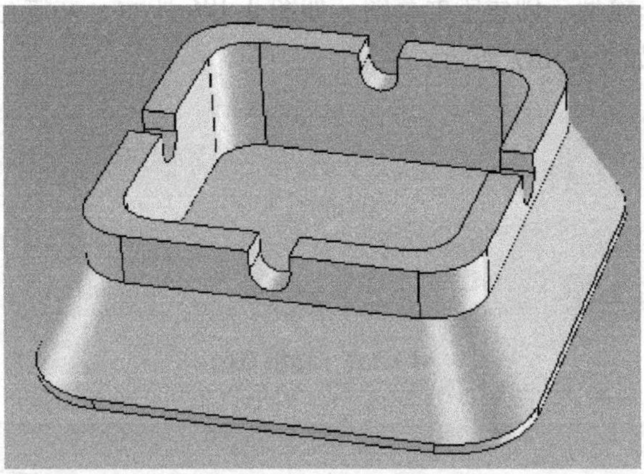

图 3-124　渲染

任务六　眼　　镜

任务目标

1. 创建如图 3-125 所示眼镜的三维模型。
2. 对眼镜模型进行渲染。
3. 掌握拉伸的各种运用。
4. 掌握圆角过渡的方法。
5. 掌握实体渲染的应用。

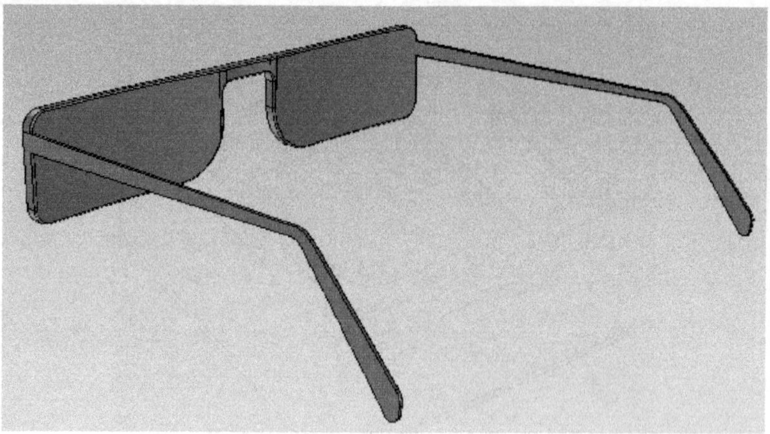

图 3-125　眼镜三维模型

任务实施流程

步骤 1：创建镜框模型。创建镜框草图，如图 3-126 所示，并进行拉伸操作，拉伸距离设为 30，完成拉伸后如图 3-127 所示。

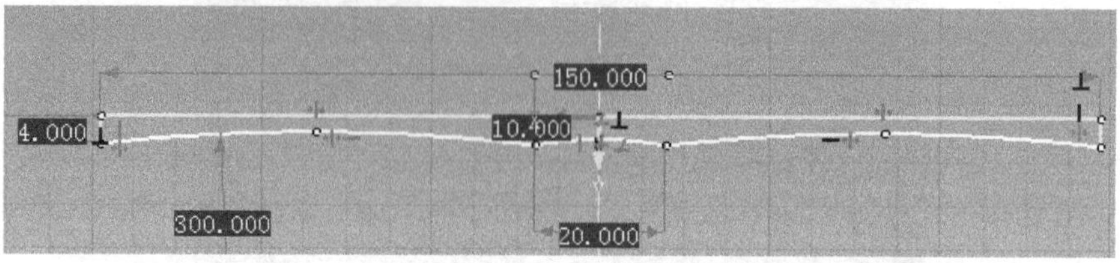

图 3-126　镜框草图

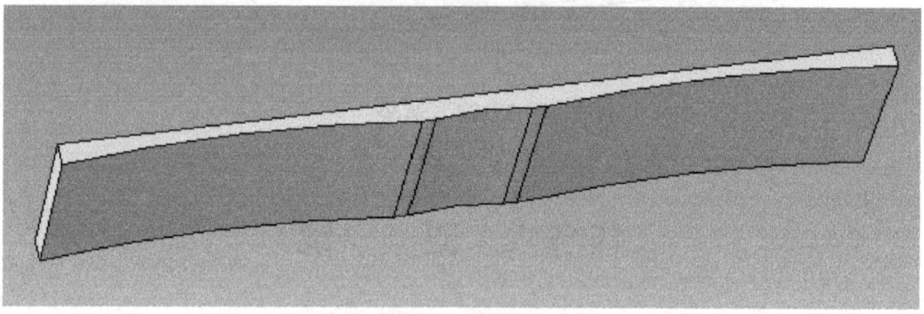

图 3-127　完成拉伸

步骤 2：拉伸除料。选中如图 3-128 所示草图平面进行草绘，完成草图绘制后如图 3-129 所示，对所绘制的草图进行拉伸除料，完成后如图 3-130 所示。

步骤 3：对镜框进行圆角过渡。单击“ ”，选择相应的边，如图 3-131 所示，设定半径为 5，然后选中如图 3-132 所示边，设定半径为 15，然后选中如图 3-133 所示边，设定半径为 3，再选中如图 3-134 所示边，设定半径为 0.5，完成圆角过渡，如图 3-135 所示。

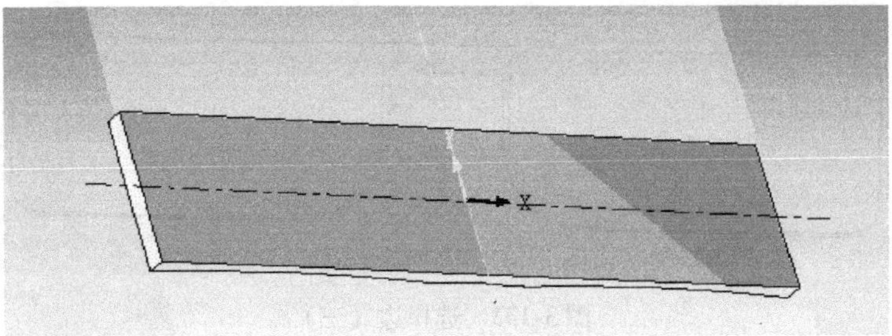

图 3-128　选择草图平面

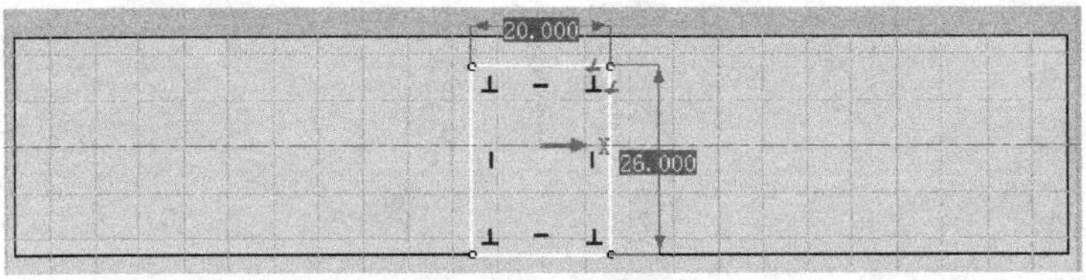

图 3-129　绘制草图

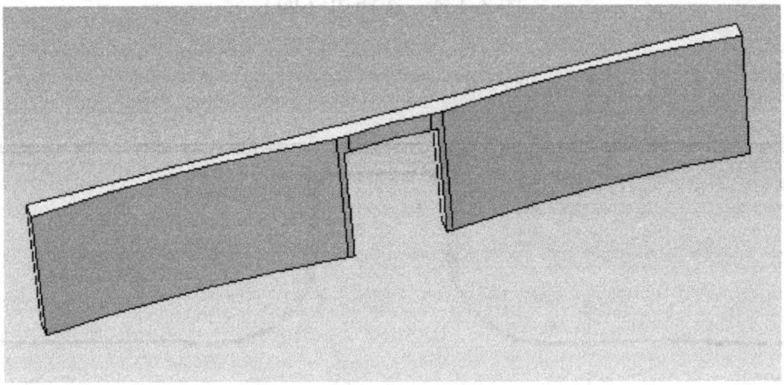

图 3-130　完成拉伸除料

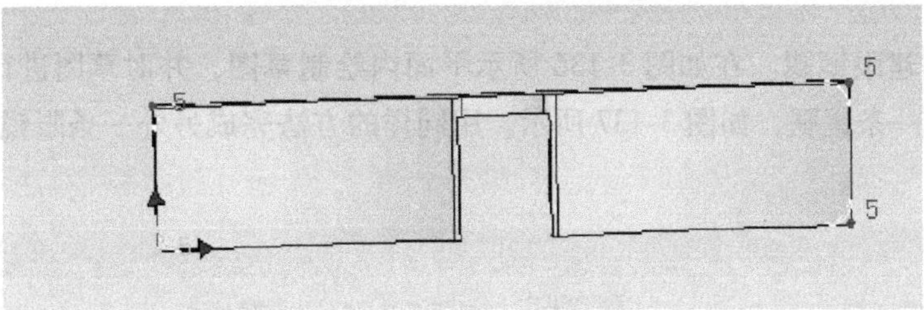

图 3-131　选择边（一）

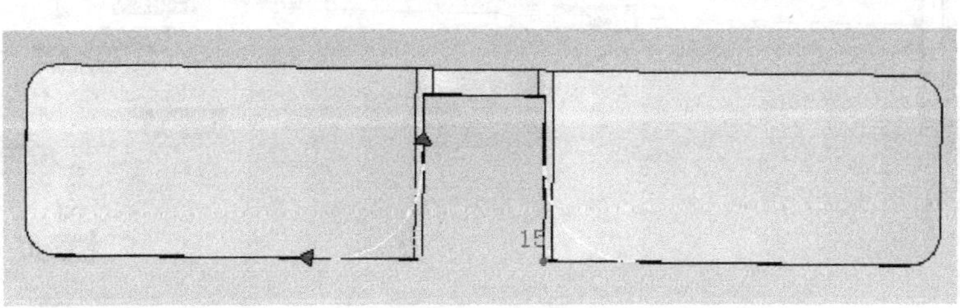

图 3-132　选择边（二）

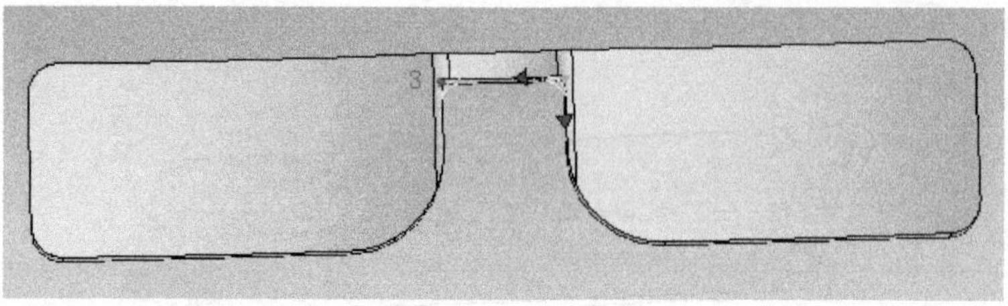

图 3-133　选择边（三）

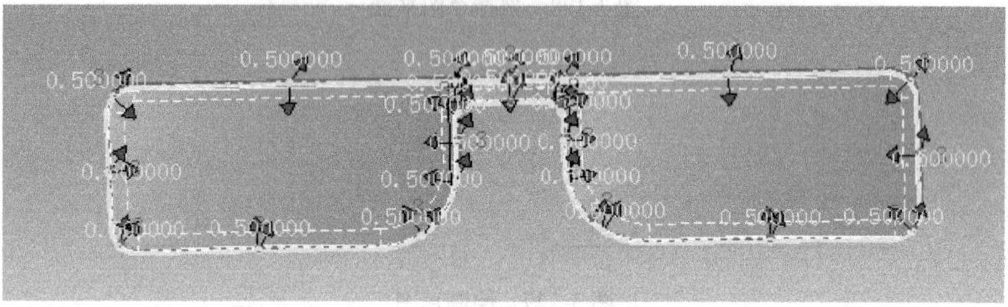

图 3-134　选择边（四）

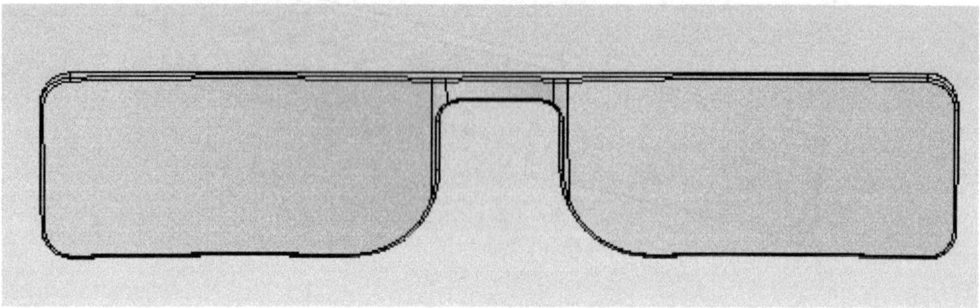

图 3-135　完成圆角过渡

步骤 4：创建眼镜腿。在如图 3-136 所示平面内绘制草图，并对草图进行拉伸增料，距离设为 1，完成一条镜腿，如图 3-137 所示。用同样的方法完成另外一条眼镜腿，如图 3-138 所示。

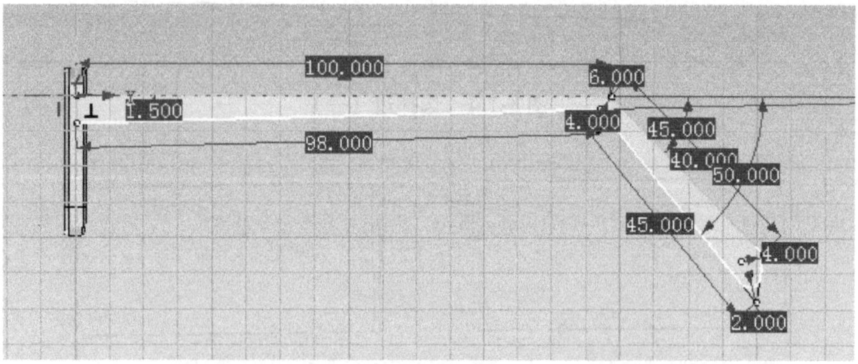

图 3-136　镜腿草图

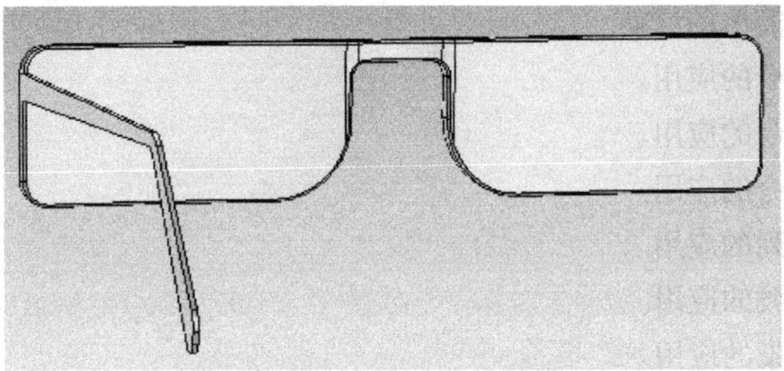

图 3-137　完成一条镜腿

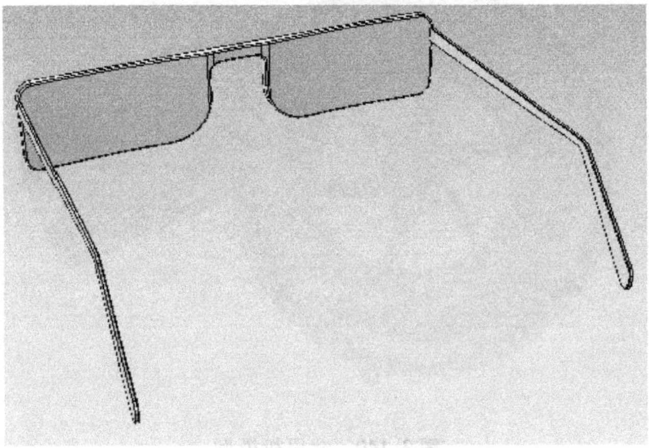

图 3-138　完成两边镜腿

步骤 5：选择“表面光泽”→“亮水绿”，拖曳到实体模型，渲染后如图 3-139 所示。

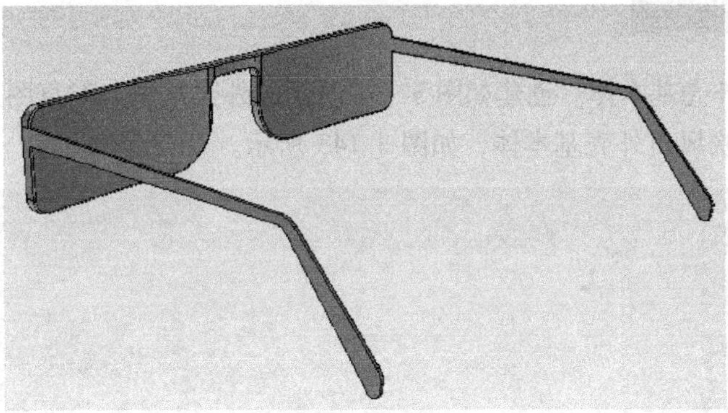

图 3-139　渲染

任务七　吹　风　机

任务目标

1. 创建如图 3-140 所示吹风机模型。

2. 对模型进行简单的渲染。
3. 掌握旋转指令的应用。
4. 掌握拉伸指令的应用。
5. 掌握放样指令的应用。
6. 掌握圆形阵列的应用。
7. 掌握圆角过渡的应用。
8. 掌握实体渲染的应用。

图 3-140 吹风机模型

任务实施流程

步骤 1：创建外壳基本体。创建如图 3-141 所示的外壳草图，对草图进行旋转 360°操作（图 3-142），生成吹风机外壳基本体，如图 3-143 所示。

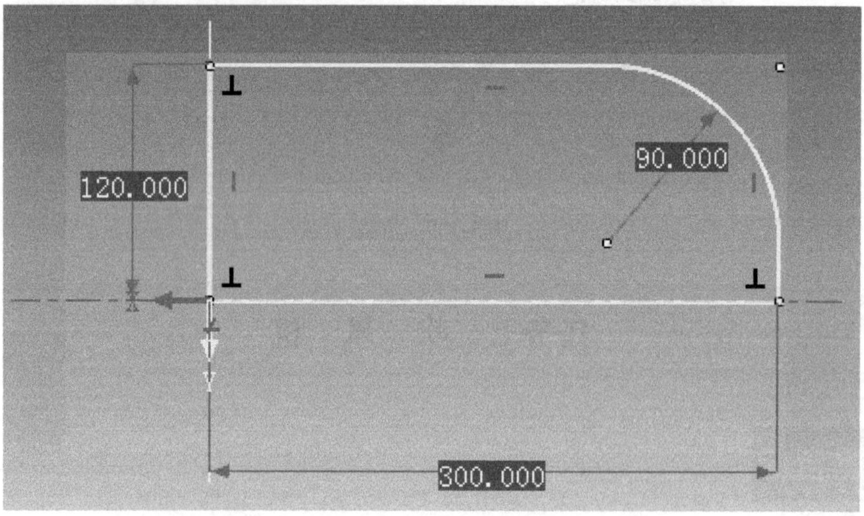

图 3-141 外壳草图

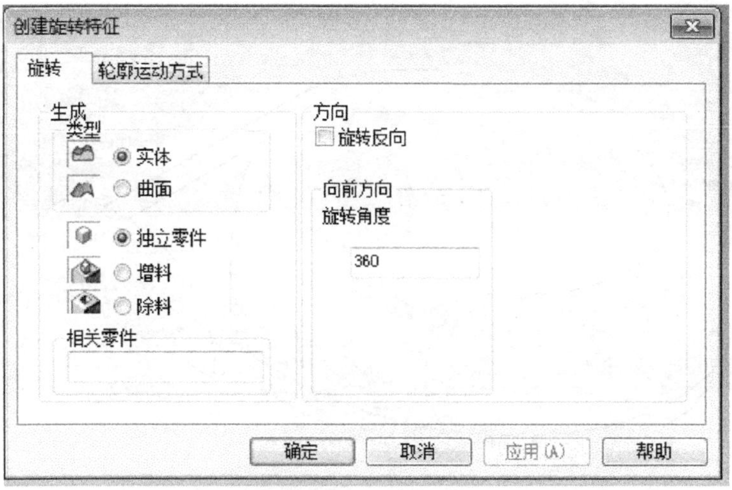

图 3-142 旋转参数

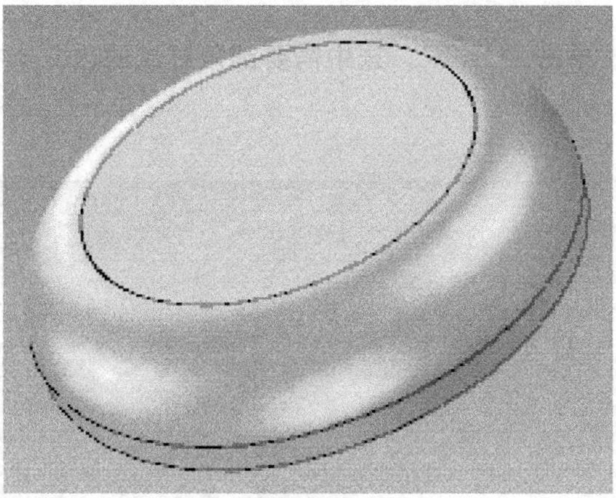

图 3-143 完成外壳

步骤 2：创建吹风机口基本体。创建如图 3-144 所示吹风机口草图，并拉伸增料，距离设为 320，完成后如图 3-145 所示。

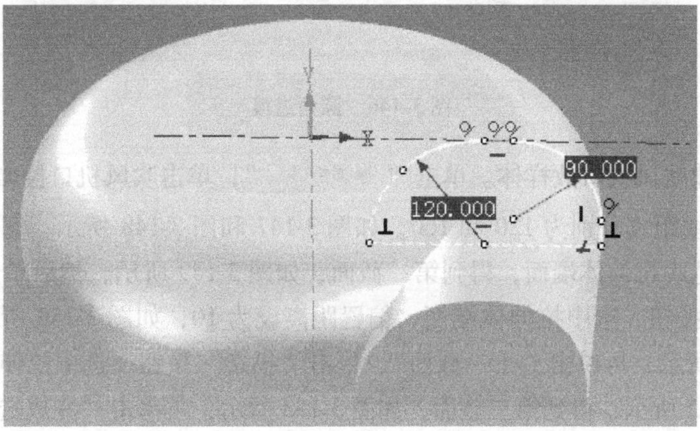

图 3-144 吹风机口草图

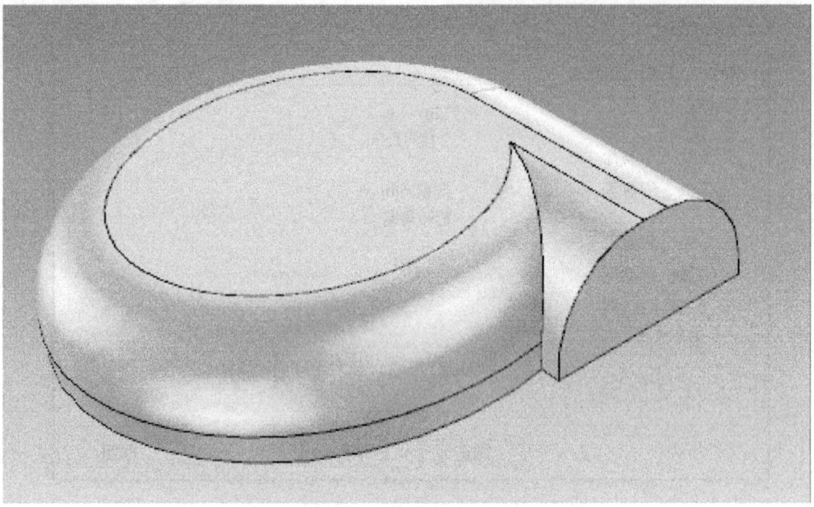

图 3-145 完成吹风机口基本体

步骤 3：圆角过渡。单击“

”，选中需要圆角过渡的边，半径设为 20，如图 3-146 所示。

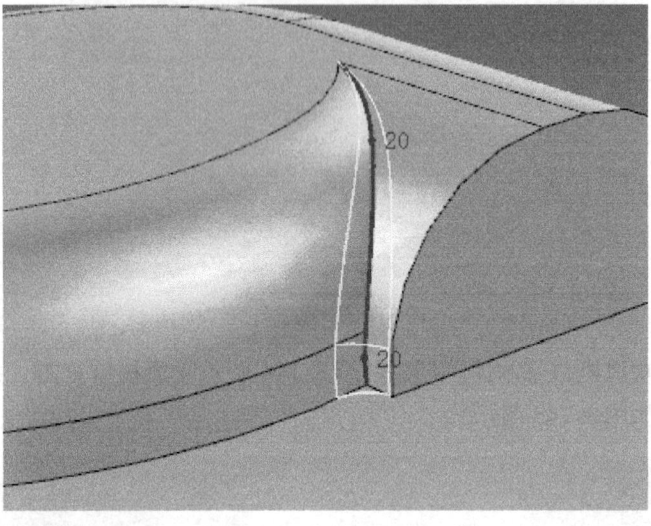

图 3-146 圆角过渡

步骤 4：创建吹风机口放样体。单击“

”，单击吹风机口拉伸体端面，作放样体轨迹，两条直线距离分别为 120 和 160，如图 3-147 和图 3-148 所示，完成造型后，单击“投影”按钮，选中拉伸体端面，得到第一截面，如图 3-149 所示，然后单击“下一截面”，再单击“投影”按钮，选中拉伸体端面，偏置距离设为 10，如图 3-150 所示，得到第二截面，如图 3-151 所示，再单击“下一截面”，单击“投影”按钮，选中拉伸体端面，偏置设为 30，如图 3-152 所示，得到第三截面，如图 3-153 所示，再单击“完成造型”按钮，完成截面，如图 3-154 所示。

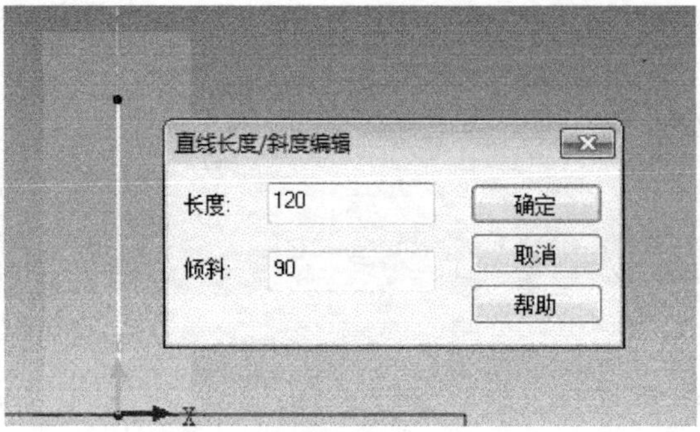

图 3-147　放样体第一条轨迹

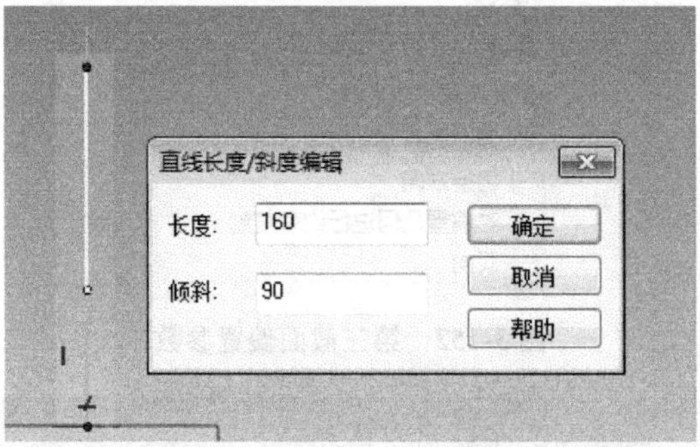

图 3-148　放样体第二条轨迹

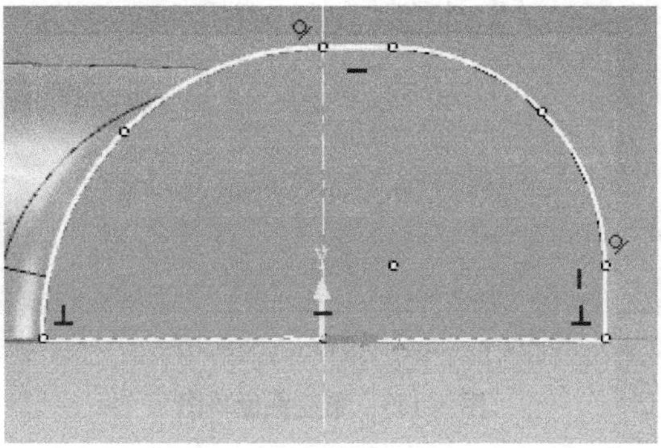

图 3-149　第一截面草图

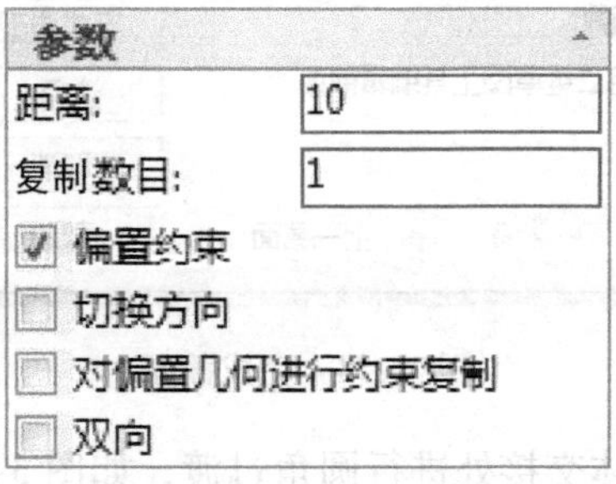

图 3-150　第二截面偏置参数

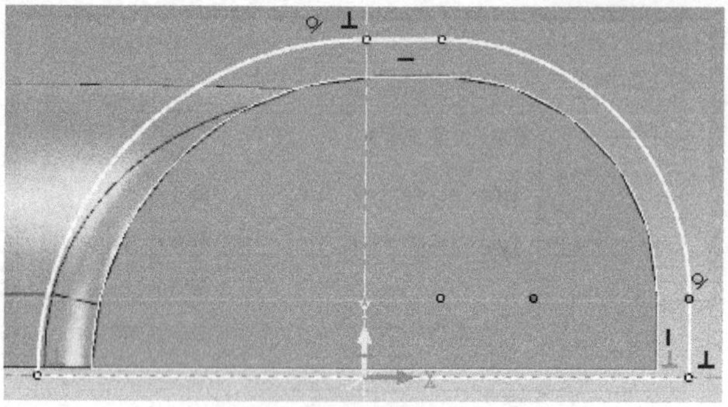

图 3-151　第二截面草图

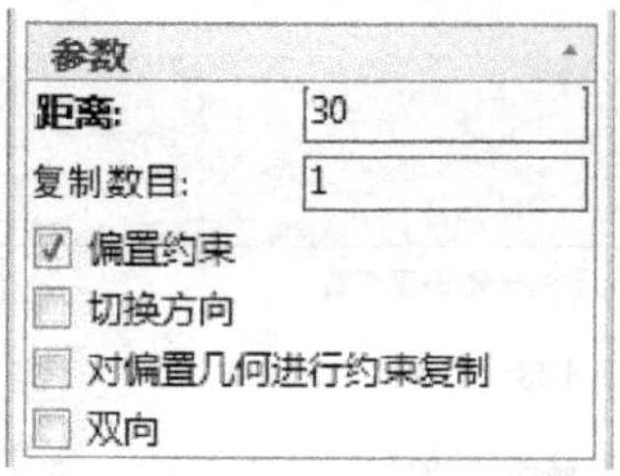

图 3-152　第三截面偏置参数

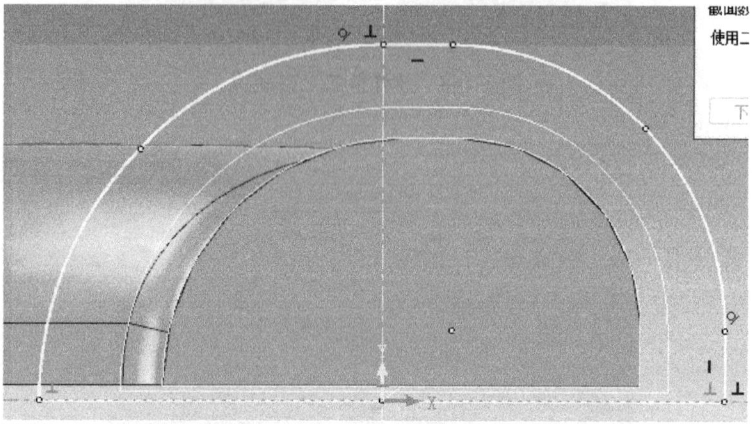

图 3-153　第三截面草图

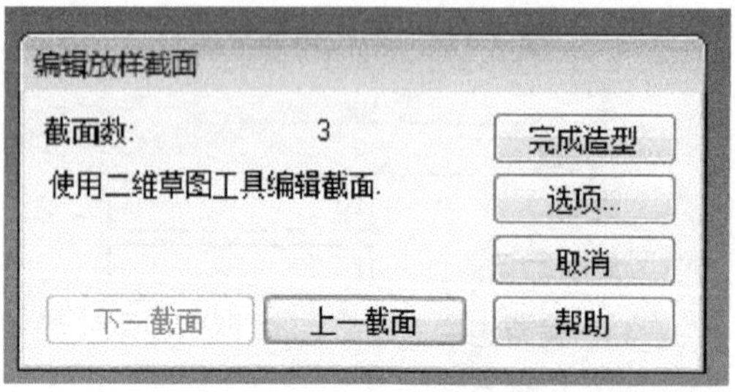

图 3-154　完成截面

步骤 5：对拉伸体和放样体交接处进行圆角过渡，如图 3-155 所示，圆角过渡半径设为 600，完成圆角过渡后如图 3-156 所示。

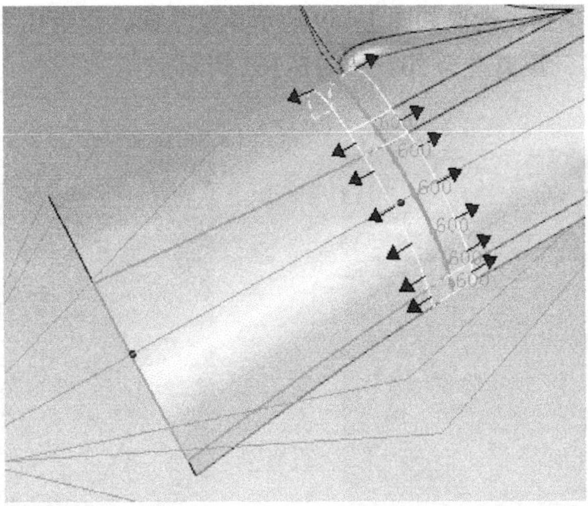

图 3-155 放样体圆角过渡

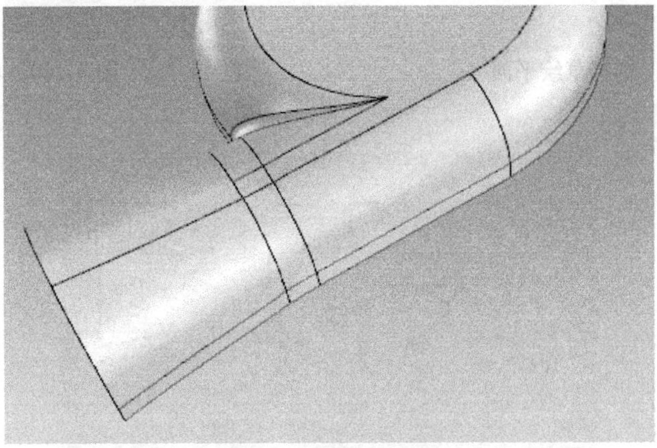

图 3-156 完成圆角过渡

步骤6：抽壳。单击“抽壳”，选中需要抽壳的面，厚度设为15，如图3-157 所示，完成抽壳，如图 3-158 所示。

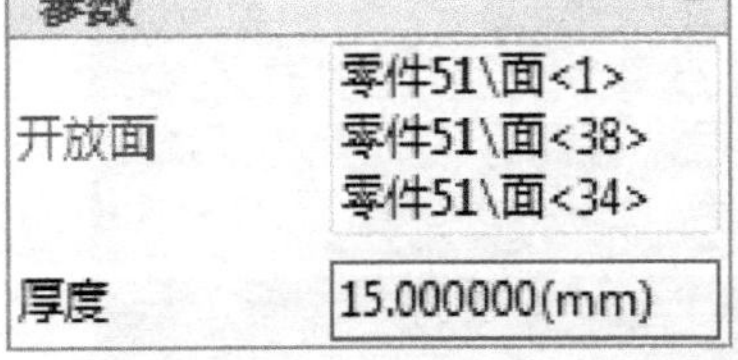

图 3-157 选择抽壳面

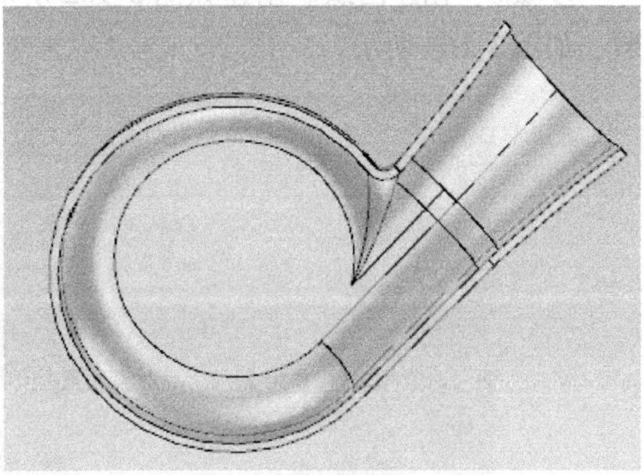

图 3-158 完成抽壳

步骤 7：创建外壳花纹。选取如图 3-159 所示草绘平面，作半径为 150 的圆，如图 3-160 所示，并进行拉伸除料，距离设为 20，如图 3-161 所示。

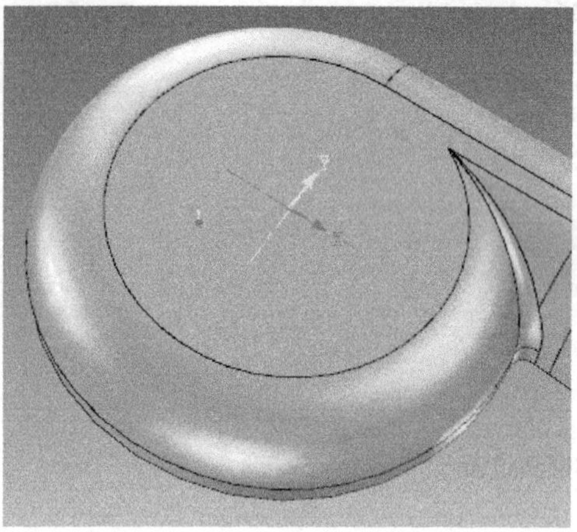

图 3-159　选择草绘平面

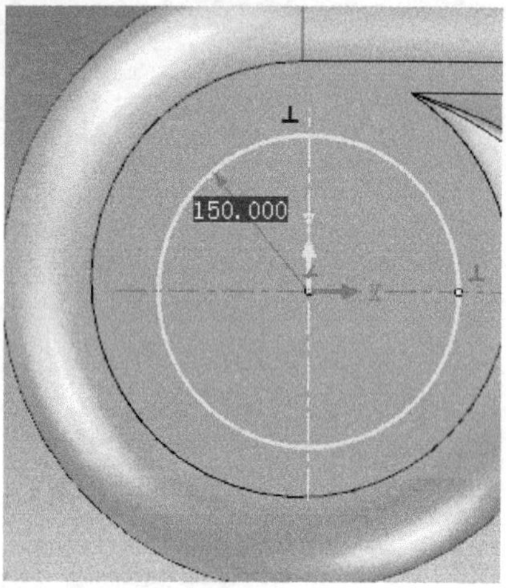

图 3-160　草图

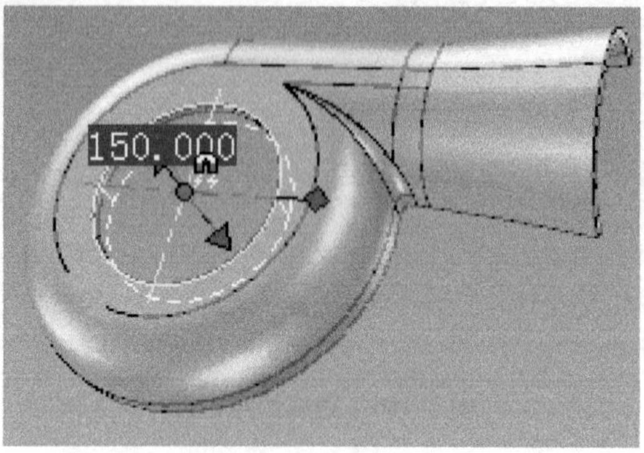

图 3-161　拉伸除料

步骤 8：创建凸缘。创建如图 3-162 所示的凸缘草图，对草图旋转 360°，完成旋转增料，如图 3-163 所示。

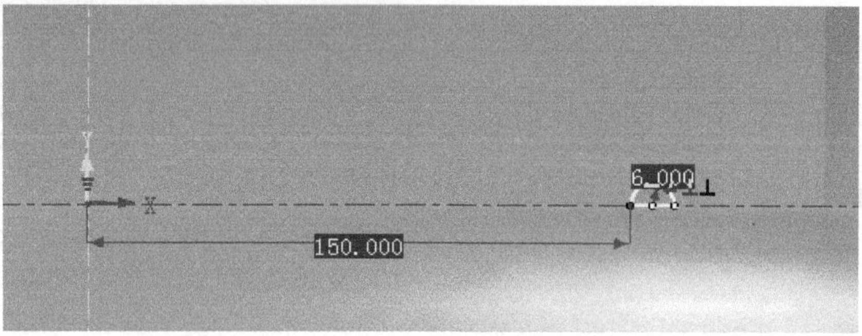

图 3-162　凸缘草图

图 3-163　旋转增料

步骤 9：创建中心圆板。在外壳切口的中心创建一个半径为 50 的中心圆板，如图 3-164 所示。

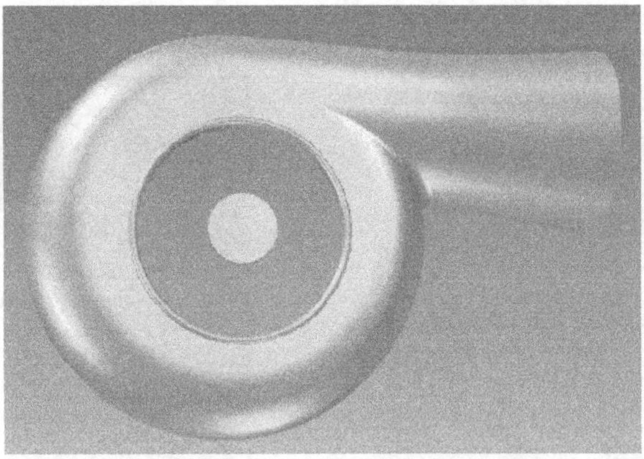

图 3-164　创建中心圆板

步骤 10：创建花纹基本体。创建如图 3-165 所示的花纹草图，并对草图进行拉伸增料，距离设为 15，如图 3-166 所示，完成拉伸后如图 3-167 所示，对该拉伸体进行圆形阵列（图 3-168），阵列数量为 6，角度为 60°，如图 3-169 所示完成花纹基本体，如图 3-170 所示。

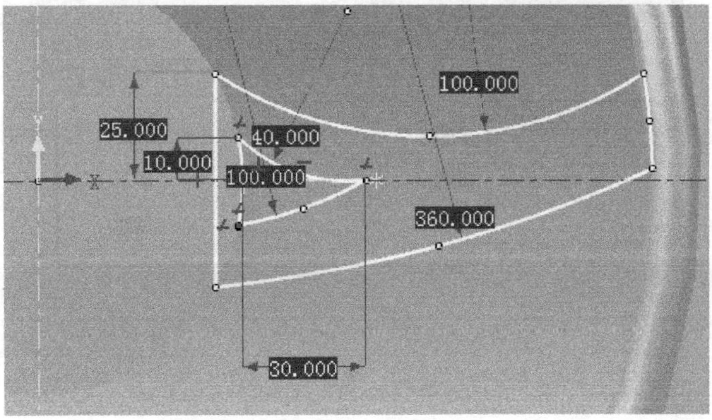

图 3-165　花纹草图

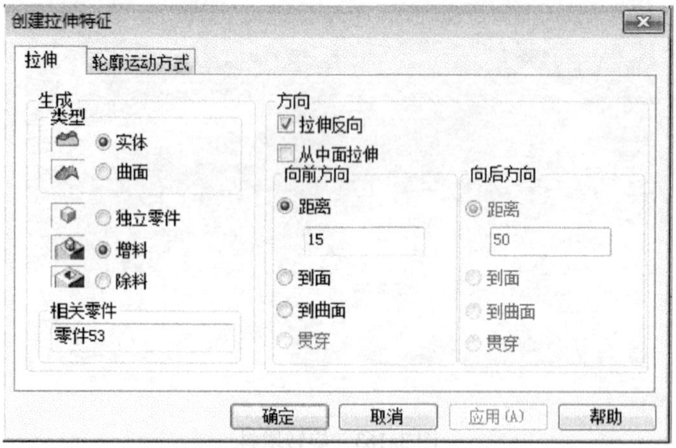

图 3-166　拉伸草图

图 3-167　完成拉伸

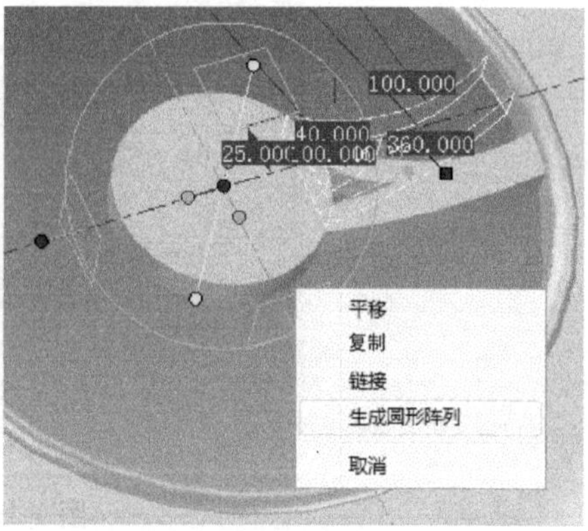

图 3-168　花纹生成圆形阵列

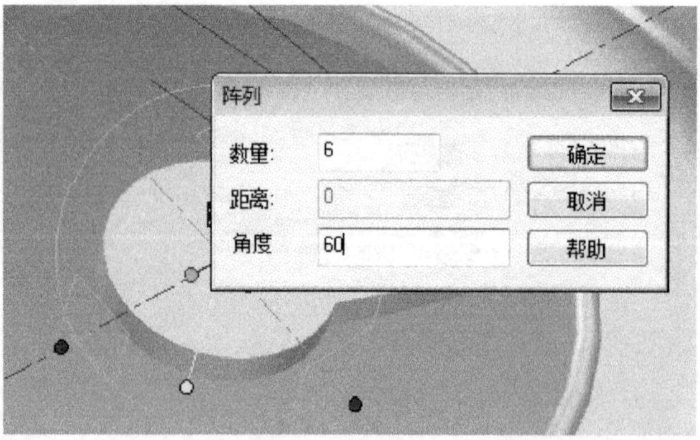

图 3-169　生成圆形阵列参数

图 3-170 完成花纹基本体

步骤 11：创建吹风机外壳边缘。选择如图 3-171 所示平面作为草图绘制平面，作如图 3-172 所示外壳边缘草图，并进行拉伸，距离设为 8，如图 3-173 所示，完成外壳边缘，如图 3-174 所示。

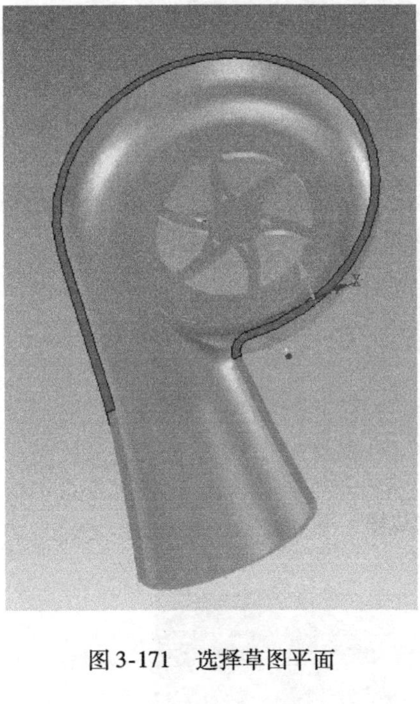

图 3-171 选择草图平面

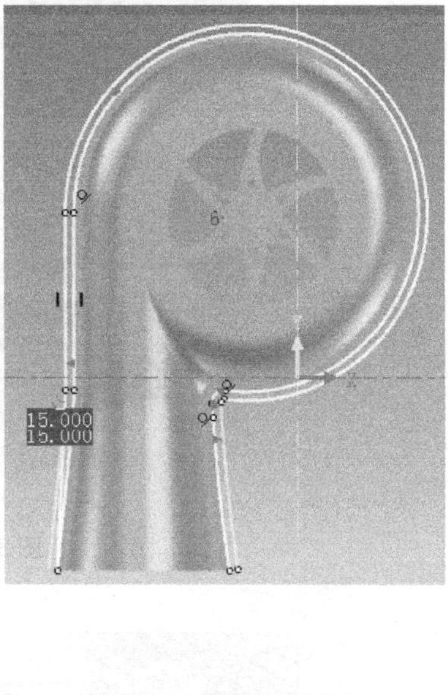

图 3-172 外壳边缘草图

步骤 12：创建吹风机连接孔。在边缘平面上作如图 3-175 所示的吹风机连接孔草图，并进行拉伸，距离设为 8，如图 3-176 所示，完成拉伸的连接孔，如图 3-177 所示。对创建的连接孔进行圆形阵列（图 3-178），阵列个数为 6，角度为 60°，如图 3-179 所示，完成阵列，如图 3-180 所示。

步骤 13：渲染。选择“表面光泽”→“亮红色”，拖曳到模型上，渲染后如图 3-181 所示。

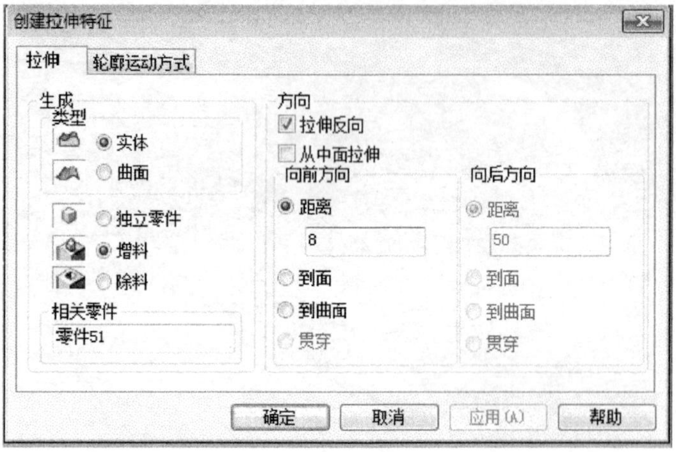

图 3-173　拉伸参数

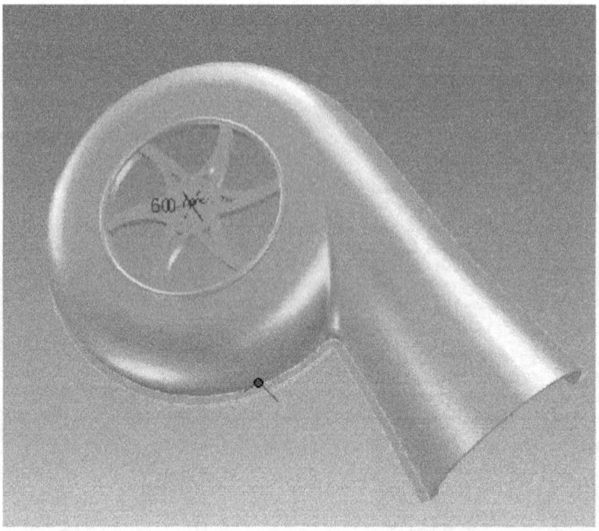

图 3-174　完成外壳边缘

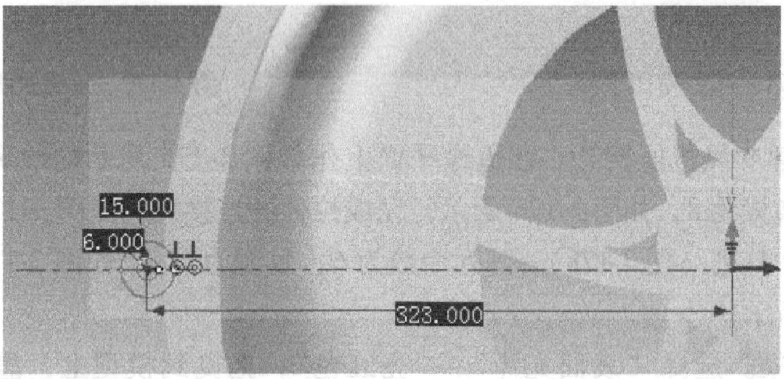

图 3-175　吹风机连接孔草图

图 3-176　拉伸参数

图 3-177　拉伸的连接孔

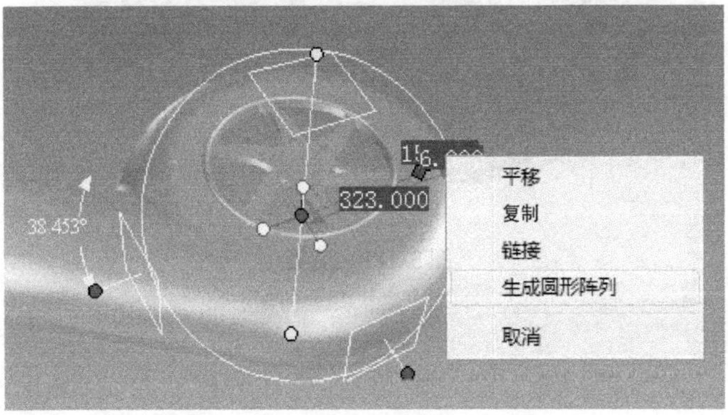

图 3-178　连接孔生成圆形阵列

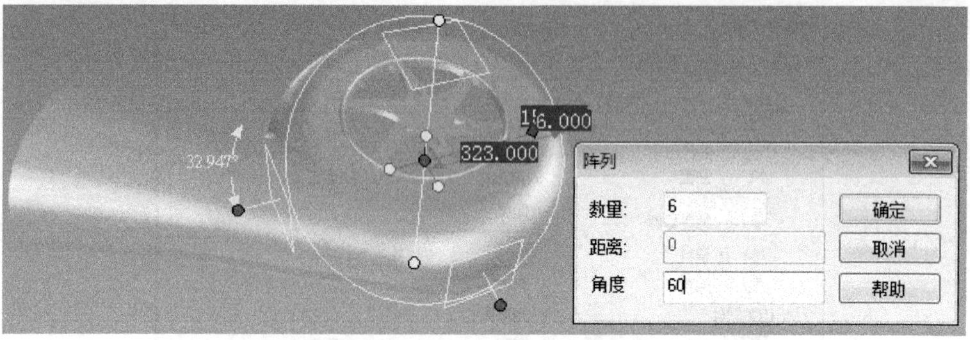

图 3-179　圆形阵列参数

图 3-180　完成阵列

图 3-181　渲染

项目四

综合设计及装配

学习目标

1. 熟悉 CAXA 实体设计基本造型指令。
2. 熟悉 CAXA 实体设计各指令的操作。
3. 熟悉 CAXA 实体设计约束装配。

任务一　指　甲　钳

本任务介绍指甲钳装配体组成零件的绘制方法。指甲钳装配体由钳身、压杆、指甲锉和钳销四个零部件组成，如图 4-1 ~ 图 4-4 所示。

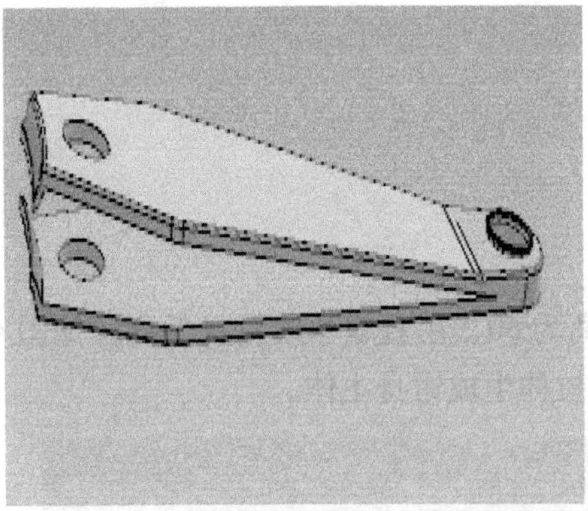

图 4-1　钳身

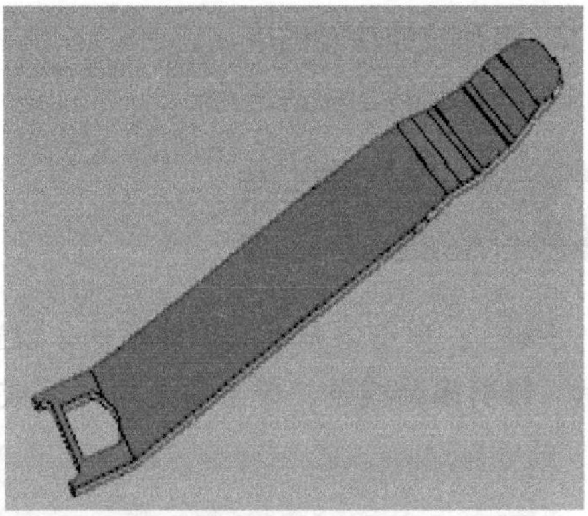

图 4-2　压杆

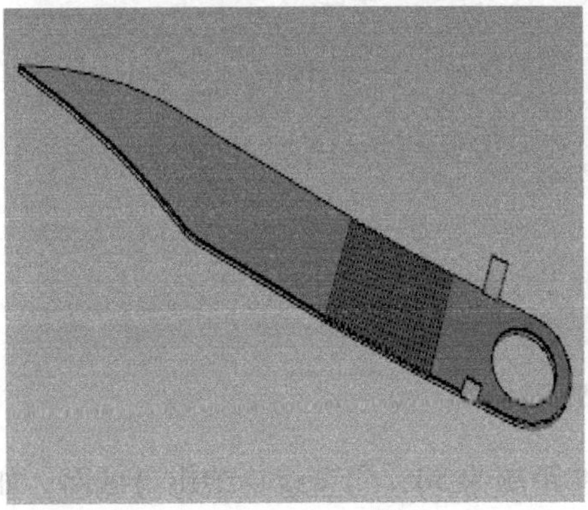

图 4-3　指甲锉

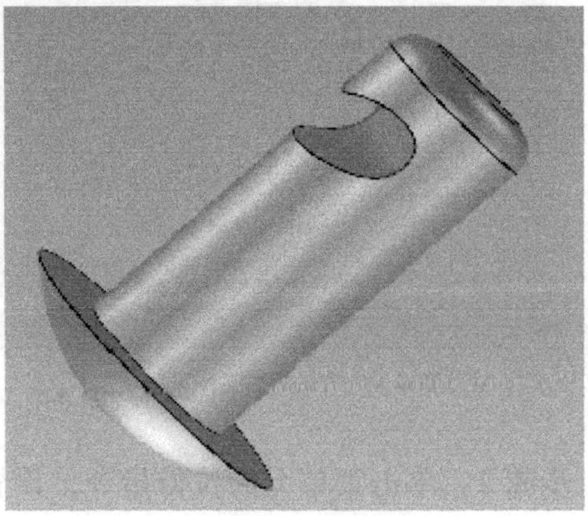

图 4-4　钳销

一、钳身

任务目标

根据如图 4-5 所示的指甲钳钳身，建立钳身的三维模型。

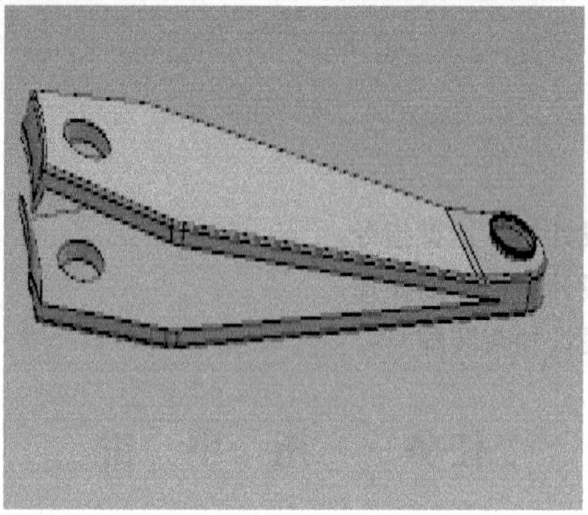

图 4-5 钳身的三维模型

1. 掌握设计元素库的基础应用知识。
2. 熟悉拉伸功能的应用。
3. 熟悉旋转功能的应用。

任务实施流程

步骤 1：单击菜单上的拉伸指令，设置拉伸距离为 50，用直线草绘钳身截面，如图 4-6 所示。修剪多余线条，单击左上角“完成”按钮，拉伸生成钳身主体。

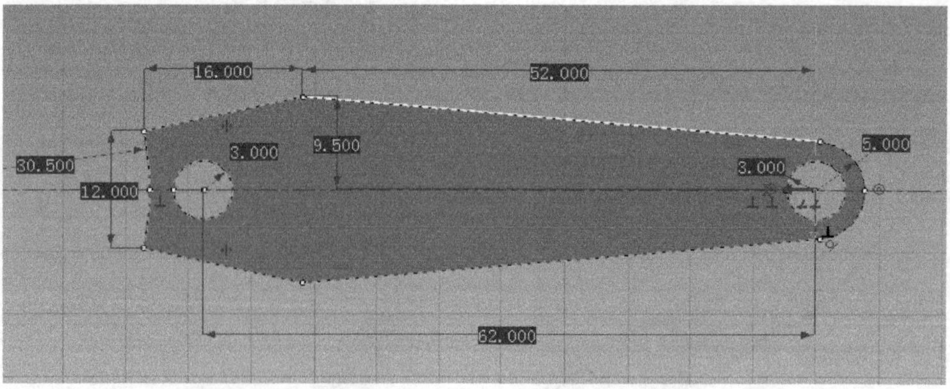

图 4-6 钳身拉伸截面草图

步骤 2：单击菜单上的拉伸指令，设置拉伸除料距离为 50，用直线草绘钳身截面，如图 4-7 所示。修剪多余线条，单击左上角“完成”按钮，生成钳身主体。

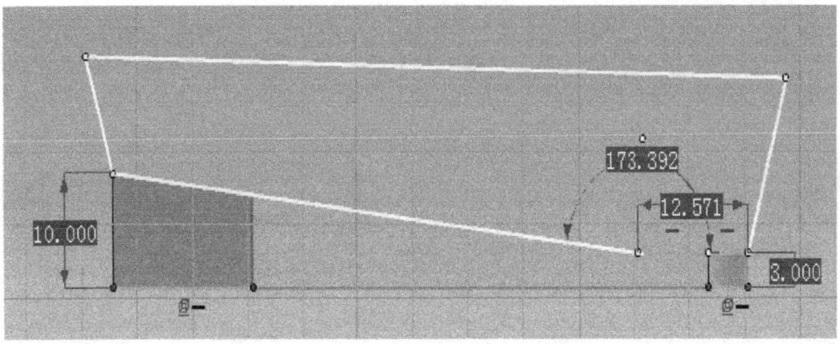

图 4-7 钳身上部除料截面草图

步骤 3：单击菜单上的拉伸指令，设置拉伸除料距离为 50，用直线草绘除料截面，如图 4-8 所示。修剪多余线条，单击左上角“完成”按钮，生成钳身主体。

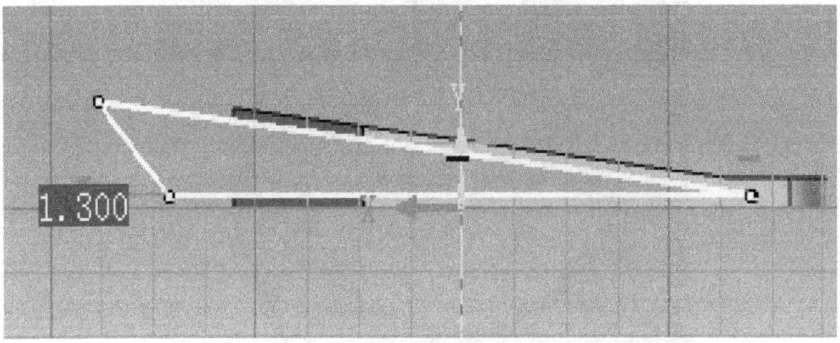

图 4-8 钳身中间除料截面草图

步骤 4：单击菜单上的旋转指令，用直线草绘钳刃截面，如图 4-9 所示。修剪多余线条，单击左上角“完成”按钮，旋转生成指甲钳钳刃，如图 4-10 所示。

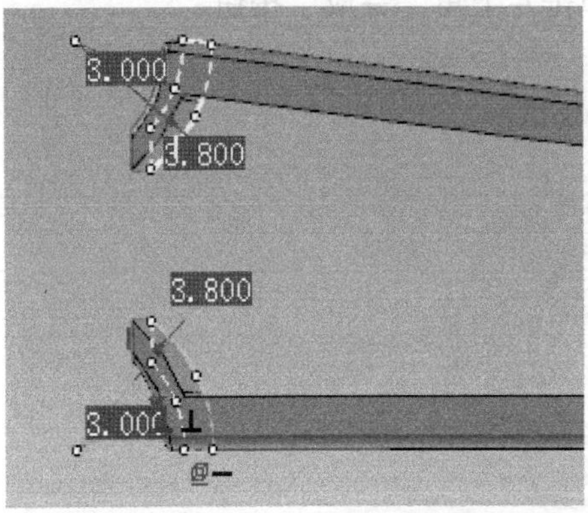

图 4-9 钳刃旋转截面草图

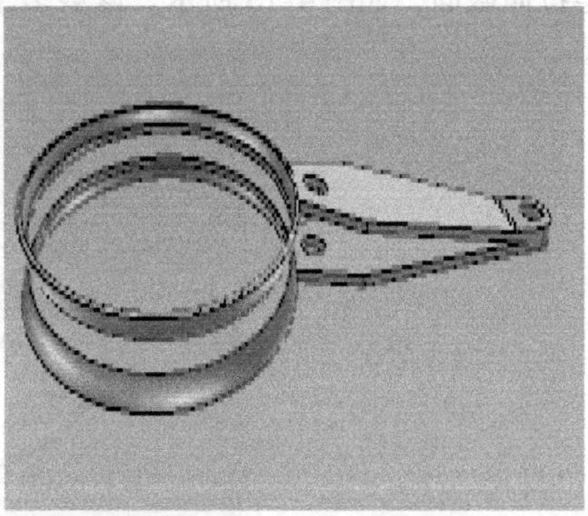

图 4-10 钳刃旋转实体

步骤 5：单击菜单上的拉伸指令，设置拉伸除料距离为 50，用直线草绘除料截面，如图 4-11 所示。修剪多余线条，单击左上角“完成”按钮，生成钳身主体。

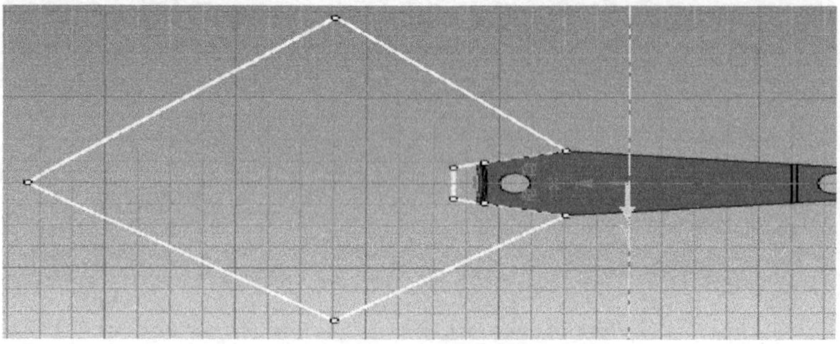

图 4-11 钳刃多余部分除料草图

步骤 6：单击菜单上的拉伸指令，从底面开始设置拉伸距离为 3.5，用直线草绘拉伸截面，如图 4-12 所示。修剪多余线条，单击左上角“完成”按钮。

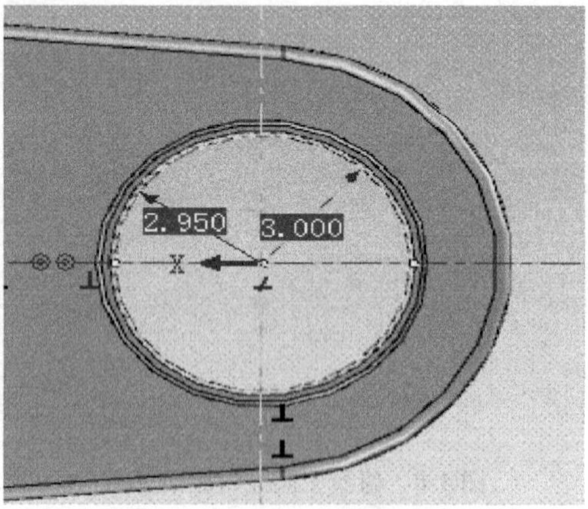

图 4-12 钳身孔颈拉伸草图

步骤 7：单击菜单上的拉伸指令，从步骤 6 圆环上面开始设置拉伸距离为 0.3，用直线草绘拉伸截面，如图 4-13 所示。修剪多余线条，单击左上角“完成”按钮。

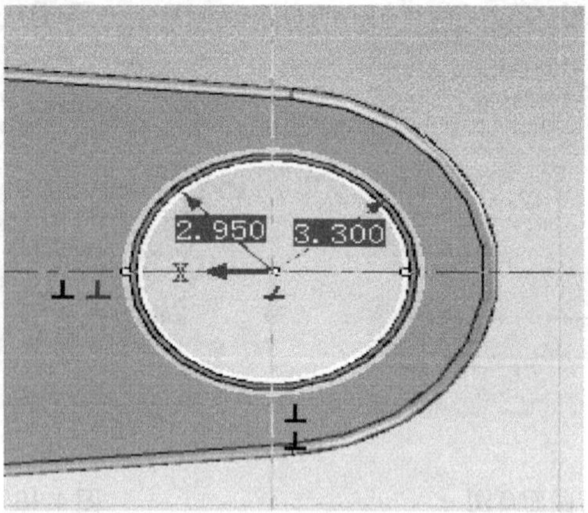

图 4-13 钳身孔壁拉伸草图

步骤 8：对指甲钳钳身进行倒圆角，倒角半径为 0.3，生成后如图 4-14 所示。

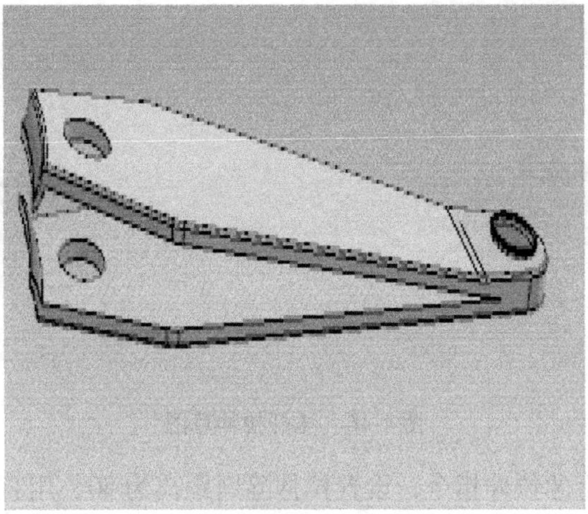

图 4-14　钳身

二、压杆

任务目标

根据如图 4-15 所示的压杆，建立指甲钳压杆的三维模型。

1. 掌握设计元素库的基础应用知识。
2. 熟悉拉伸功能的应用。

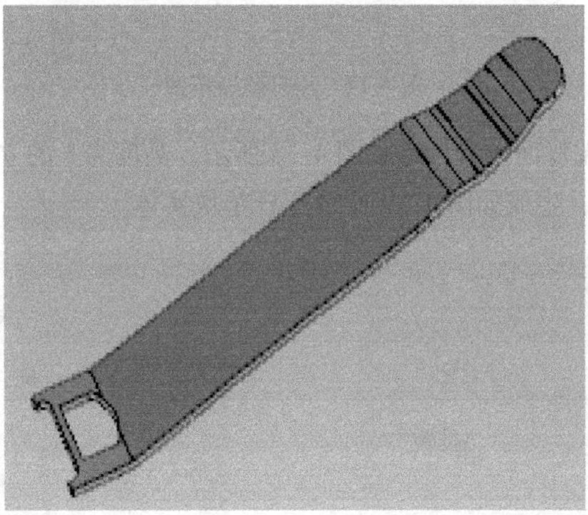

图 4-15　压杆

任务实施流程

步骤 1：单击菜单上的拉伸指令，设置拉伸距离为 12，用直线草绘压杆截面，如图 4-16 所示。修剪多余线条，单击左上角“完成”按钮，拉伸生成压杆主体。

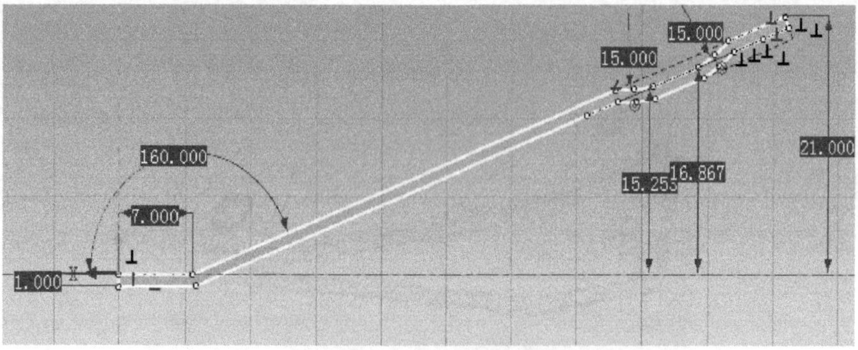

图 4-16　压杆拉伸草图

步骤 2：单击菜单上的拉伸指令，设置拉伸除料距离为 50，用直线草绘除料截面，如图 4-17 所示。修剪多余线条，单击左上角“完成”按钮，生成压杆主体。

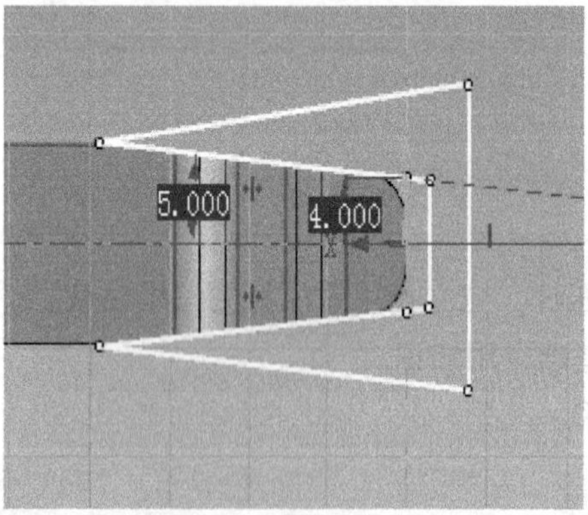

图 4-17　压杆除料草图

步骤 3：在压杆左端背面放置尺寸如图 4-18 所示，高度为 1 的立方体，利用孔类长方体沿着断面切除多余部分，生成如图 4-19 所示压杆垫块实体。

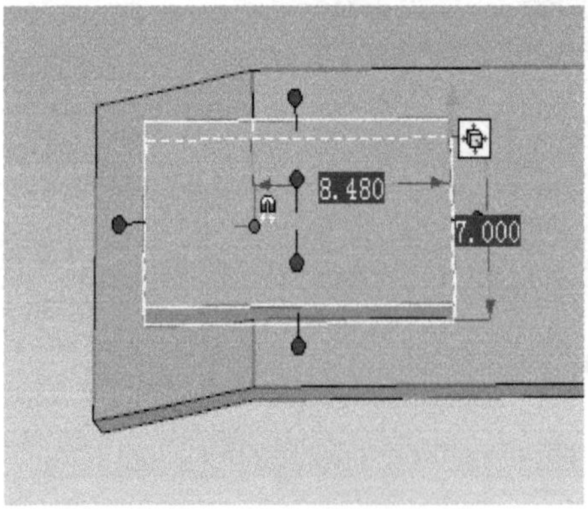

图 4-18　压杆垫块

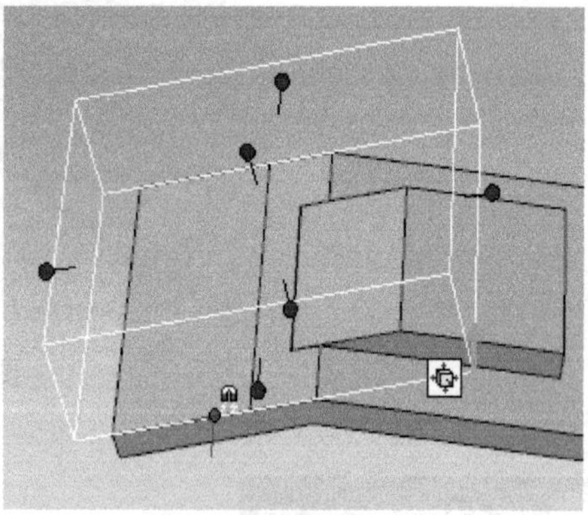

图 4-19　压杆垫块除料

步骤 4：单击菜单上的拉伸指令，设置拉伸除料距离为 50，用直线草绘除料截面，如图 4-20 所示。修剪多余线条，单击左上角“完成”按钮，生成指甲钳压杆。

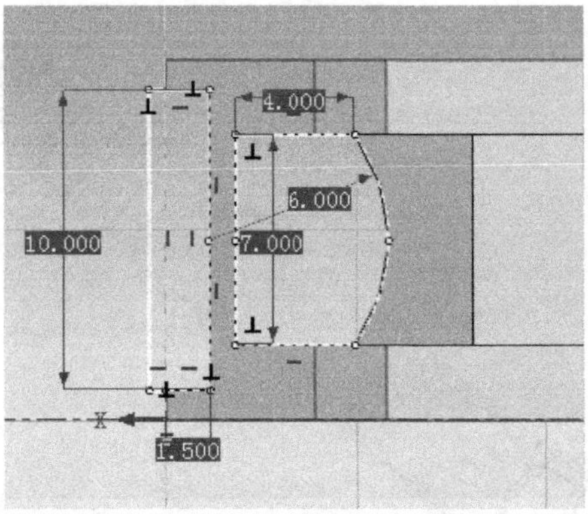

图 4-20 压杆左端除料草图

步骤 5：单击菜单上的面拔模指令，设置拔模角度为 5°，生成如图 4-21 所示的压杆垫块拔模斜面。

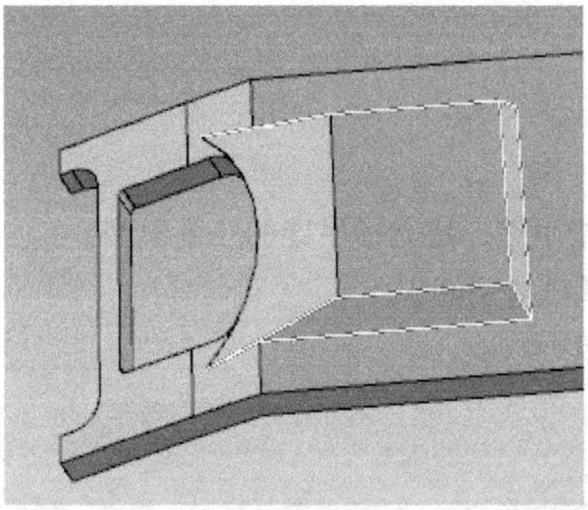

图 4-21 压杆垫块拔模斜面

步骤 6：利用孔类长方体在背面拔模体右端的中心位置，除料生成一个长为 4，宽为 2，高为 1 的槽，如图 4-22 所示。

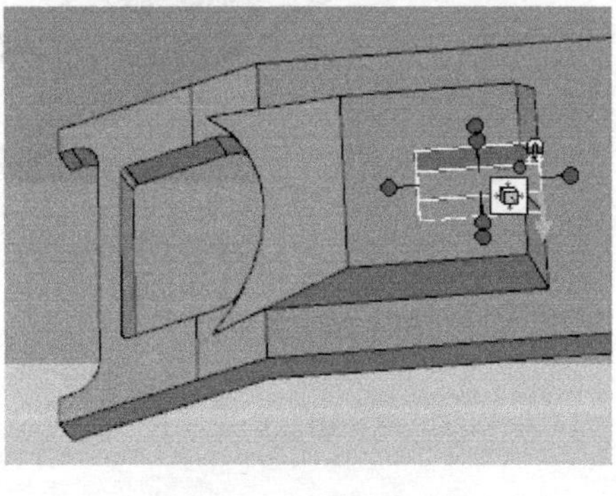

图 4-22 压杆垫块开槽

步骤 7：对指甲钳压杆右端进行倒圆角，倒角半径为 3，其余边角处倒圆角半径为 0.2，生成后如图 4-23 所示。

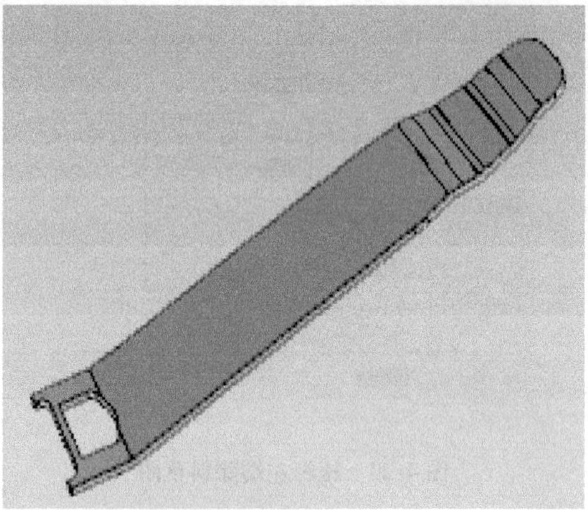

图 4-23 压杆

三、指甲锉

任务目标

根据如图 4-24 所示的指甲锉，建立指甲锉的三维模型。

1. 掌握设计元素库的基础应用知识。
2. 熟悉拉伸功能的应用。

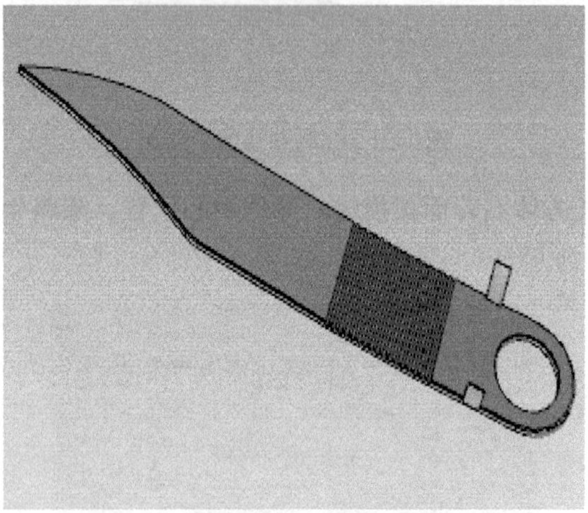

图 4-24 指甲锉

任务实施流程

步骤 1：单击菜单上的拉伸指令，设置拉伸距离为 9，用直线草绘指甲锉截面，如图 4-25 所示。修剪多余线条，单击左上角“完成”按钮，拉伸生成指甲锉主体。

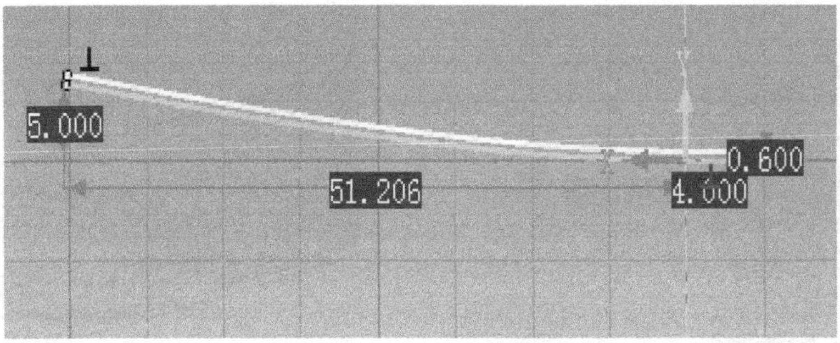

图 4-25　指甲锉拉伸草图

步骤 2：对指甲锉右端进行倒圆角，倒角半径为 4.5，生成后如图 4-26 所示。在圆心处利用孔类圆柱体打孔，孔的直径为 6，如图 4-27 所示。

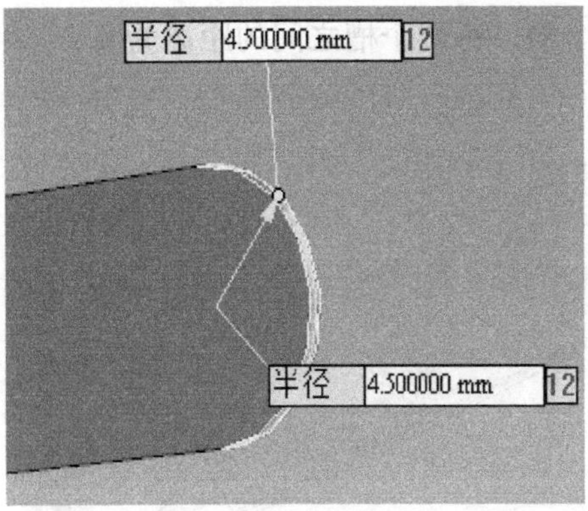

图 4-26　倒圆角

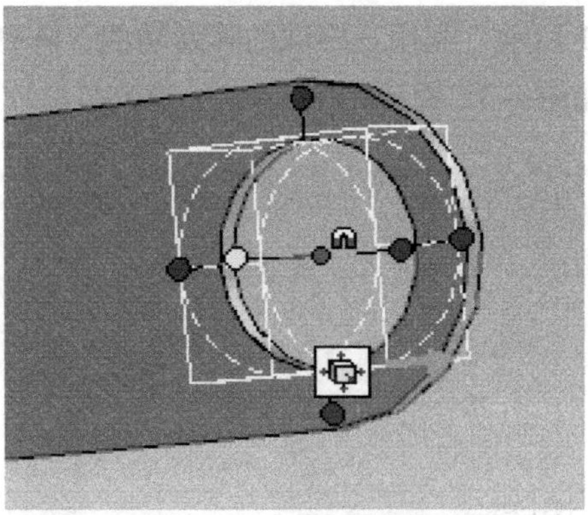

图 4-27　打孔

步骤 3：单击菜单上的拉伸指令，设置拉伸除料距离为 50，用直线草绘除料截面，如图 4-28 所示。修剪多余线条，单击左上角“完成”按钮，生成指甲锉尖角。

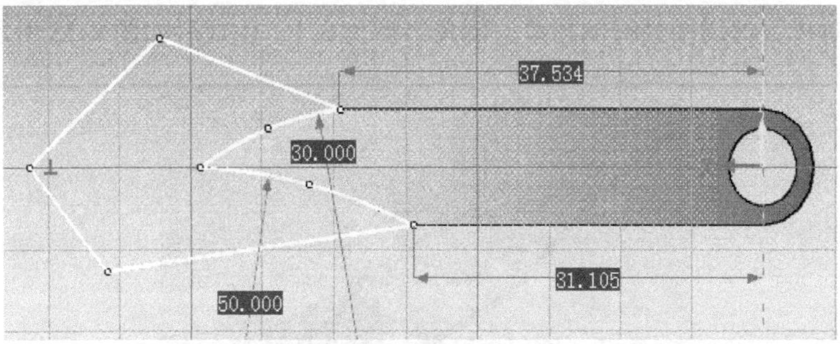

图 4-28　生成指甲锉尖角

步骤 4：单击菜单上的拉伸指令，设置拉伸距离为 1.5，用直线草绘角扣截面，如图 4-29 所示。修剪多余线条，单击左上角“完成”按钮，拉伸除料生成指甲锉角扣。利用镜像复制功能生成另一个角扣，完成后如图 4-30 所示。

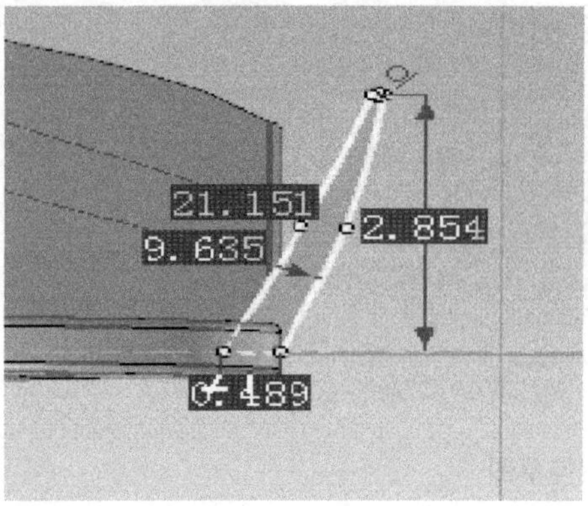

图 4-29 角扣拉伸草图

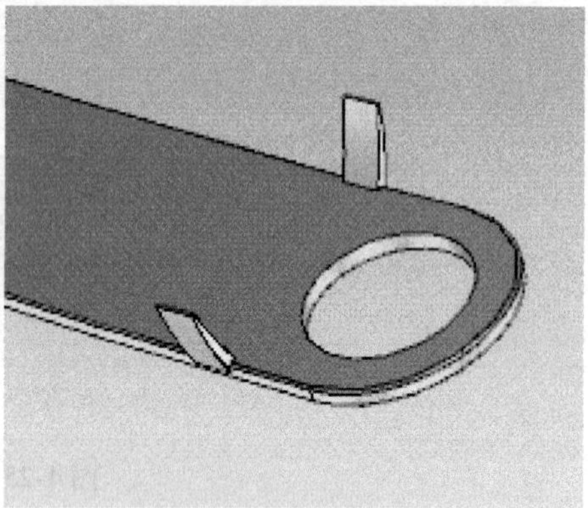

图 4-30 复制生成角扣

步骤 5：在离右端 12.5 处，利用孔类长方体除料切槽，槽宽为 0.3，槽深为 0.3，如图 4-31 所示。利用三维球的阵列功能，阵列生成 15 个槽，每两个槽之间的距离为 0.3，生成后如图 4-32 所示。

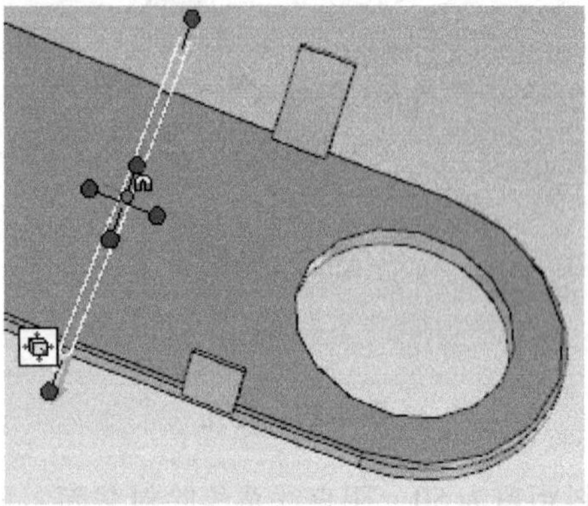

图 4-31 切槽

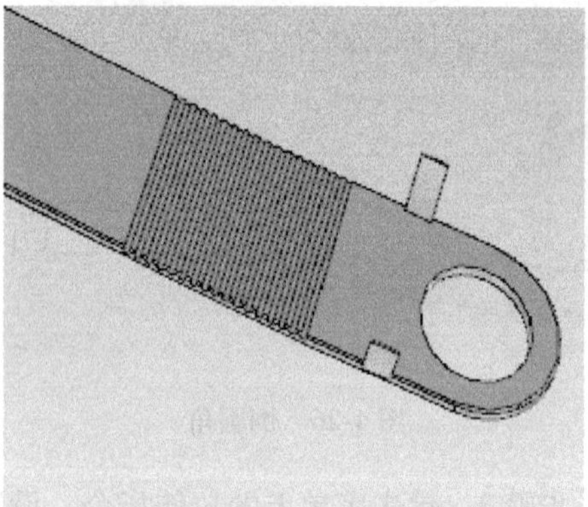

图 4-32 阵列槽

步骤 6：对指甲锉周围进行倒圆角，倒角半径为 0.1，生成后如图 4-33 所示。

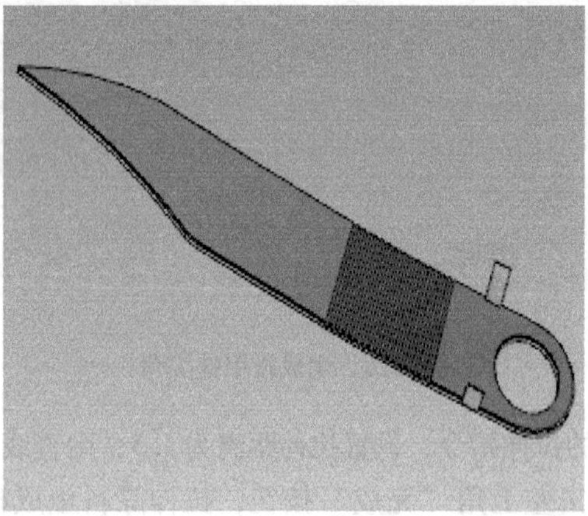

图 4-33 指甲锉

四、钳销

任务目标

根据如图 4-34 所示的钳销，建立钳销的三维模型。

1. 熟悉拉伸功能的应用。
2. 熟悉旋转功能的应用。

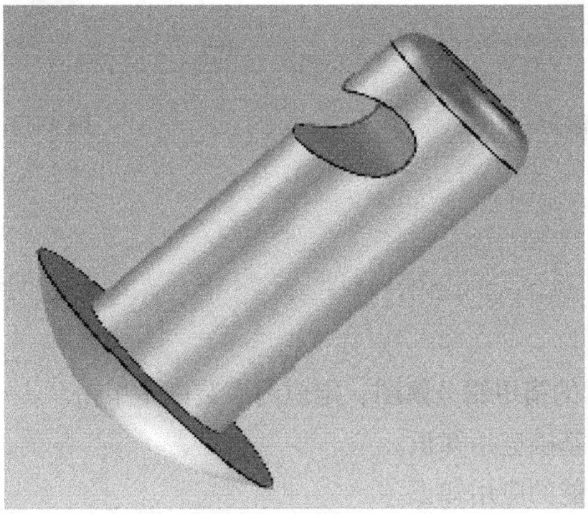

图 4-34 钳销

任务实施流程

步骤 1：单击菜单上的旋转指令，用直线草绘钳销的旋转截面，如图 4-35 所示。修剪多余线条，单击左上角“完成”按钮，旋转生成钳销主体。

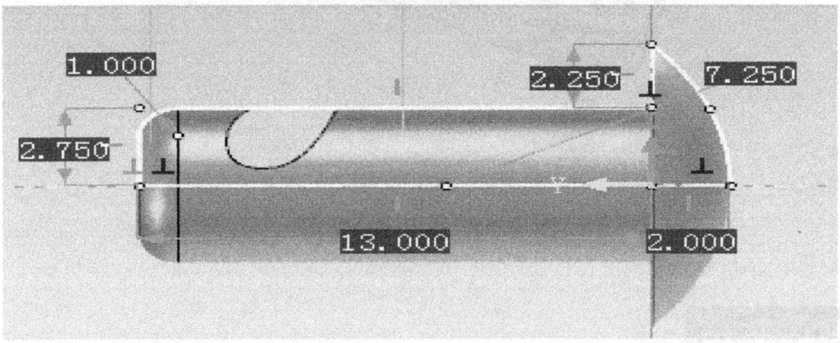

图 4-35 钳销旋转草图

步骤 2：单击菜单上的拉伸指令，设置拉伸除料距离为 50，用直线草绘除料截面，如图 4-36 所示。修剪多余线条，单击左上角“完成”按钮，生成钳销缺口，如图 4-37 所示。

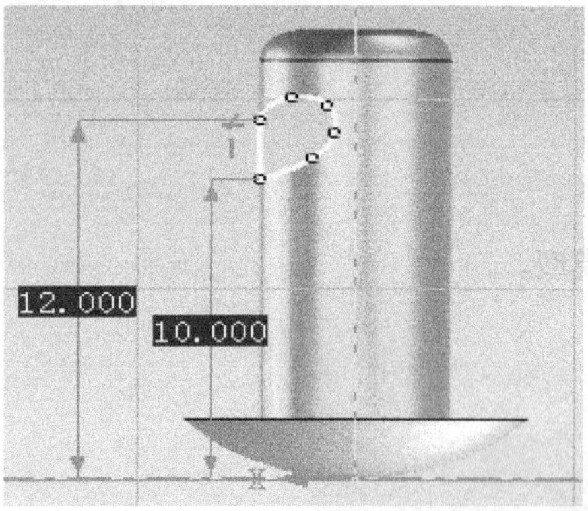

图 4-36 钳销缺口草图

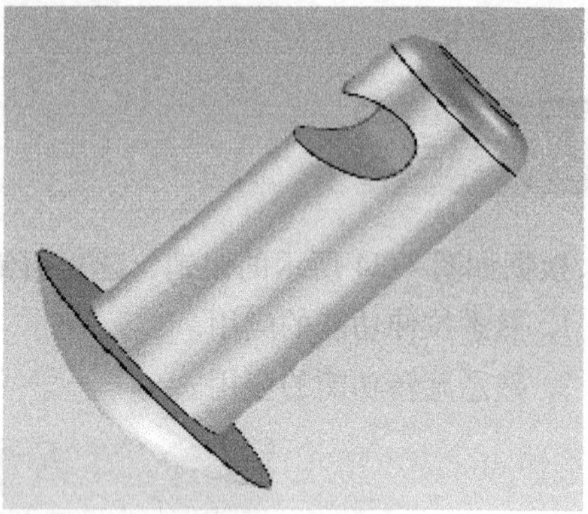

图 4-37 钳销缺口

五、指甲钳的装配

任务目标

根据如图 4-38 所示的指甲钳分解图，定位约束装配指甲钳。

1. 掌握装配指令的基础应用知识。
2. 熟悉定位约束功能的应用知识。

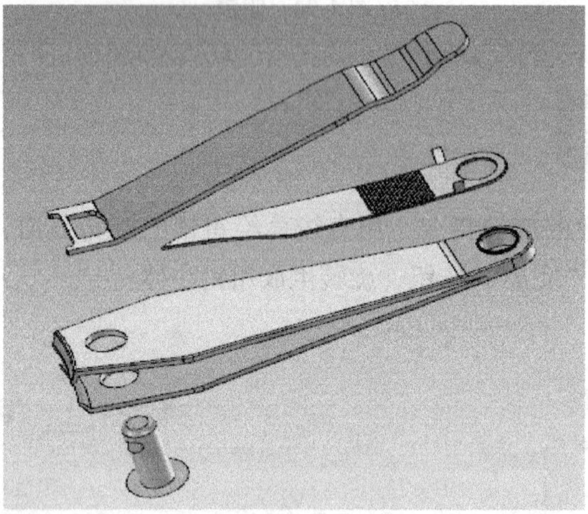

图 4-38 指甲钳分解图

任务实施流程

步骤 1：单击装配指令中的“输入”指令，从文件夹中调出指甲钳钳身和钳销，如图 4-39 所示。单击“定位约束”指令，先用“同轴”指令约束钳销和钳身圆柱孔，然后用“贴合”指令约束钳销和钳身底面，装配生成如图 4-40 所示的实体形状。

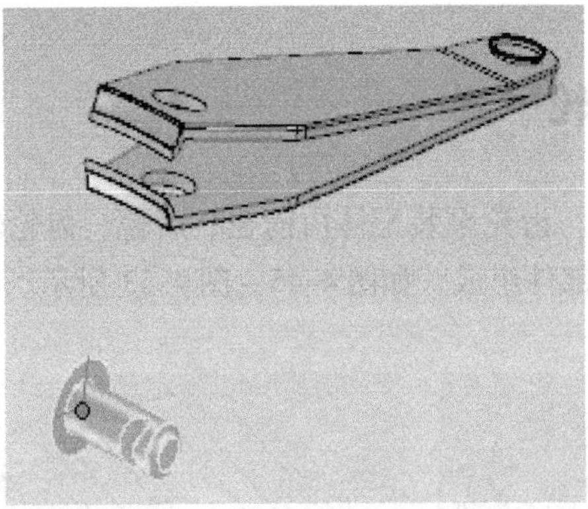

图 4-39 调出装配零件

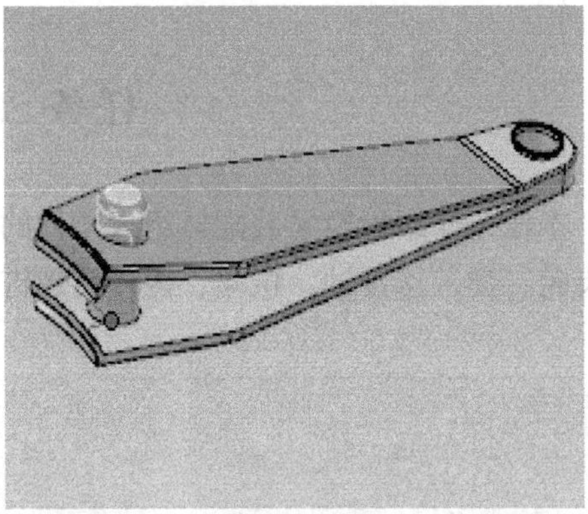

图 4-40 装配钳销

步骤 2：单击装配指令中的“输入”指令，从文件夹中调出指甲锉，如图 4-41 所示。单击“定位约束”，先用“同轴”约束指甲锉孔和钳身轴孔，最后用“贴合”约束指甲锉底面和钳身上表面，如图 4-42 所示。

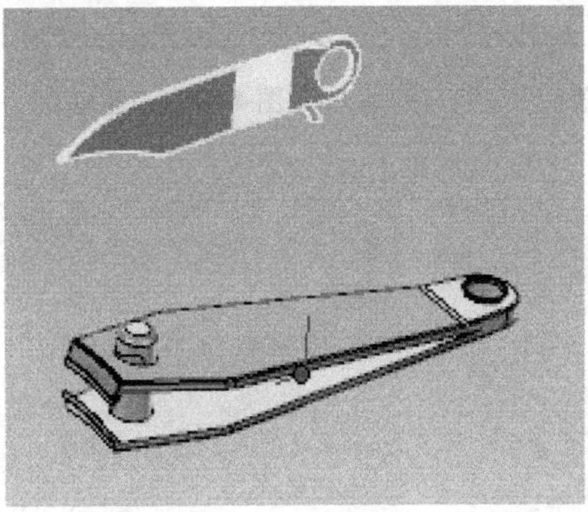

图 4-41 调出指甲锉

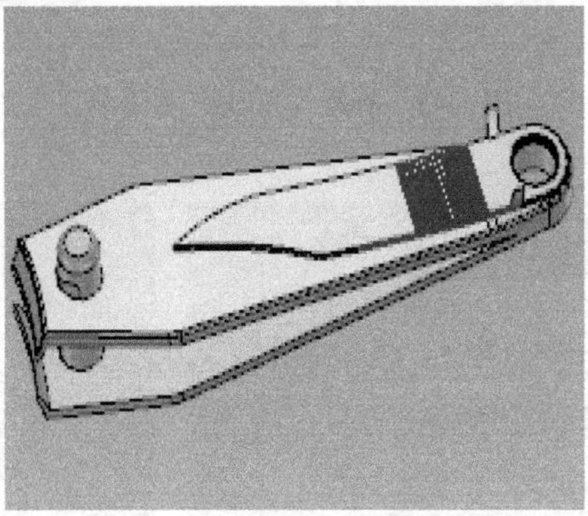

图 4-42 装配指甲锉

步骤 3：单击装配指令中的“输入”，从文件夹中调出指甲钳压杆，如图 4-43 所示。单击“定位约束”，先用“平行”约束压杆底面和钳身上表面，最后用“距离”约束压杆左端面和钳身左端面，距离为 2，装配生成如图 4-44 所示的压杆实体形状。

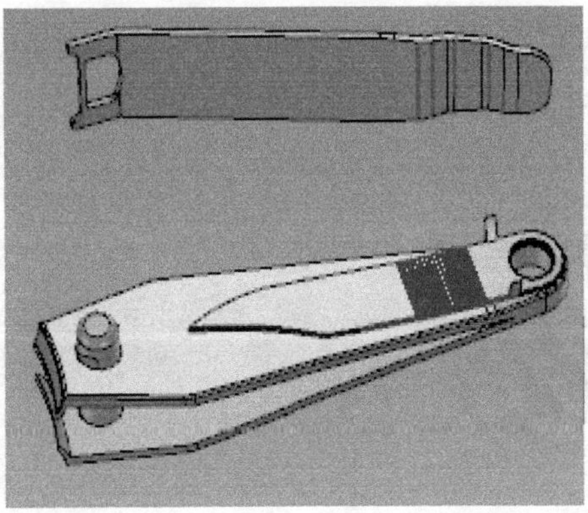

图 4-43 调出指甲钳压杆

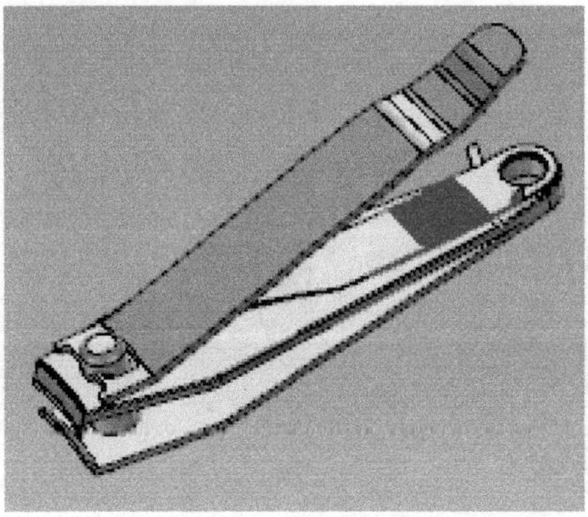

图 4-44 压杆实体

任务二 齿 轮 泵

本任务介绍齿轮泵装配体组成零件的绘制方法。齿轮泵装配体由前盖、后盖、齿轮轴、直齿轮、键、连接轴、机座、内六角螺钉和销等零部件组成，如图 4-45 ~ 图 4-53 所示。

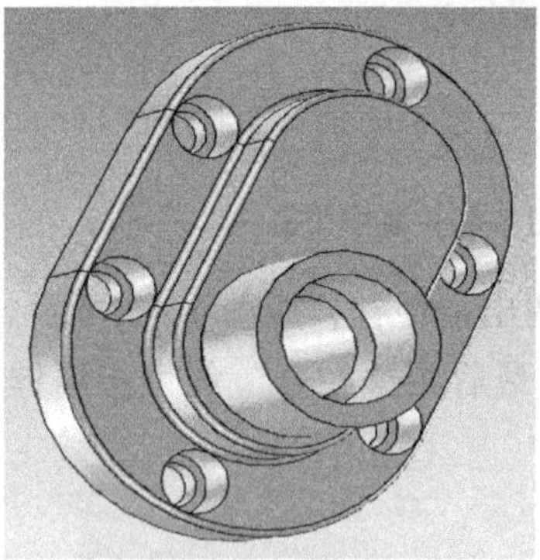

图 4-45 前盖

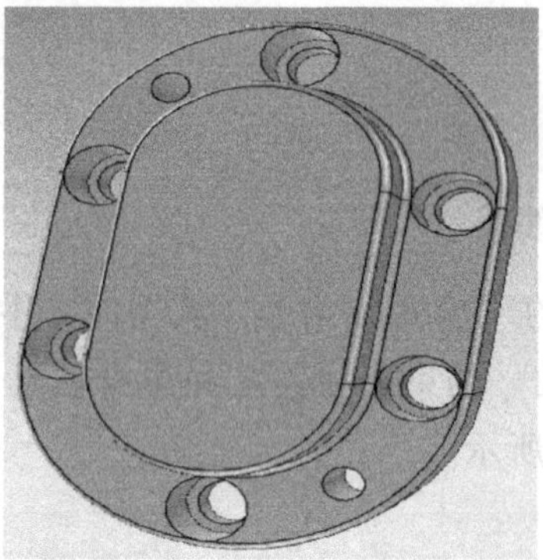

图 4-46 后盖

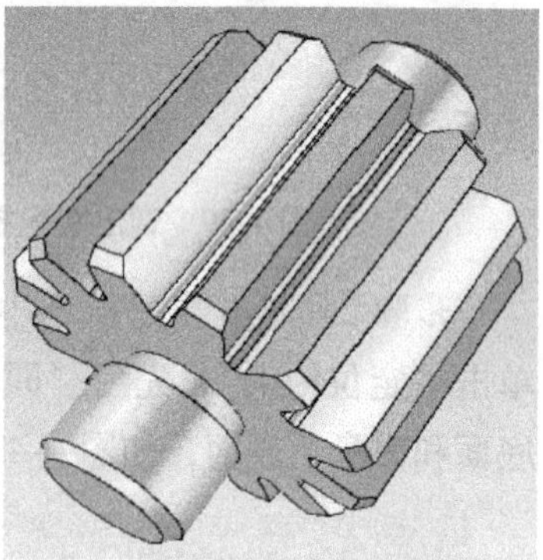

图 4-47 齿轮轴

图 4-48 直齿轮

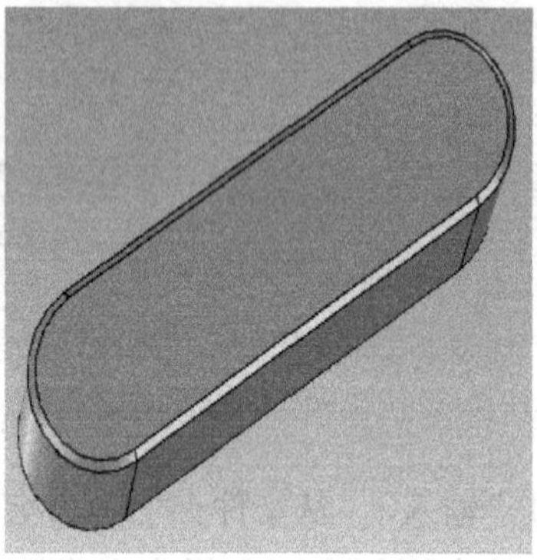

图 4-49 键

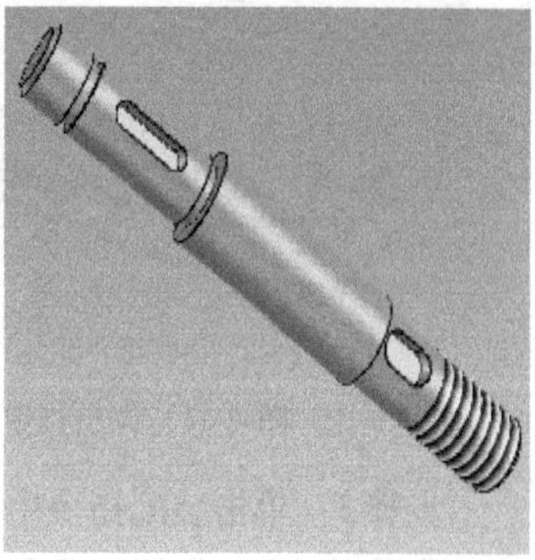

图 4-50 连接轴

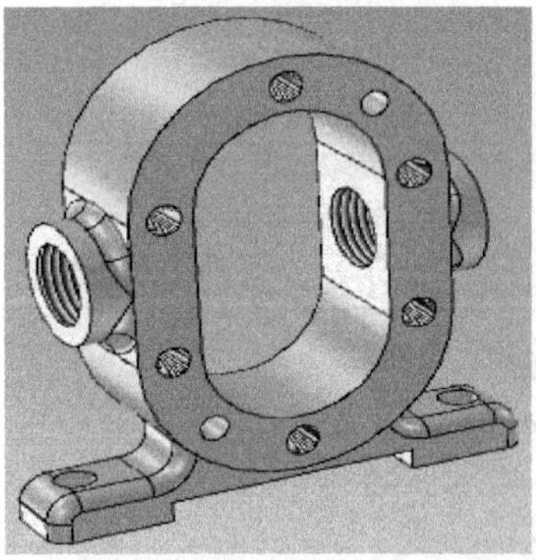

图 4-51 机座

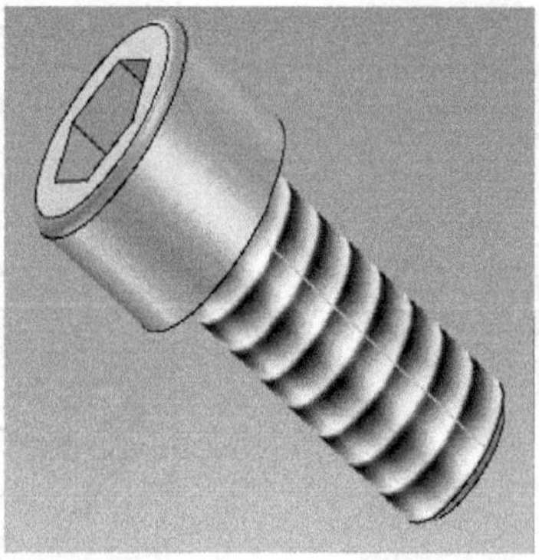

图 4-52 内六角螺钉

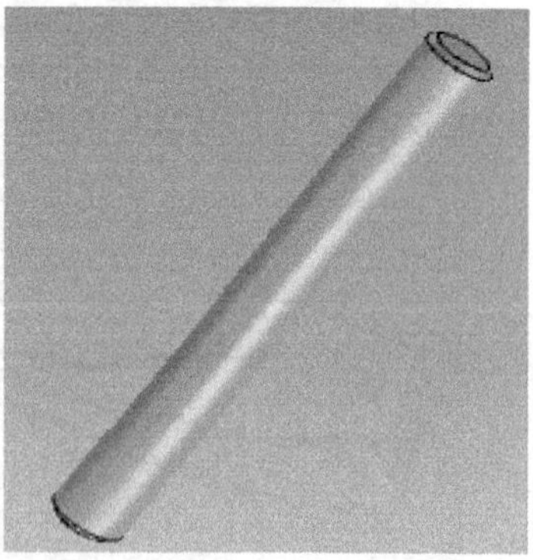

图 4-53 销

一、前盖

任务目标

根据如图 4-54 所示的齿轮泵前盖，建立齿轮泵前盖的三维模型。

1. 掌握设计元素库的基础应用知识。
2. 熟悉孔功能的应用。
3. 熟悉圆角功能的应用。
4. 熟悉三维球移动功能的应用。
5. 熟悉三维球复制功能的应用。

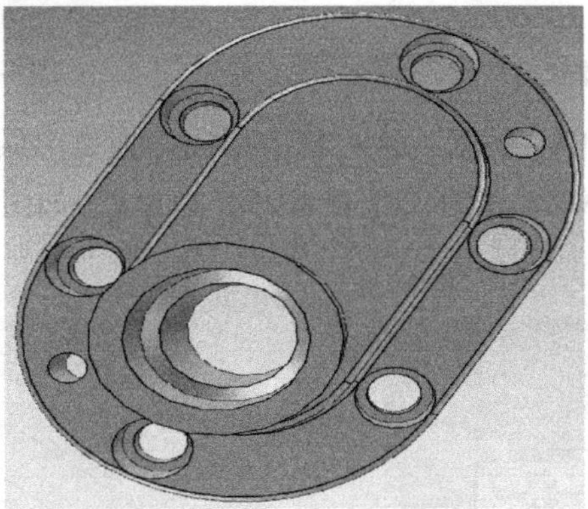

图 4-54　齿轮泵前盖

任务实施流程

步骤 1：从设计元素库中“图素”这一栏中用鼠标拖曳“键”放置在实体设计环境中。设置包围盒中尺寸长为 85，宽为 56，高为 9，如图 4-55 所示，生成如图 4-56 所示的前盖主体实体形状。

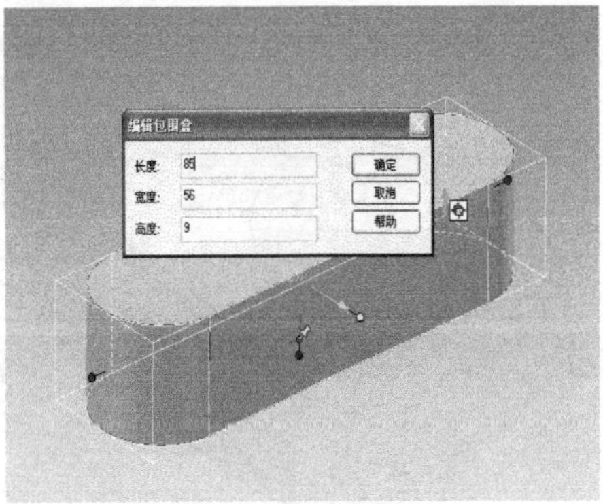

图 4-55　设置键三维尺寸

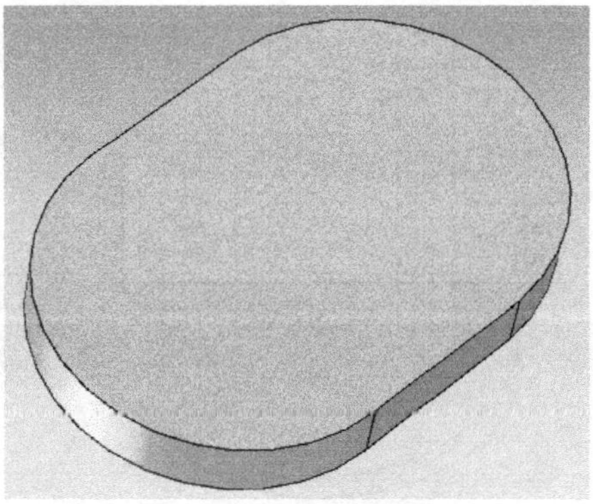

图 4-56　生成前盖主体

步骤 2：从设计元素库中“图素”这一栏中用鼠标拖曳“键”放置在实体中心的绿点上。设置包围盒中尺寸长为 61，宽为 32，高为 7，如图 4-57 所示，生成如图 4-58 所示的前盖顶面实体形状。

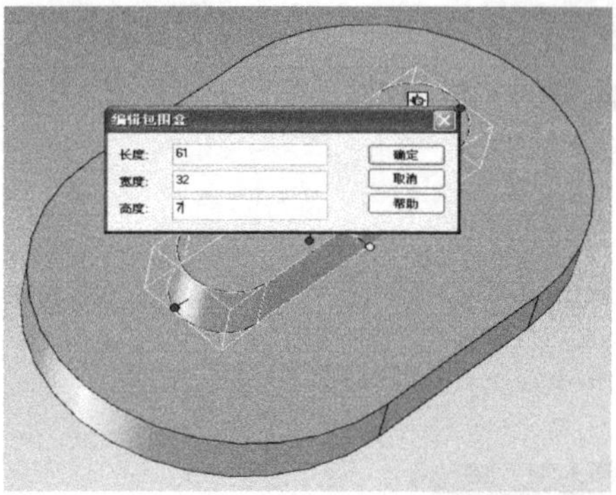

图 4-57　设置键三维尺寸

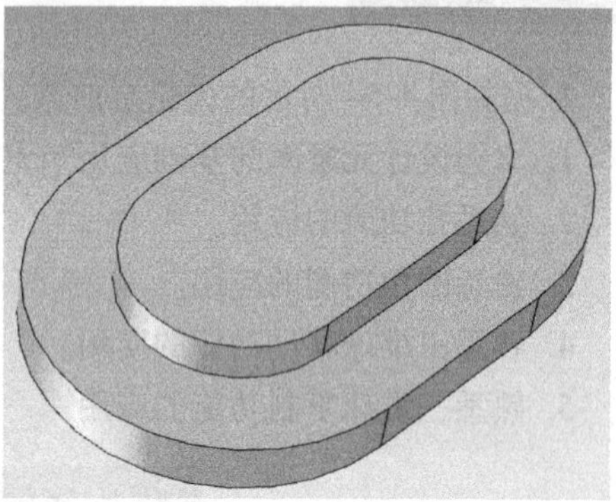

图 4-58　生成前盖顶面

步骤 3：从设计元素库中“图素”这一栏中用鼠标拖曳“圆柱体”放置在上层键的中心的绿点上。设置包围盒中尺寸长为 25，宽为 25，高为 2，如图 4-59 所示，生成如图 4-60 所示的圆柱实体形状。

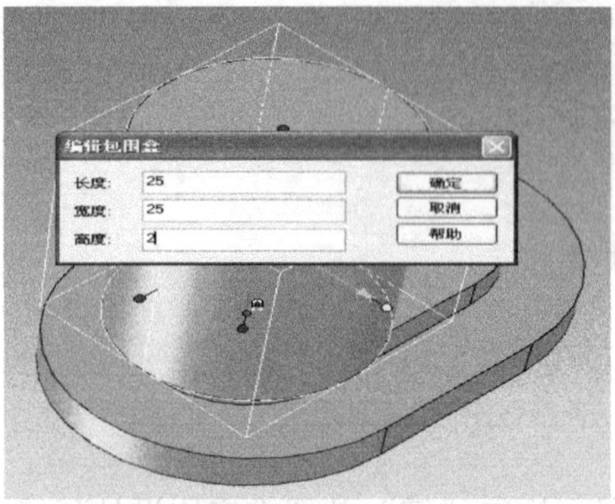

图 4-59　设置圆柱三维尺寸

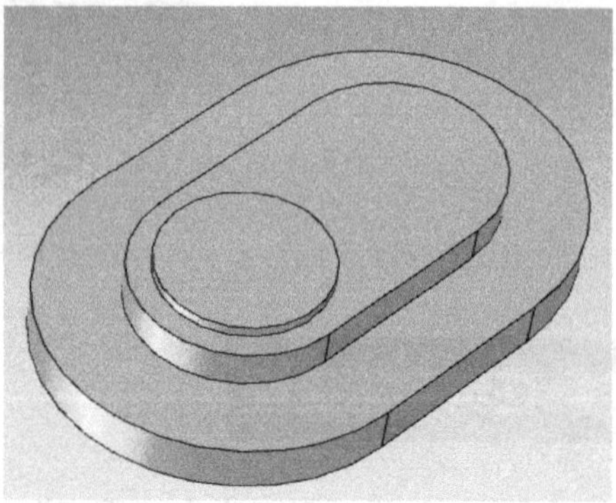

图 4-60　生成圆柱

步骤 4：从设计元素库中“图素”这一栏中用鼠标拖曳“圆柱体”放置在圆柱中心的绿点上。设置包围盒中尺寸长为 27，宽为 27，高为 7，如图 4-61 所示，生成如图 4-62 所示

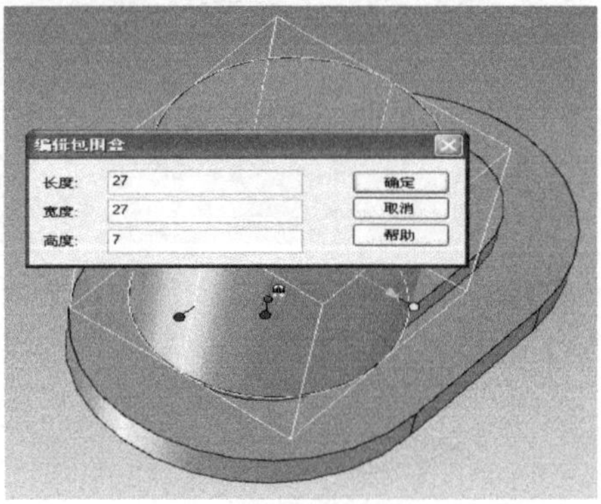

图 4-61　设置圆柱三维尺寸

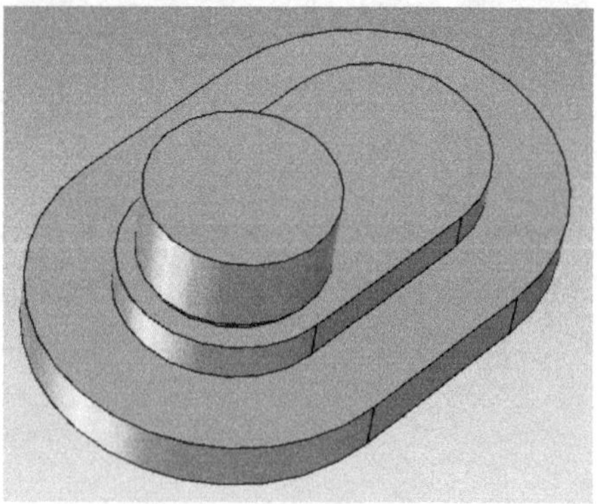

图 4-62　生成圆柱凸台

的圆柱凸台实体形状。

步骤5：从设计元素库中“工具”这一栏中用鼠标拖曳“自定义孔”放置在圆柱中心的绿点上。设置孔形状为阶梯孔，设置孔直径为16，孔深度为32，沉头深度为10，沉头直径为22，如图4-63所示，单击“确定”按钮，生成阶梯孔。

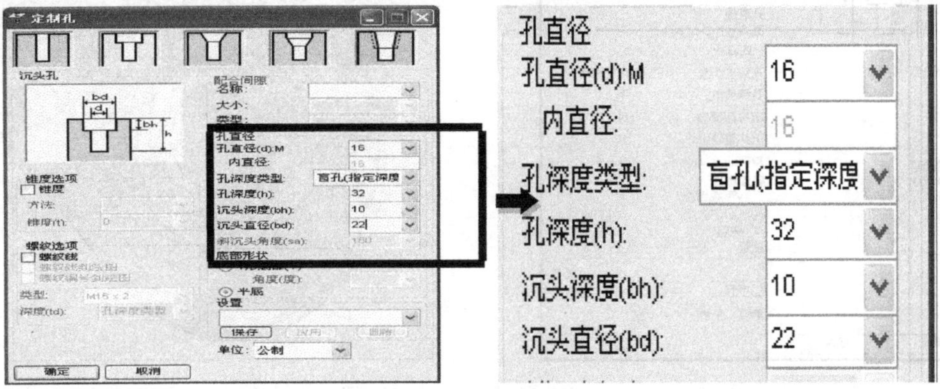

图4-63　设置孔的参数

步骤6：单击菜单栏中的“边倒角”指令。设置倒角类型为“两边距离”，设置上面距离为1，下面距离为2，如图4-64所示。单击属性栏左上方的“√”按钮生成倒角。

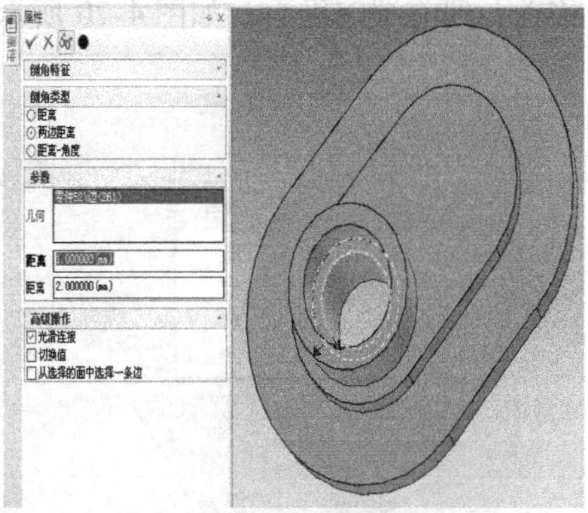

图4-64　内孔倒角

步骤7：从设计元素库中“图素”这一栏中用鼠标拖曳“孔类圆柱体”放置在圆柱后面的中心绿点上。设置包围盒中尺寸长为12，宽为12，高为10，如图4-65所示，生成如图4-66所示的盲孔实体形状。

步骤8：从设计元素库中“工具”一栏中用鼠标拖曳“自定义孔”放置在圆柱直径末端的绿点上，设置孔形状为阶梯孔，孔直径为7，孔深度为9，沉头深度为6，沉头直径为10，如图4-67所示。单击“确定”按钮，生成阶梯孔，如图4-68所示。

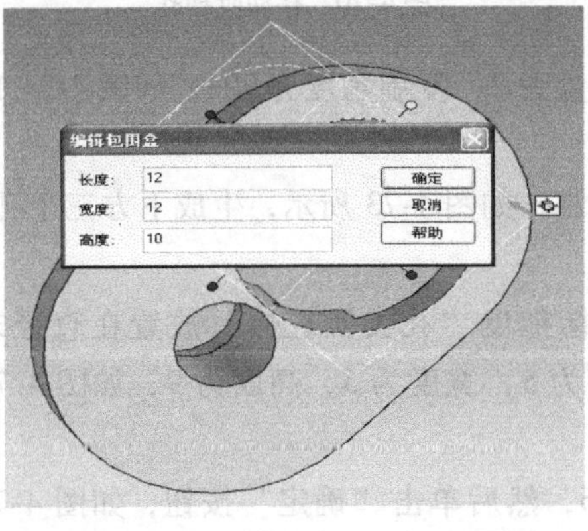

图4-65　设置孔的三维尺寸

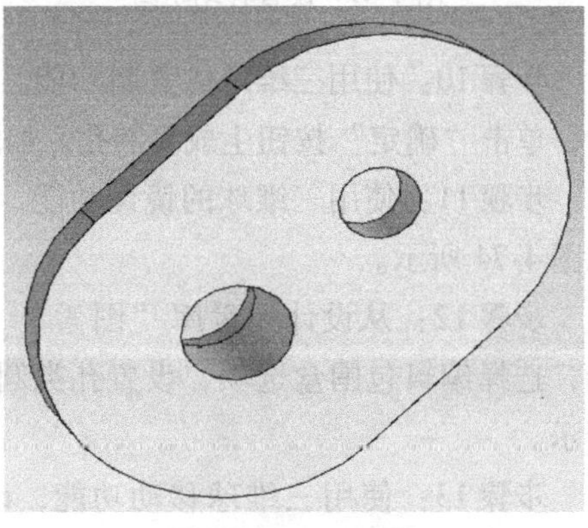

图4-66　生成盲孔

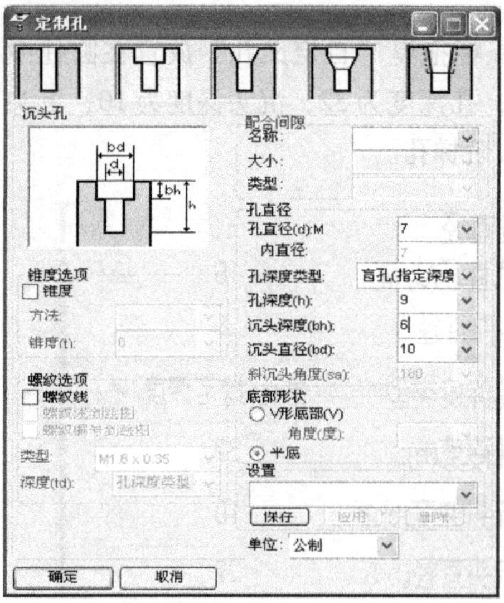

图 4-67 设置孔参数

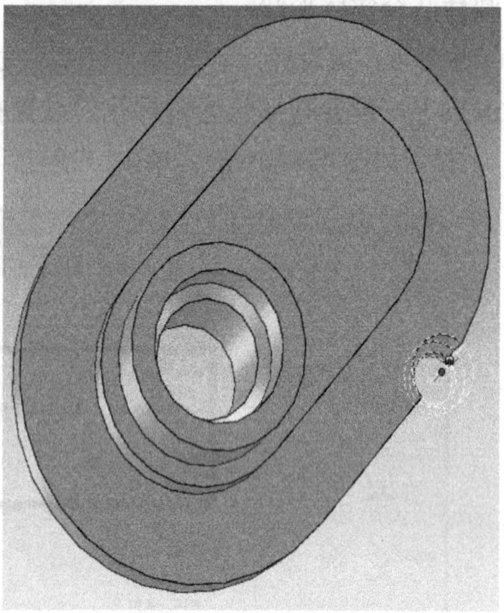

图 4-68 生成阶梯孔

步骤 9：使用三维球的移动功能，设置距离为 6，如图 4-69 所示，单击“确定”按钮，移动孔到前端盖里面，如图 4-70 所示。

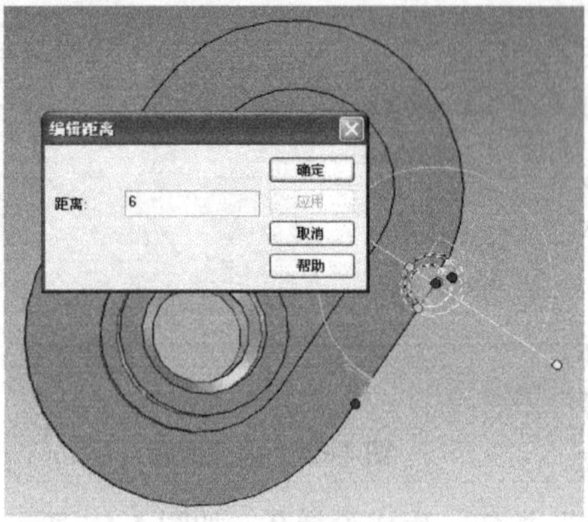

图 4-69 设置移动距离

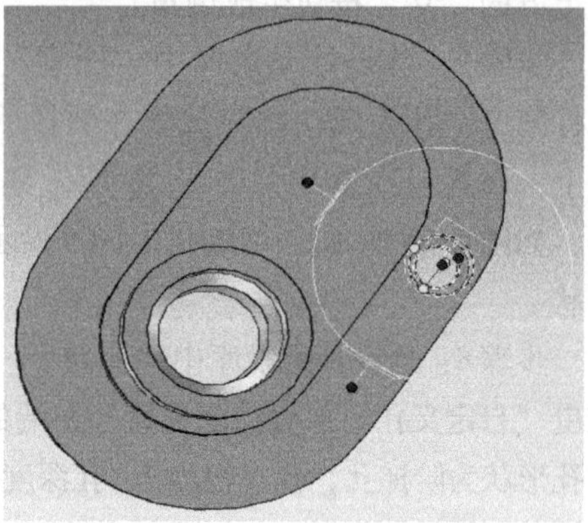

图 4-70 移动阶梯孔

步骤 10：使用三维球的复制功能。设置复制数量为 2，复制角度为 90°，如图 4-71 所示，单击“确定”按钮生成复制孔，如图 4-72 所示。

步骤 11：使用三维球的镜像功能，选择镜像复制，如图 4-73 所示，生成下方三个孔，如图 4-74 所示。

步骤 12：从设计元素库“图素”一栏中用鼠标拖曳“孔类圆柱体”放置在直径末端，选择编辑包围盒选项，设置孔类圆柱体的长度为 5，宽度为 5，高度为 9，如图 4-75 所示。

步骤 13：使用三维球移动功能，设置距离为 6，然后单击“确定”按钮，如图 4-76 所示。

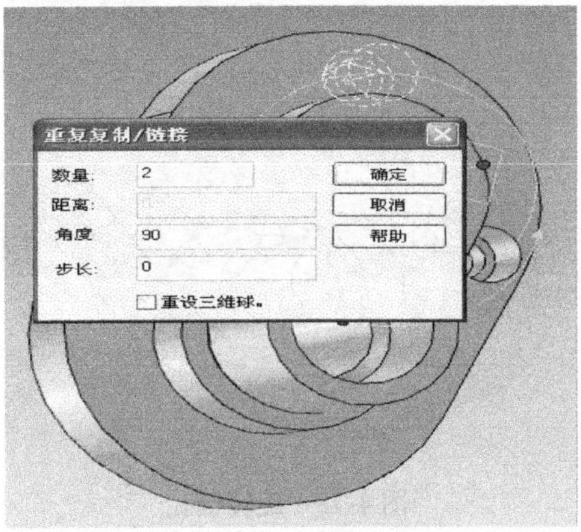

图 4-71　设置复制参数

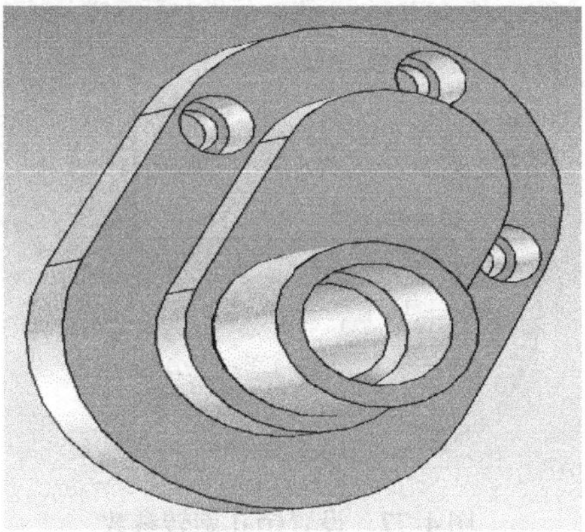

图 4-72　复制阶梯孔

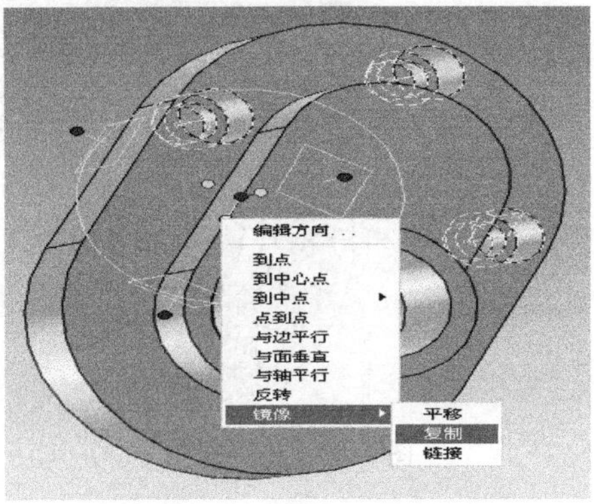

图 4-73　镜像复制

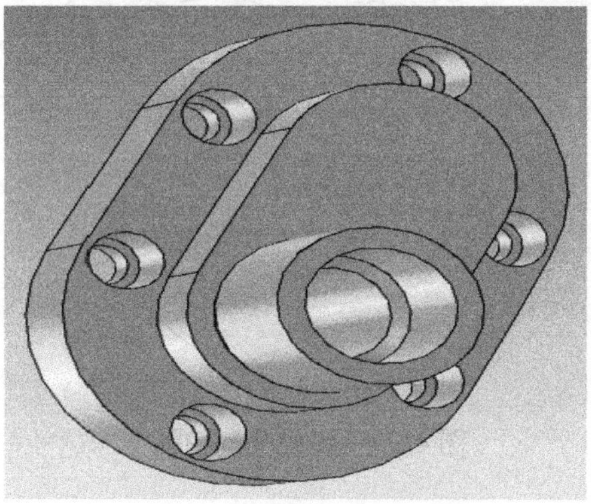

图 4-74　复制生成阶梯孔

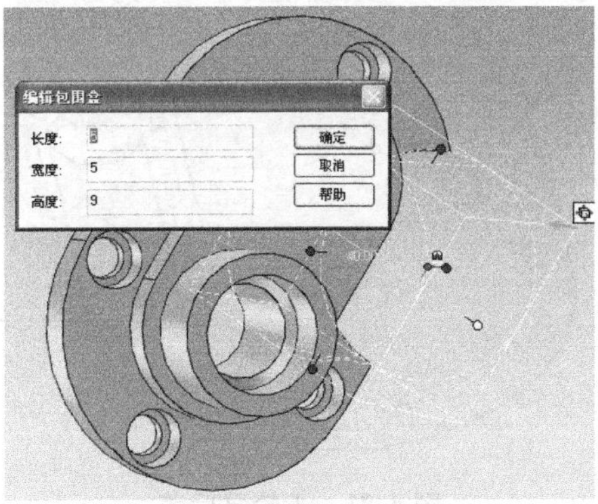

图 4-75　设置销孔三维尺寸

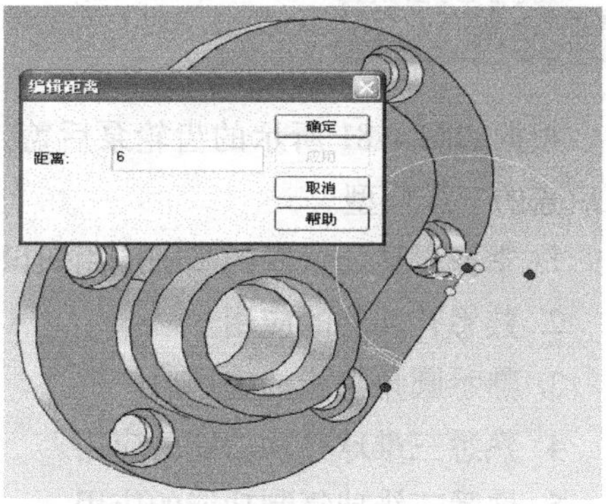

图 4-76　设置销孔移动距离

步骤 14：使用三维球复制功能，设置复制数量为 1，角度为 45°，然后单击“确定”按钮，如图 4-77 所示，生成如图 4-78 所示旋转销孔实体。

步骤 15：使用同样的方法生成另外一个销孔，如图 4-79 所示。

步骤 16：单击菜单栏中的“圆角过渡”指令，设置过渡类型为“等半径”，设置半径为 1，单击圆角过渡边，如图 4-80 所示。单击属性栏左上方的“√”按钮，生成倒角。

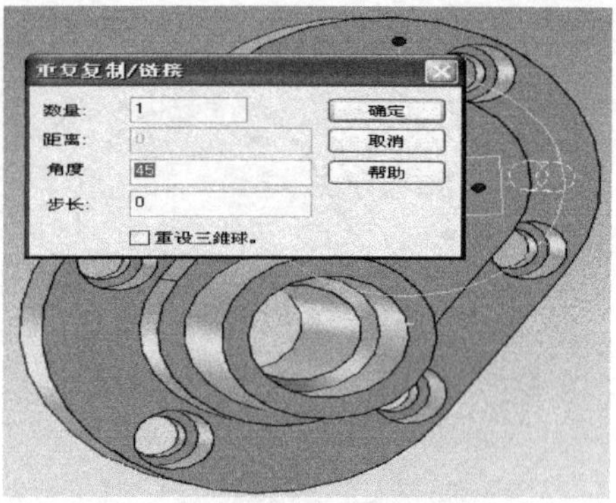

图 4-77 设置销孔旋转参数

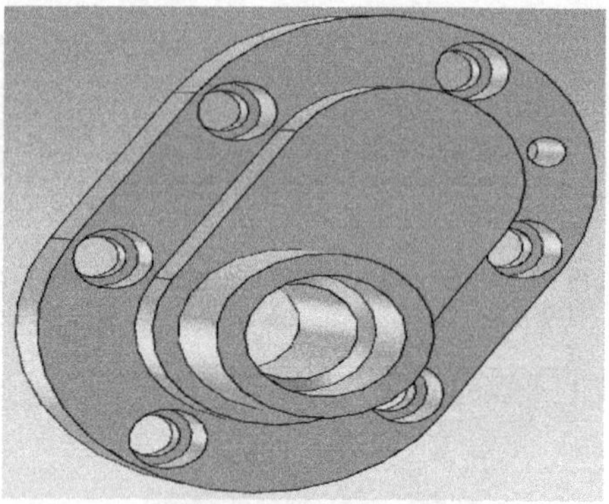

图 4-78 旋转销孔

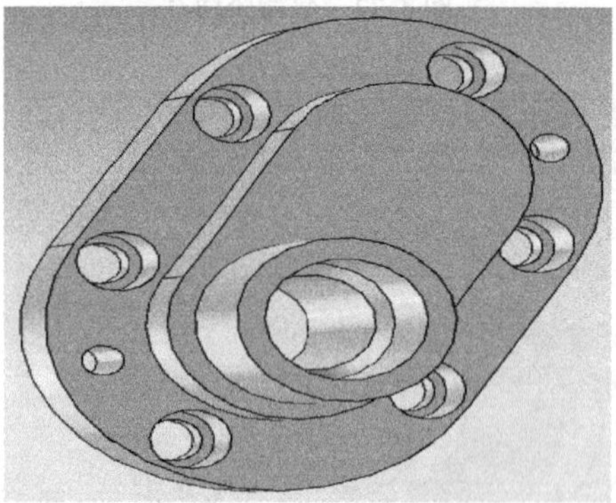

图 4-79 镜像复制销孔

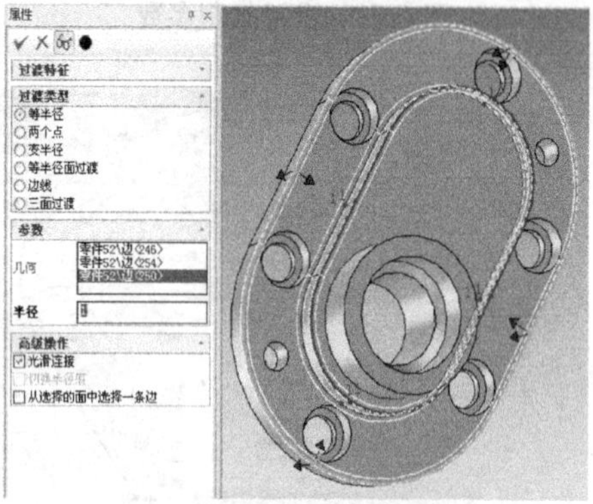

图 4-80 边倒圆角

二、后盖

任务目标

根据如图 4-81 所示的齿轮泵后盖，建立齿轮泵后盖的三维模型。

1. 掌握设计元素库的基础应用知识。
2. 熟悉孔功能的应用。
3. 熟悉圆角功能的应用。
4. 熟悉三维球移动功能的应用。
5. 熟悉三维球复制功能的应用。

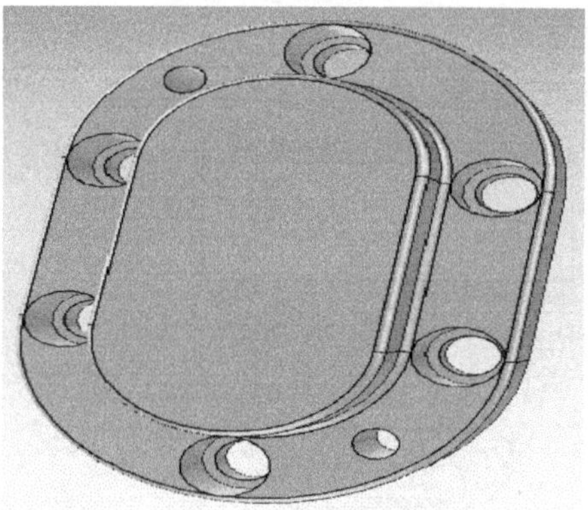

图 4-81 齿轮泵后盖

任务实施流程

步骤 1：从设计元素库中“图素”这一栏中用鼠标拖曳“键”放置在实体设计环境中。设置包围盒中尺寸长度为 85，宽度为 56，高度为 9，如图 4-82 所示，生成如图 4-83 所示的后盖主体实体形状。

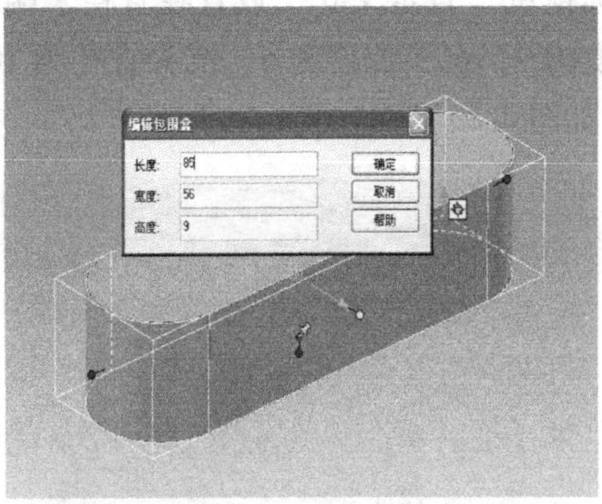

图 4-82 设置键三维尺寸

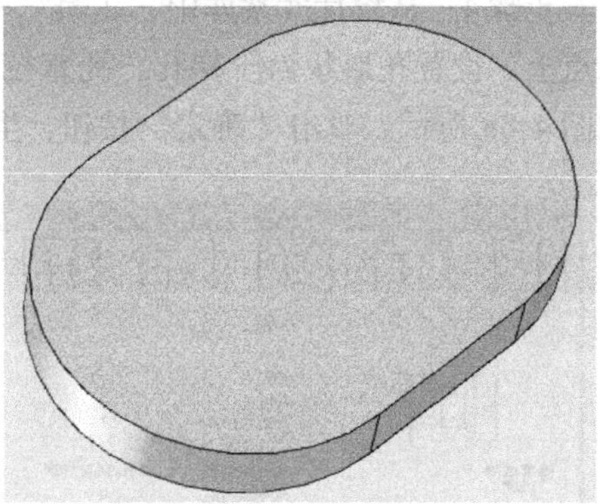

图 4-83 生成后盖主体

步骤 2：从设计元素库中“图素”这一栏中用鼠标拖曳“键”放置在实体中心的绿点上。设置包围盒中尺寸长为 61，宽为 32，高为 7，如图 4-84 所示，生成如图 4-85 所示的后盖顶面实体形状。

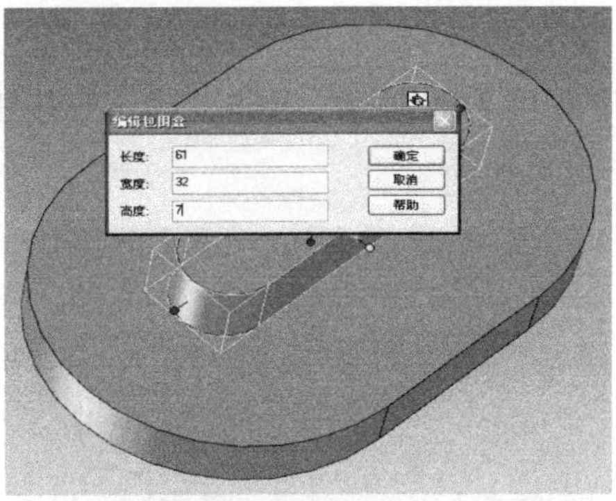

图 4-84 设置键三维尺寸

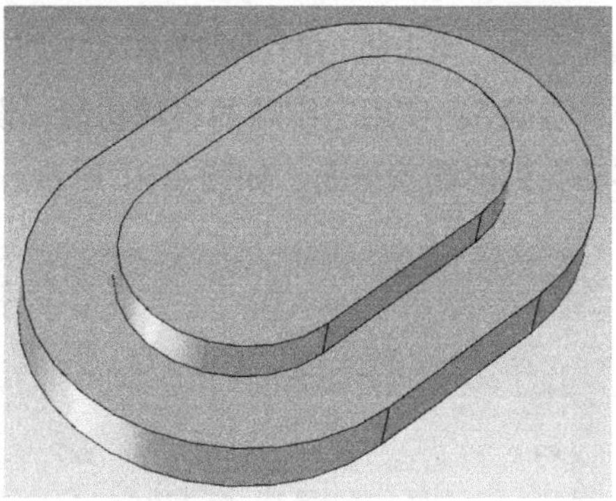

图 4-85 生成后盖顶面

步骤 3：从设计元素库中“图素”这一栏中用鼠标拖曳“孔类圆柱体”放置在圆柱中心的绿点上。设置包围盒中尺寸长为 12，宽为 12，高为 10，如图 4-86 所示，生成盲孔，用同样的方法生成另一个盲孔，如图 4-87 所示。

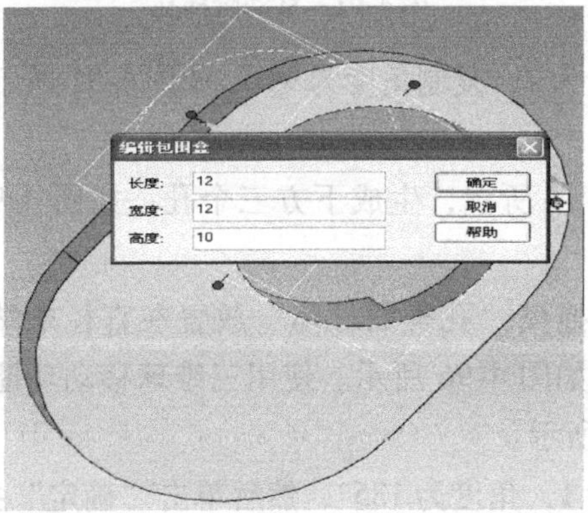

图 4-86 设置孔的三维尺寸

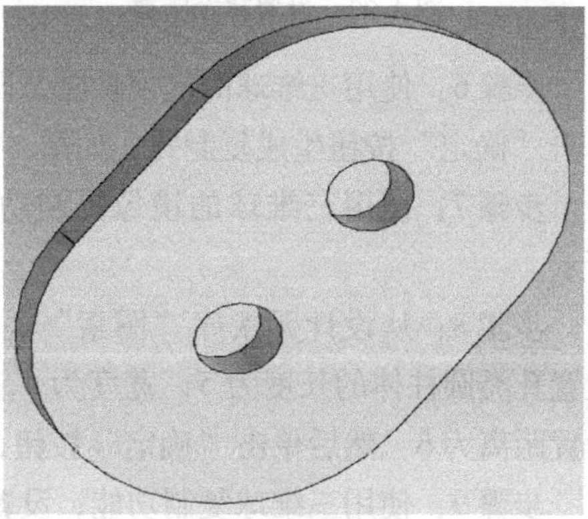

图 4-87 生成两个盲孔

步骤 4：从设计元素库中“工具”一栏中用鼠标拖曳“自定义孔”放置在直径末端的绿点上。设置孔形状为阶梯孔，孔直径为 7，孔深度为 9，沉头深度为 6，沉头直径为 10，如图 4-88 所示。单击“确定”按钮，生成阶梯孔，如图 4-89 所示。

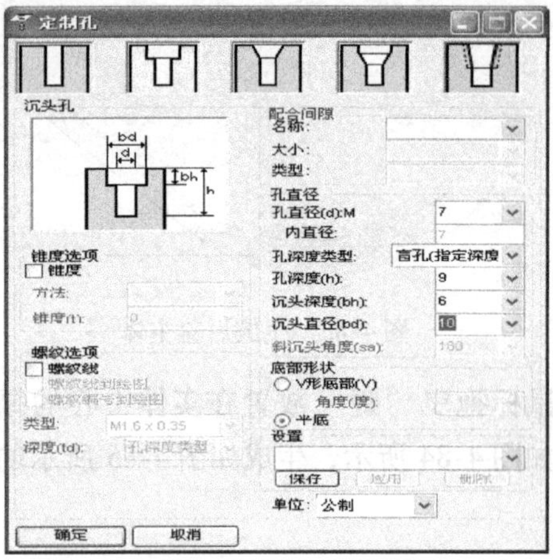

图 4-88　设置孔的参数

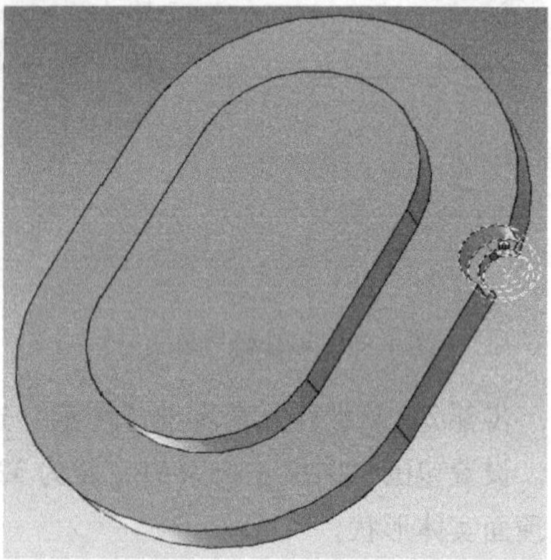

图 4-89　生成阶梯孔

步骤 5：使用三维球的移动功能，设置距离为 6，如图 4-90 所示。单击“确定”按钮，移动孔到前端盖里面，如图 4-91 所示。

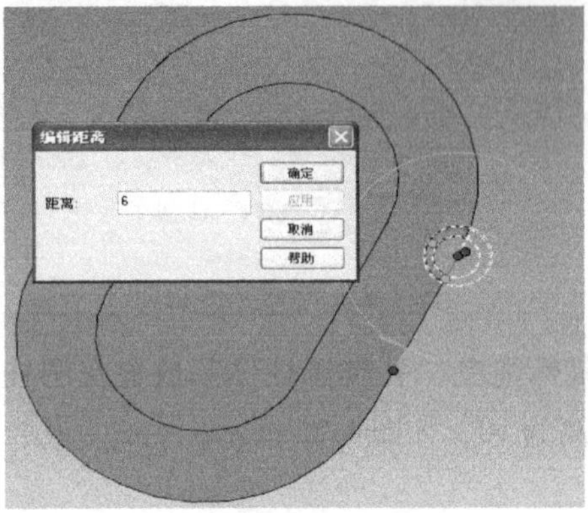

图 4-90　设置移动距离

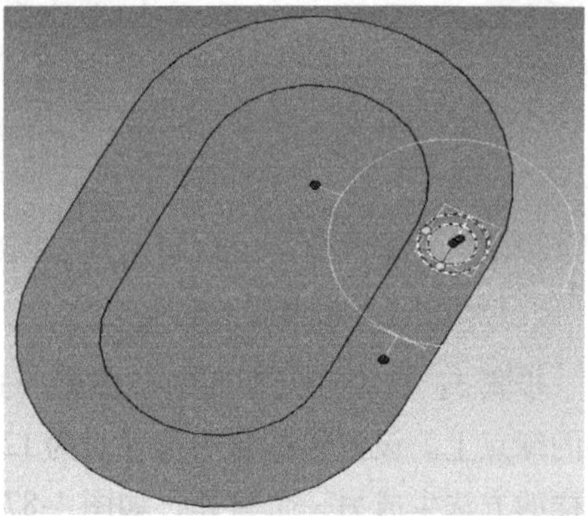

图 4-91　移动阶梯孔

步骤 6：使用三维球的复制功能，设置复制数量为 2，复制角度为 90°，如图 4-92 所示。单击“确定”按钮生成复制孔，如图 4-93 所示。

步骤 7：使用三维球的镜像复制功能，如图 4-94 所示，生成下方三个孔，如图 4-95 所示。

步骤 8：从设计元素库“图素”一栏中用鼠标拖曳“孔类圆柱体”放置在直径末端，设置孔类圆柱体的长度为 5，宽度为 5，高度为 9，如图 4-96 所示。使用三维球移动功能，设置距离为 6，然后单击“确定”按钮，如图 4-97 所示。

步骤 9：使用三维球复制功能，设置复制数量为 1，角度为 135°，然后单击“确定”按钮，如图 4-98 所示，生成销孔。用同样的方法再次生成下方销孔，生成后如图 4-99 所示。

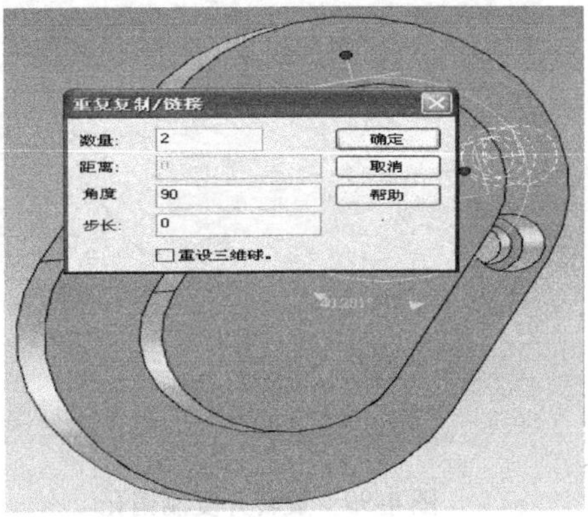

图 4-92 设置复制参数

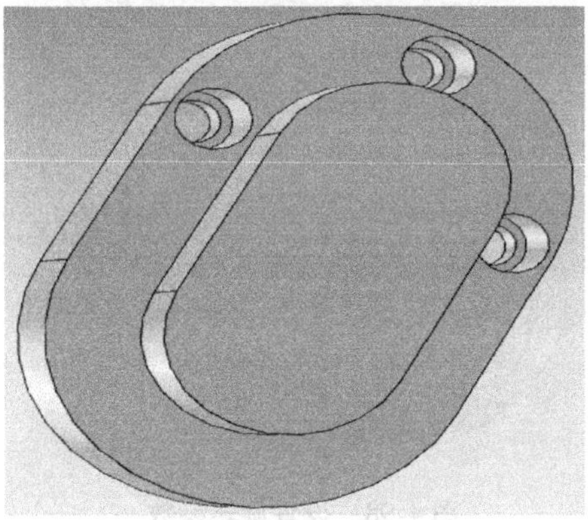

图 4-93 复制阶梯孔

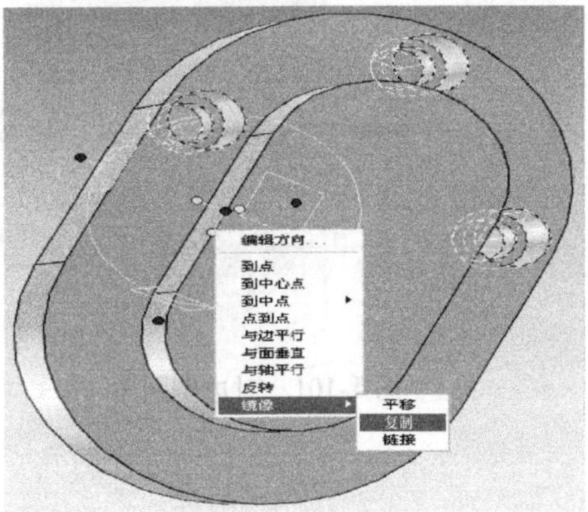

图 4-94 镜像复制

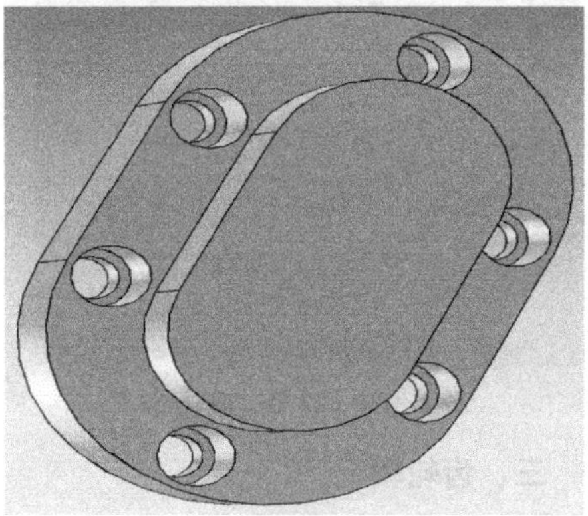

图 4-95 复制下半部分孔

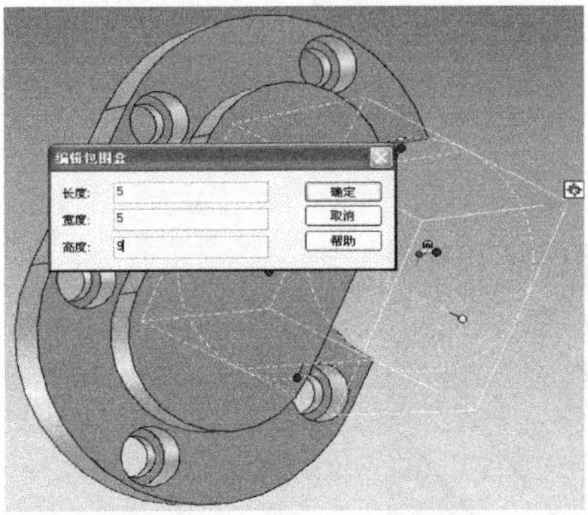

图 4-96 设置销孔三维尺寸

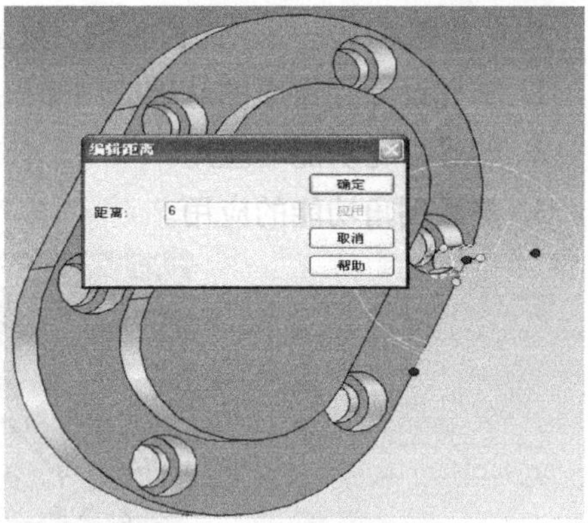

图 4-97 移动销孔

步骤 10：单击菜单栏中的“圆角过渡”指令，如图 4-100 所示。设置过渡类型为“等半径”，设置半径为 1，左键单击圆角过渡边，如图 4-101 所示。单击属性栏左上方的“√”按钮，生成倒角。

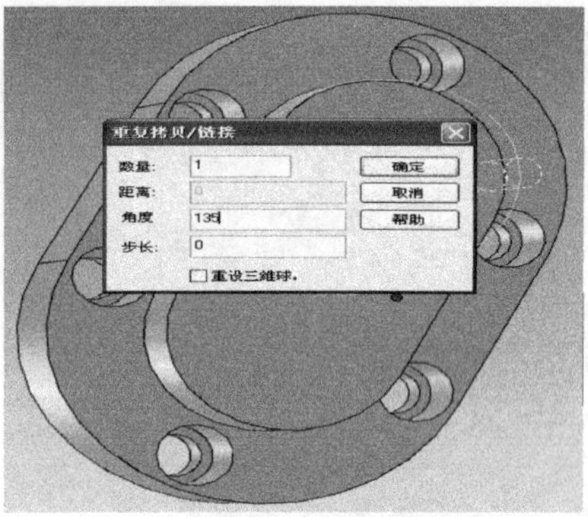

图 4-98 设置旋转参数

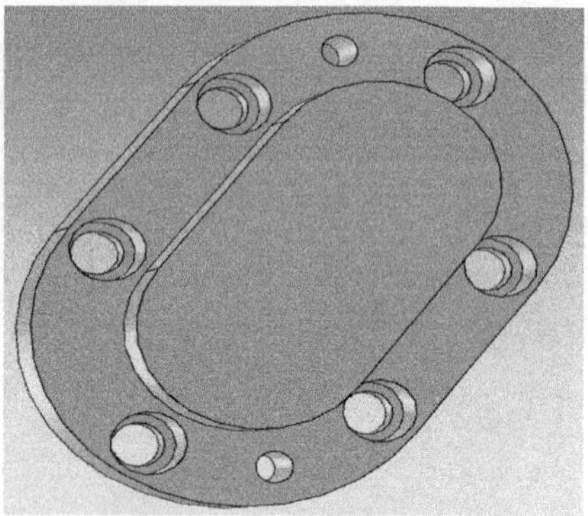

图 4-99 旋转并复制销孔

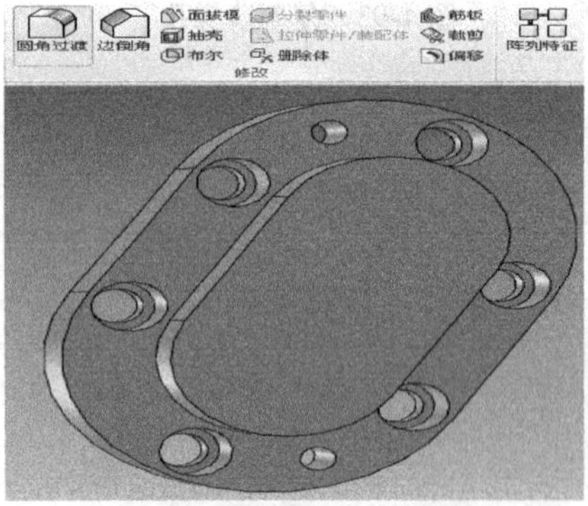

图 4-100 圆角过渡指令

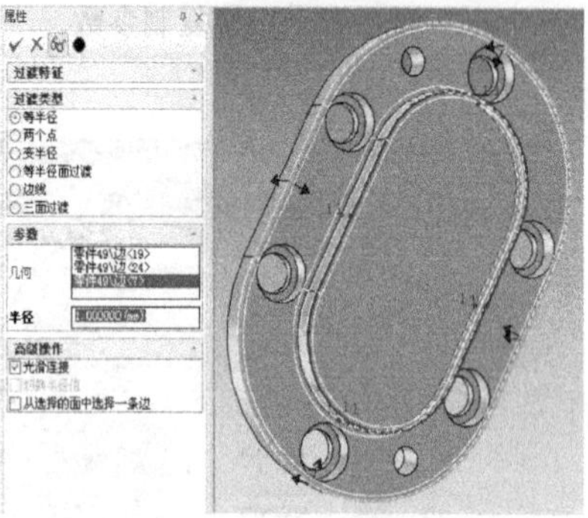

图 4-101 对边倒圆角

三、齿轮轴

任务目标

根据如图 4-102 所示的齿轮轴，建立齿轮轴的三维模型。

1. 掌握设计元素库的基础应用知识。
2. 熟悉齿轮功能的应用。
3. 熟悉倒角功能的应用。

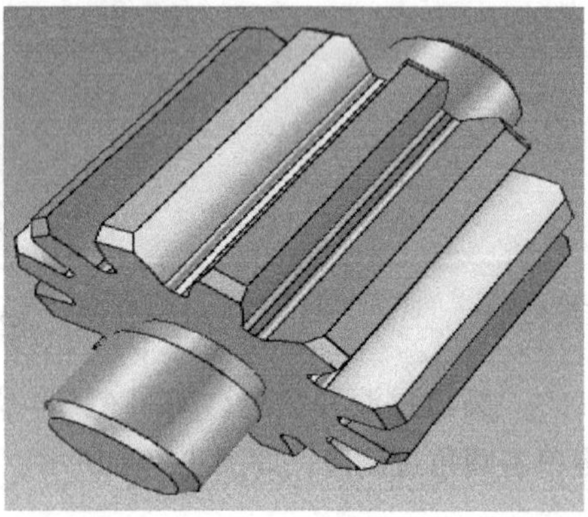

图 4-102 齿轮轴

任务实施流程

步骤1：从设计元素库“工具”这一栏中，用鼠标拖曳“齿轮”放置在中间绘图区。设置齿轮参数，厚度为24，孔半径为0，分度圆半径为13.75，齿数为12，齿廓为圆弧，压力角为10°，最后选择齿根圆角过渡，如图4-103所示，单击“确定”按钮后，生成齿轮。

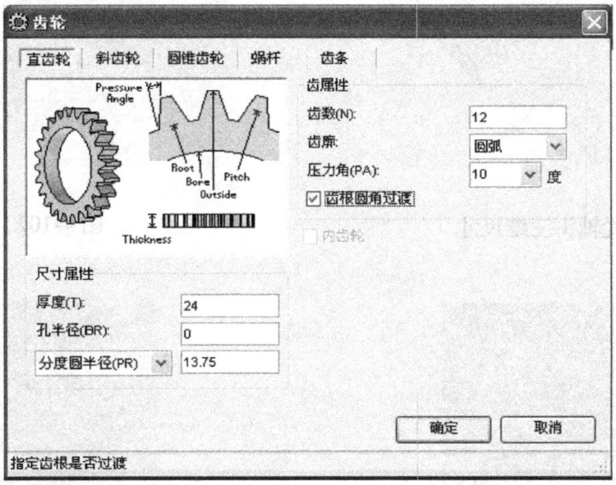

图4-103　齿轮参数

步骤2：从设计元素库“图素”这一栏中，用鼠标拖曳“圆柱体”放置在齿轮侧面中心点，设置包围盒长度为10，宽度为10，高度为2，如图4-104所示。单击“确定”按钮后，生成圆柱体，如图4-105所示。

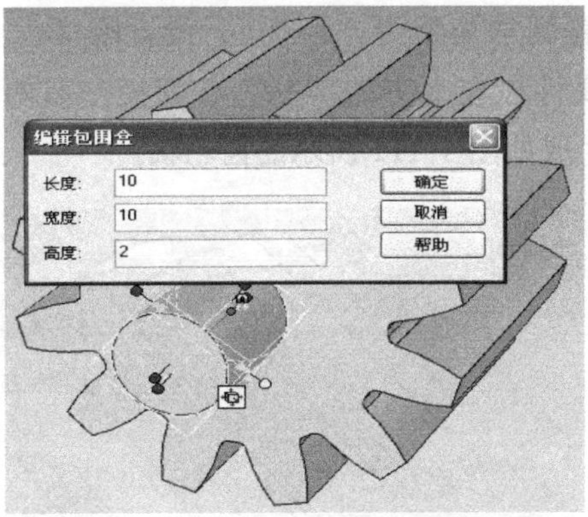

图4-104　设置槽三维尺寸

图4-105　生成圆柱体

步骤3：从设计元素库“图素”这一栏中，用鼠标拖曳“圆柱体”放置在已有圆柱体的中心点，设置包围盒长度为12，宽度为12，高度为8，如图4-106所示。单击“确定”按钮后，在齿轮上生成轴头，如图4-107所示。

步骤 4：使用三维球的镜像功能，选择镜像复制，如图 4-108 所示。生成右端轴头，如图 4-109 所示。

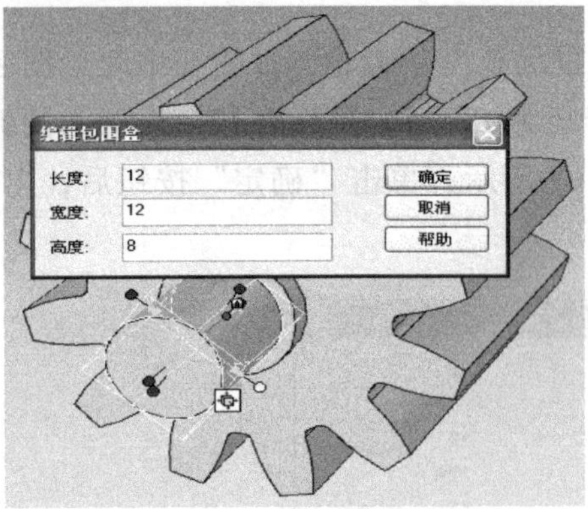

图 4-106 设置轴头三维尺寸

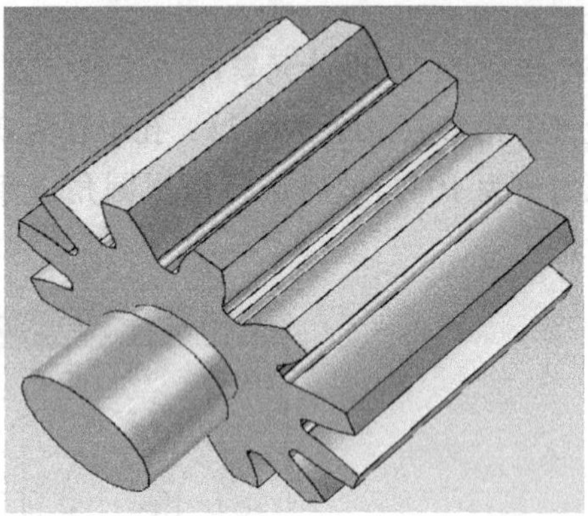

图 4-107 生成轴头

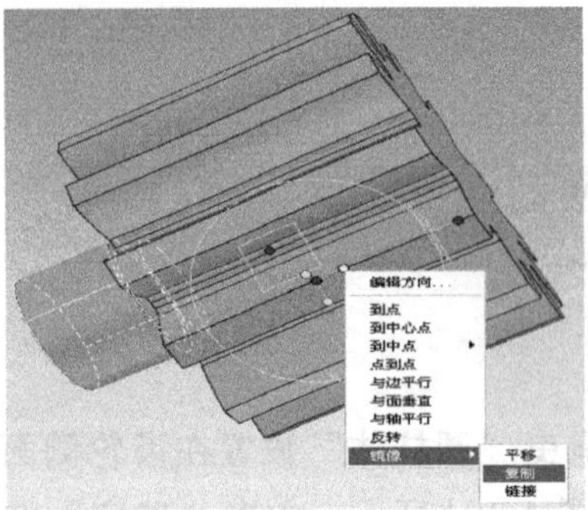

图 4-108 镜像复制

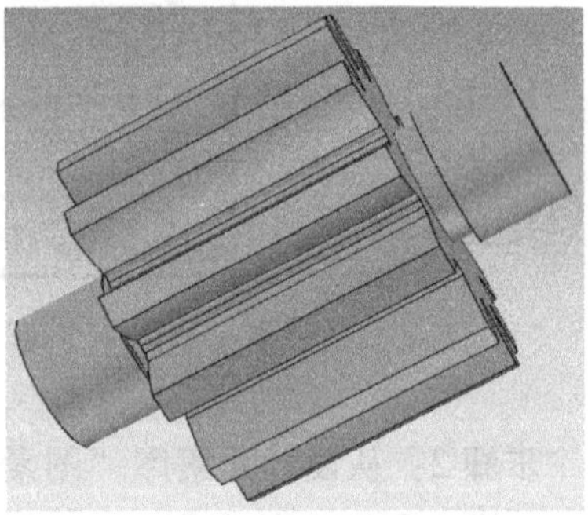

图 4-109 复制右端轴头

步骤 5：单击菜单栏中的“边倒角”指令。设置倒角类型为“距离”，设置距离为 1，左键单击需要边倒角的边，如图 4-110 所示。单击属性栏左上方的“√”按钮使左右两端的轴头生成倒角。用同样的方法对齿轮进行倒角，生成如图 4-111 所示的齿轮轴。

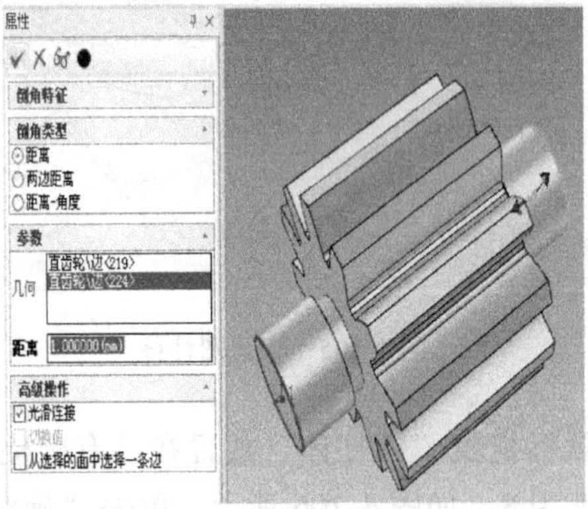

图 4-110 设置倒角尺寸

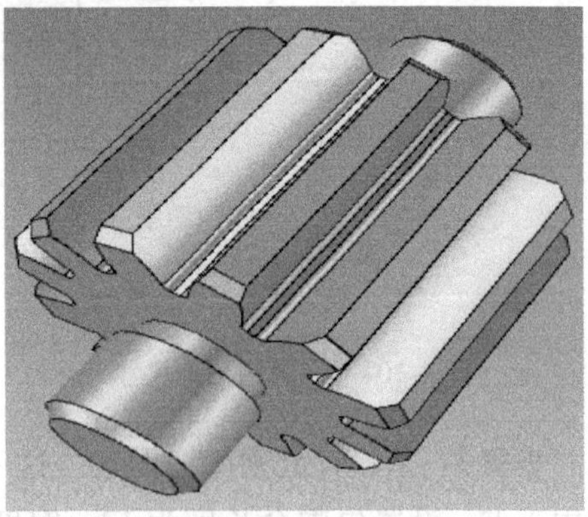

图 4-111 生成齿轮轴

四、直齿轮

任务目标

根据如图 4-112 所示的直齿轮，建立直齿轮的三维模型。

1. 掌握设计元素库的基础应用知识。
2. 熟悉齿轮功能的应用。
3. 熟悉拉伸功能的应用。

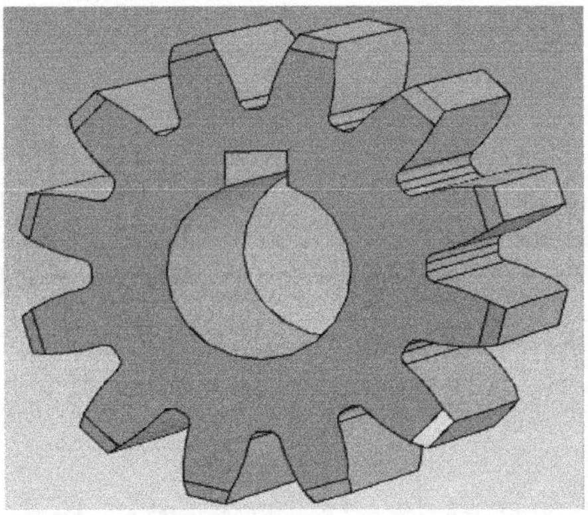

图 4-112 直齿轮

任务实施流程

步骤 1：从设计元素库“工具”这一栏中，用鼠标拖曳“齿轮”放置在中间绘图区。设置齿轮参数，厚度为 24，孔半径为 0，分度圆半径为 13.75，齿数为 12，齿廓为圆弧，压力角为 10°，最后选择齿根圆角过渡，如图 4-113 所示。单击“确定”按钮后，生成齿轮。

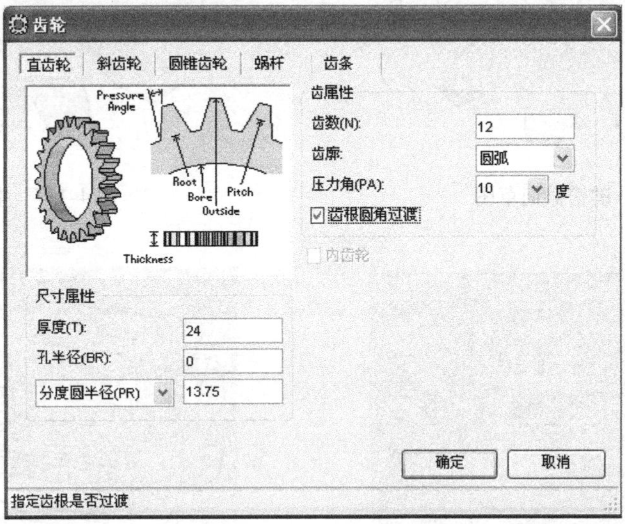

图 4-113 齿轮参数

步骤 2：从设计元素库“图素”这一栏中，用鼠标拖曳“孔类圆柱体”放置在齿轮侧面中心点，设置包围盒长度为 12，宽度为 12，高度为 24，如图 4-114 所示。单击“确定”按钮后，在齿轮上生成通孔，如图 4-115 所示。

步骤 3：单击菜单上的拉伸指令，设置拉伸距离为 24，用直线草绘键槽截面，高为 8，宽为 4，如图 4-116 所示。单击左上角“完成”按钮，生成键槽，如图 4-117 所示。

步骤 4：单击菜单栏中的“边倒角”指令，设置倒角类型为“距离”，设置距离为 1，左键单击需要边倒角的边，如图 4-118 所示。单击属性栏左上方的“√”按钮生成倒角。用同样的方法，对齿轮另一面进行倒角，如图 4-119 所示。

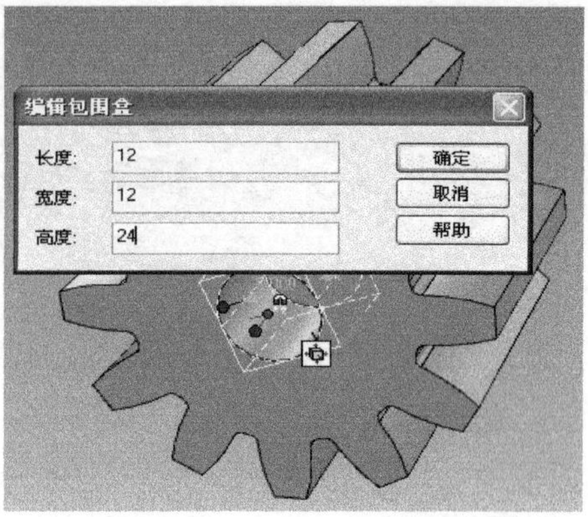

图 4-114 设置孔三维尺寸

图 4-115 生成通孔

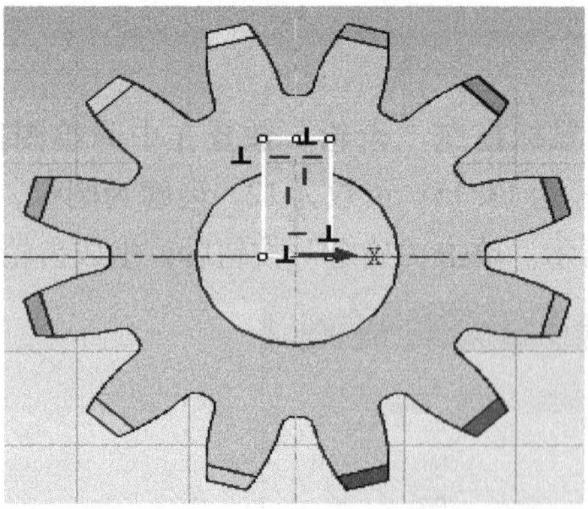

图 4-116 键槽截面草图

图 4-117 生成键槽

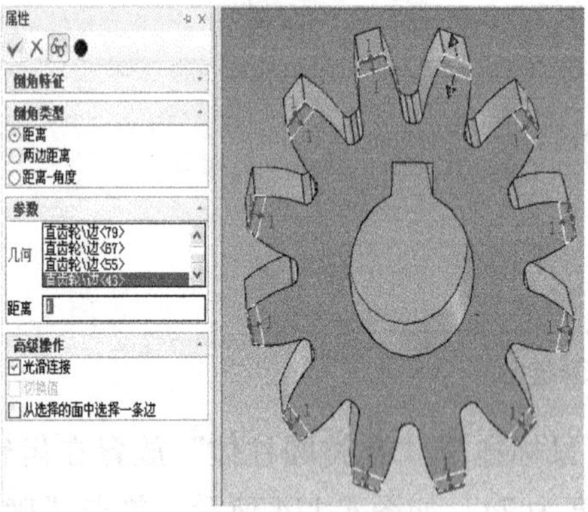

图 4-118 设置倒角尺寸

图 4-119 生成倒角

五、连接轴

任务目标

根据如图 4-120 所示的连接轴，建立连接轴的三维模型。

1. 掌握设计元素库的基础应用知识。
2. 熟悉拉伸除料功能的应用。
3. 熟悉倒角功能的应用。

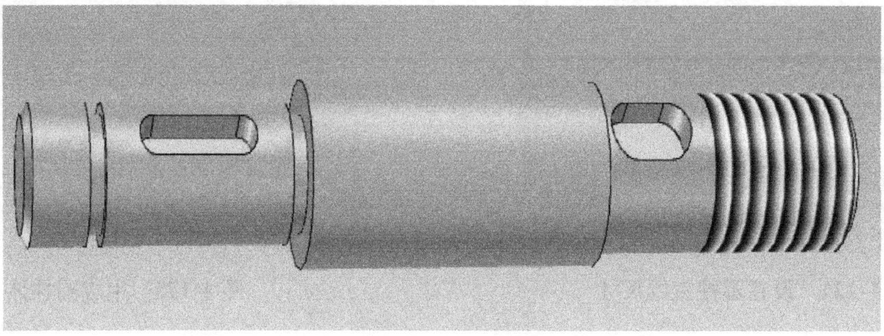

图 4-120 连接轴

任务实施流程

步骤 1：从设计元素库的“图素”一栏中，用鼠标拖曳“圆柱体”放置在中间绘图区。设置包围盒中长度为 14，宽度为 14，高度为 36，如图 4-121 所示。单击“确定”按钮，生成圆柱体。

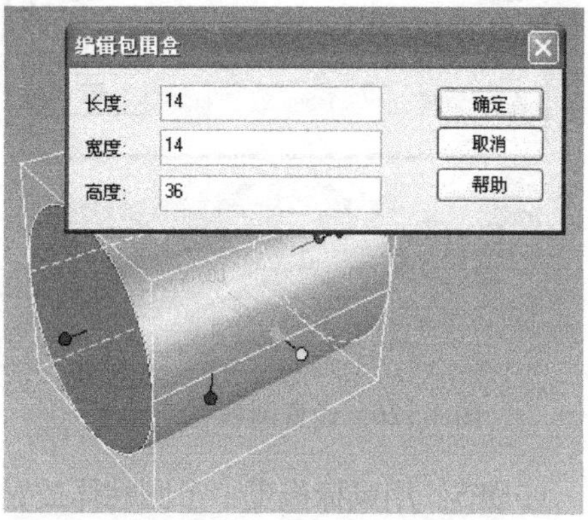

图 4-121 设置圆柱三维尺寸

步骤 2：用鼠标拖曳一个圆柱体放置在上一个圆柱体圆心绿点上，设置包围盒中长度为 16，宽度为 16，高度为 40，如图 4-122 所示。单击“确定”按钮生成圆柱体，如图 4-123 所示。

步骤 3：用鼠标拖曳一个圆柱体放置在上一个圆柱体圆心的绿点上，设置包围盒中长度为 10，宽度为 10，高度为 2，如图 4-124 所示。单击“确定”按钮，生成圆柱体，如图 4-125 所示。

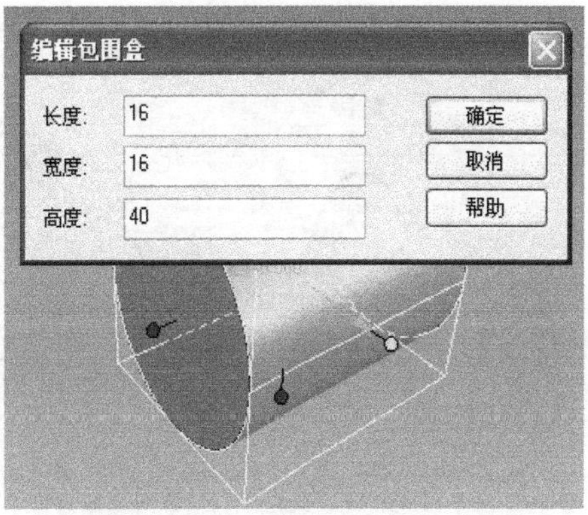

图 4-122 设置圆柱三维尺寸

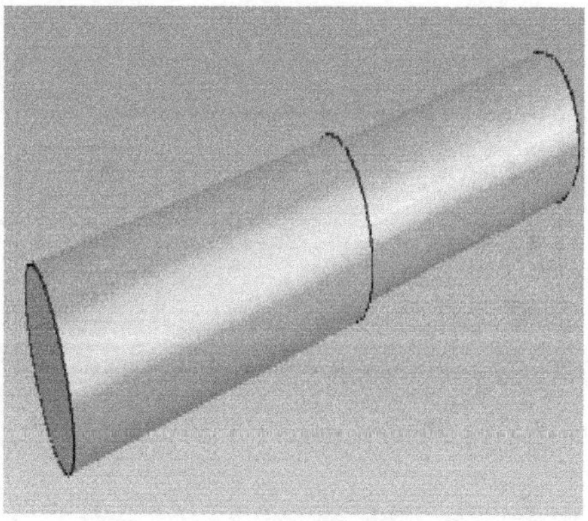

图 4-123 生成圆柱体

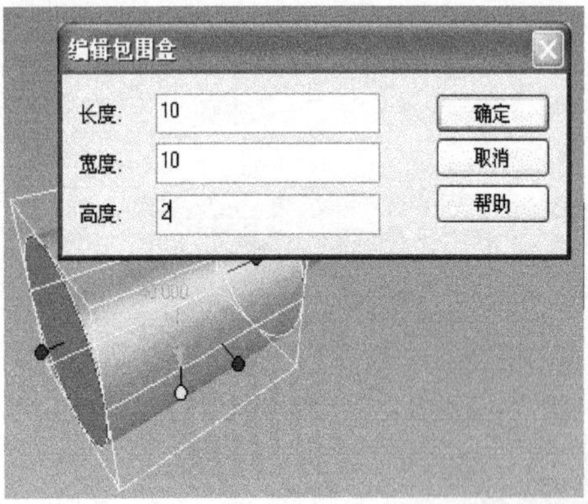

图 4-124 设置圆柱三维尺寸

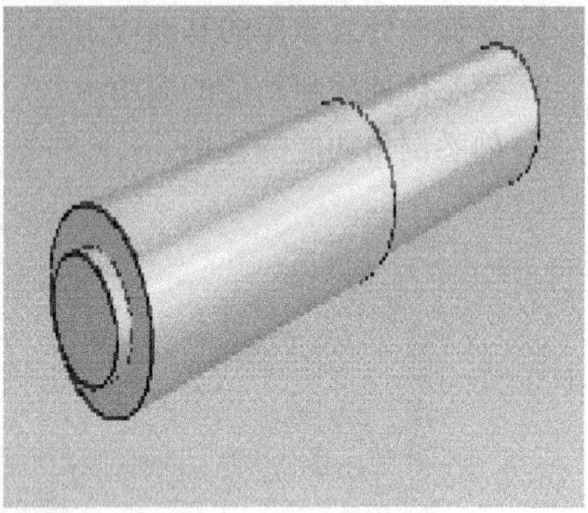

图 4-125 生成圆柱体

步骤 4：用鼠标拖曳一个圆柱体放置在上一个圆柱体圆心的绿点上，设置包围盒中长度为 12，宽度为 12，高度为 24，如图 4-126 所示。单击“确定”按钮生成圆柱体，如图 4-127 所示。

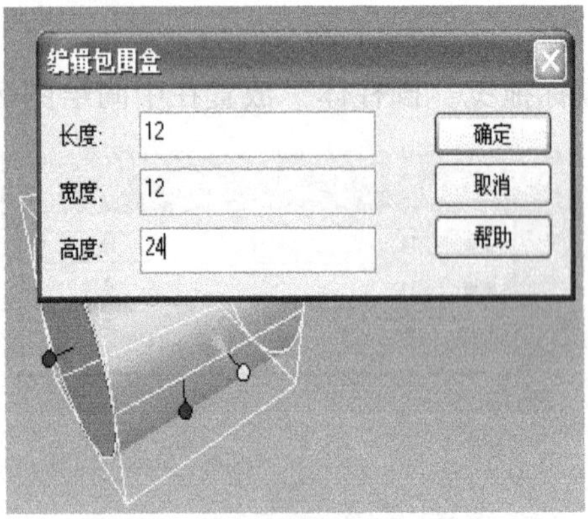

图 4-126 设置圆柱三维尺寸

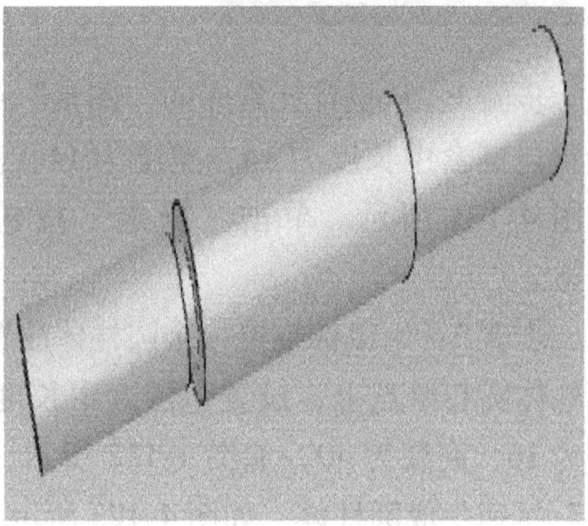

图 4-127 生成圆柱体

步骤 5：用鼠标拖曳一个圆柱体放置在上一个圆柱体圆心的绿点上，设置包围盒中长度为 10，宽度为 10，高度为 2，如图 4-128 所示。单击“确定”按钮生成圆柱体，如图 4-129 所示。

步骤 6：用鼠标拖曳一个圆柱体放置在上一个圆柱体圆心的绿点上，设置包围盒中长度

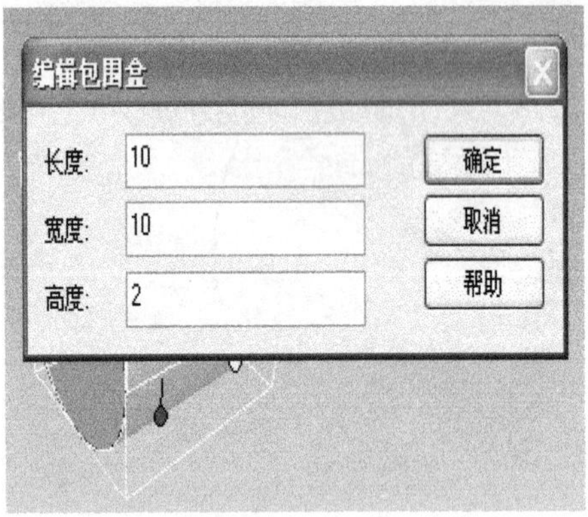

图 4-128 设置圆柱三维尺寸

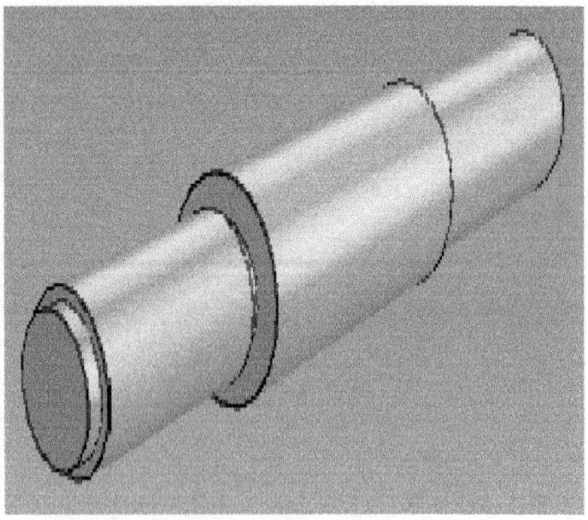

图 4-129 生成圆柱体

为12，宽度为12，高度为8，如图4-130所示。单击“确定”按钮生成圆柱体，整个连接轴也就完成了，如图4-131所示。

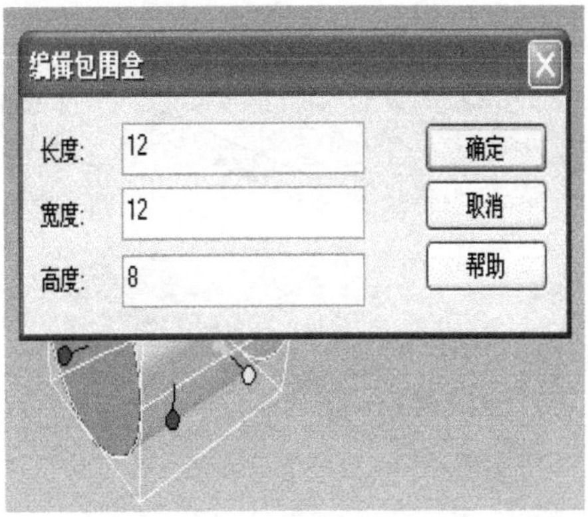

图4-130 设置圆柱三维尺寸

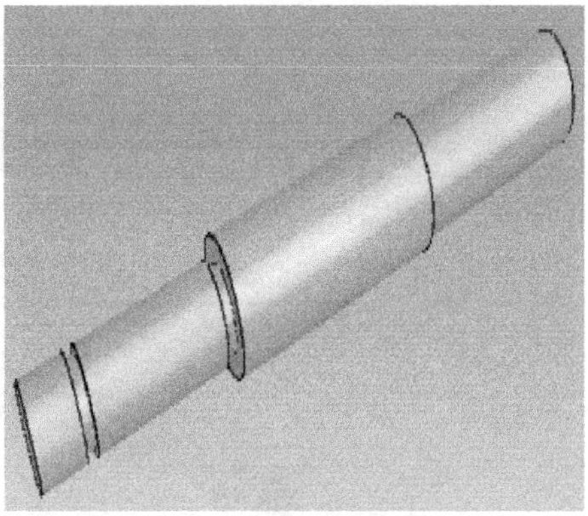

图4-131 生成连接轴

步骤7：从设计元素库“图素”一栏中用鼠标拖曳“孔类键”放置在轴端面的圆心点上，设置包围盒中长度为15，宽度为4，高度为3.5，如图4-132所示，生成所需要尺寸的键槽，如图4-133所示。

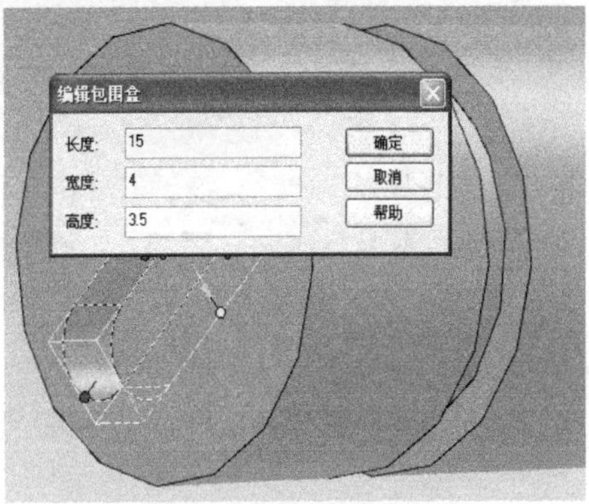

图4-132 设置键槽尺寸

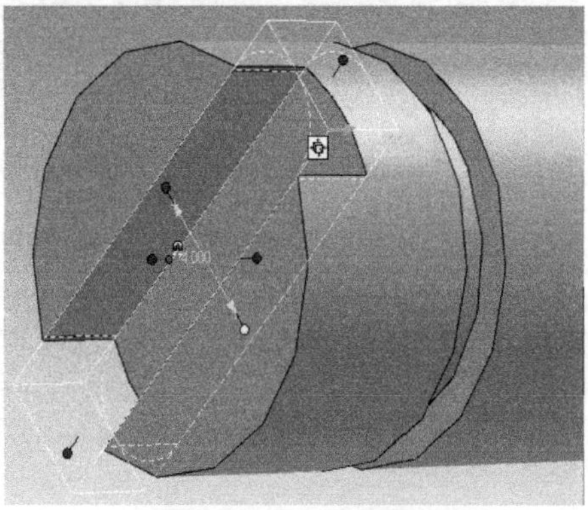

图4-133 生成键槽

步骤8：利用三维球把键槽位置转换成与轴平行，如图4-134所示。利用三维球移动功能，设置径向距离为2.5，如图4-135所示，把键槽移动到轴表面。

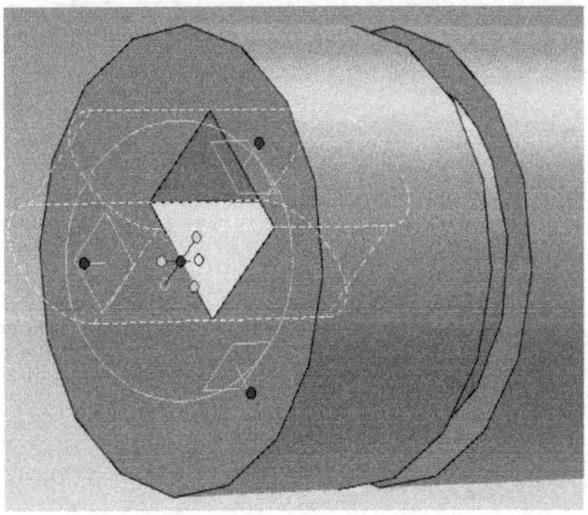

图4-134 调整键槽方向

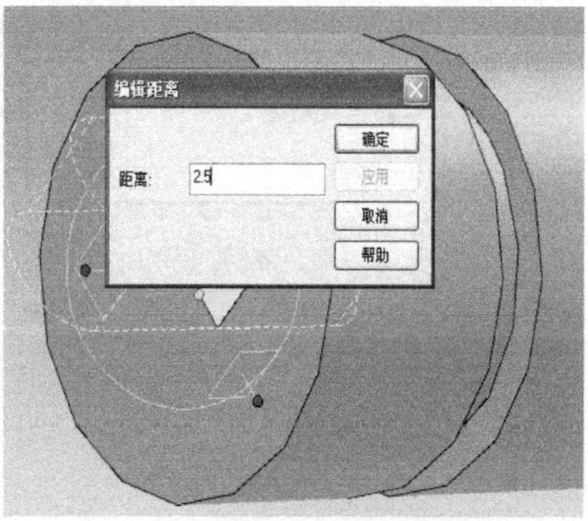

图4-135 设置键槽径向移动距离

步骤 9：设置轴向距离为 22，如图 4-136 所示，把键槽移动到轴颈中间位置，如图 4-137所示。

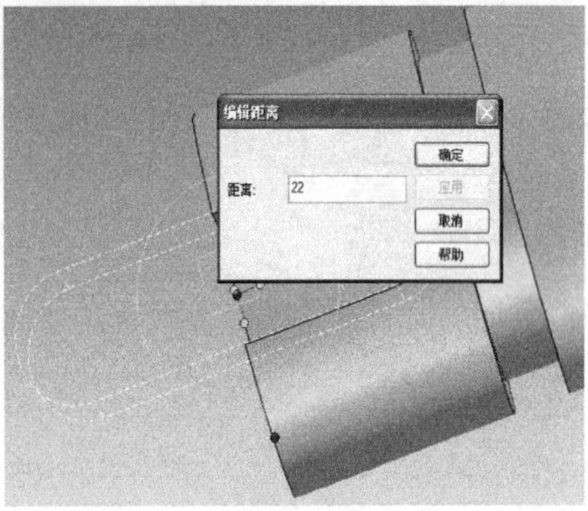

图 4-136 设置键槽轴向移动距离

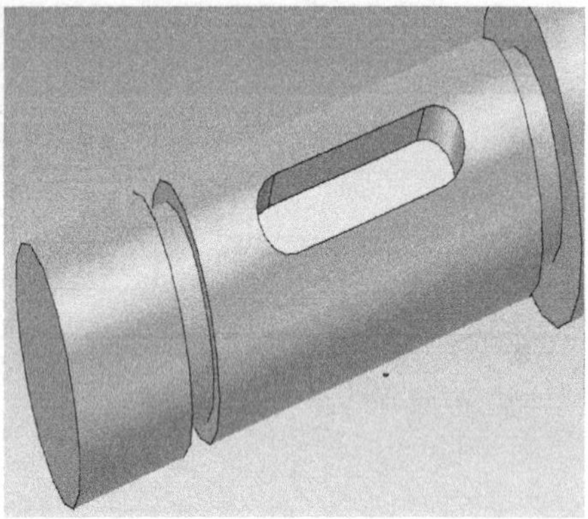
图 4-137 生成键槽

步骤 10：用同样的方法绘制右端的键槽。设置键槽的长度为 11，宽度为 6，高度为 3.5，如图 4-138 所示。利用三维球变向功能，使键槽方向与轴线方向一致，如图 4-139 所示。

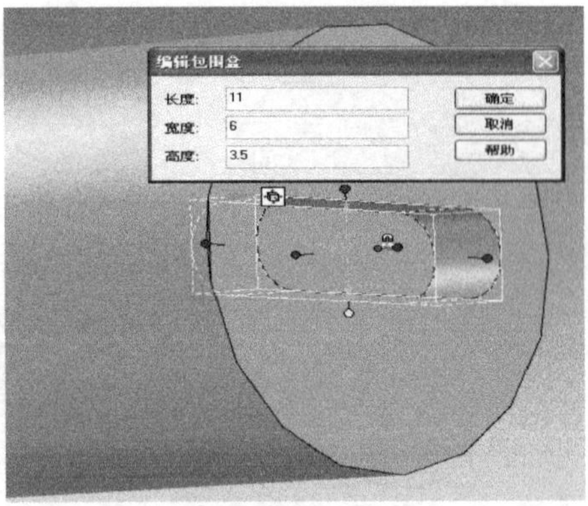

图 4-138 设置键槽尺寸

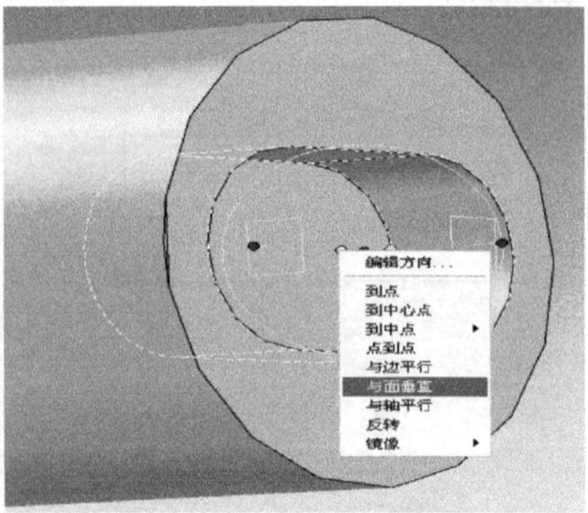

图 4-139 调整键槽方向

步骤 11：用三维球移动键槽，径向移动距离为 3.5，如图 4-140 所示，移动后到轴的表面，如图 4-141 所示。

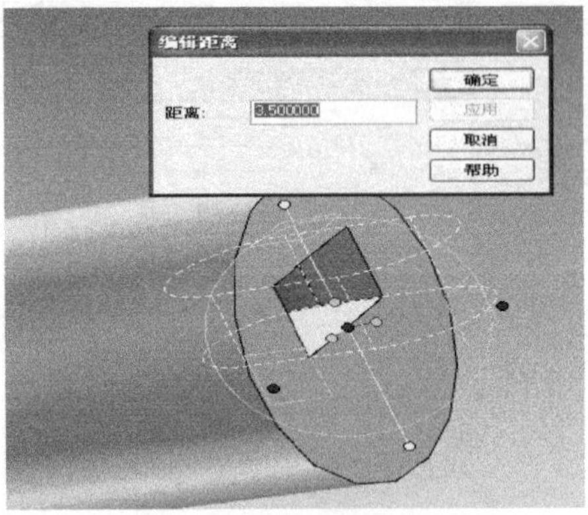

图 4-140 设置键槽径向移动距离

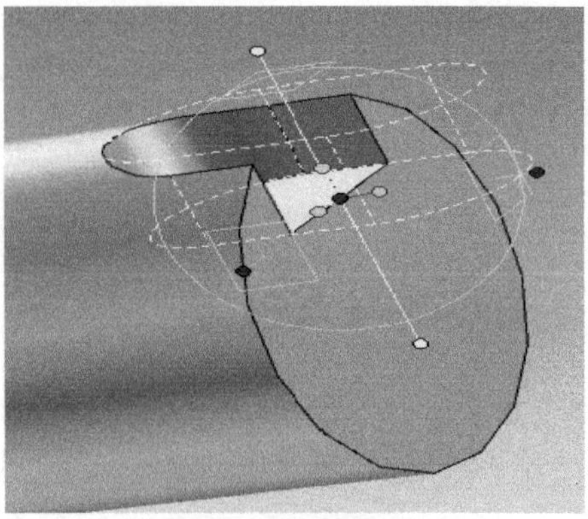
图 4-141 移动到轴表面

步骤 12：用三维球轴向移动键槽，移动距离为 29.5，如图 4-142 所示，最后生成键槽，如图 4-143 所示。

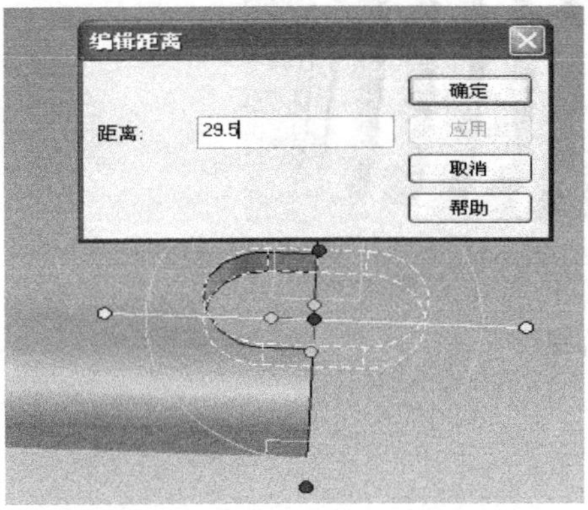

图 4-142　设置键槽轴向移动距离

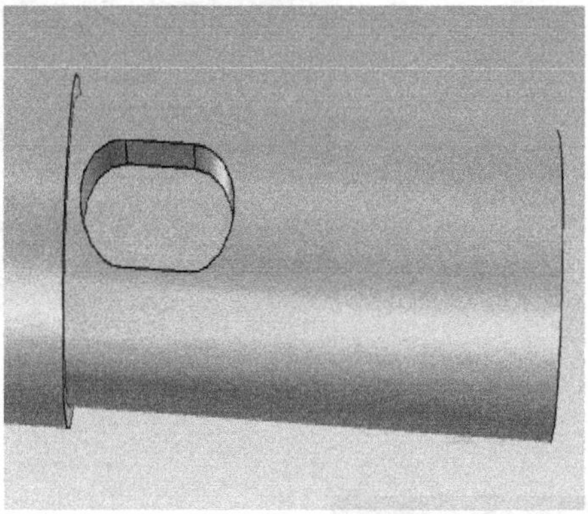

图 4-143　生成键槽

步骤 13：单击菜单栏中的“边倒角”指令，设置倒角类型为“距离”，设置距离为 1，左键单击需要边倒角的边，如图 4-144 所示。单击属性栏左上方的“√”按钮生成倒角，如图 4-145 所示。

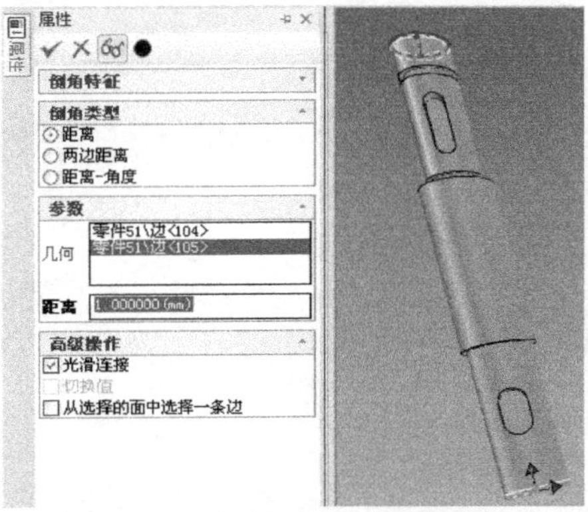

图 4-144　设置轴端倒角尺寸

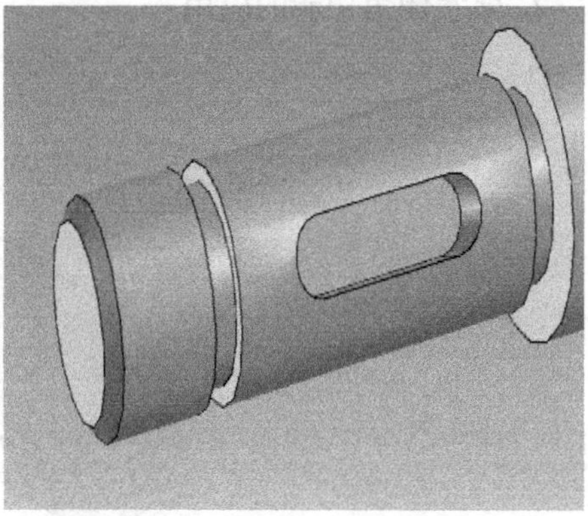

图 4-145　生成倒角

步骤 14：单击菜单栏“工程标注”中的“修饰螺纹”指令，如图 4-146 所示。在“几何选择”中单击轴直径，设置螺纹长度为 20，如图 4-147 所示。单击属性栏左上方的“√”

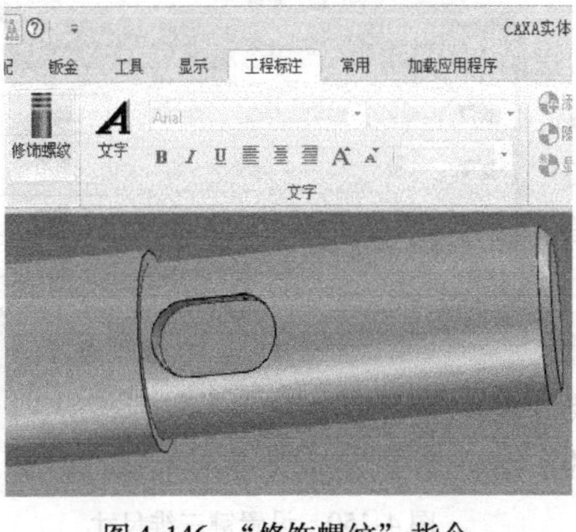

图 4-146　“修饰螺纹”指令

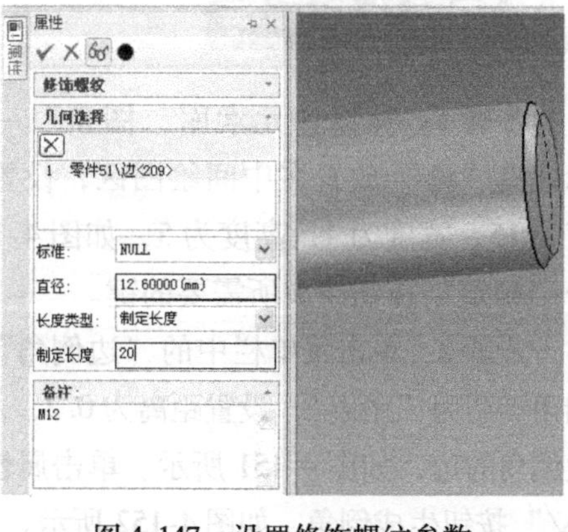

图 4-147　设置修饰螺纹参数

按钮生成修饰螺纹，如图 4-148 所示。

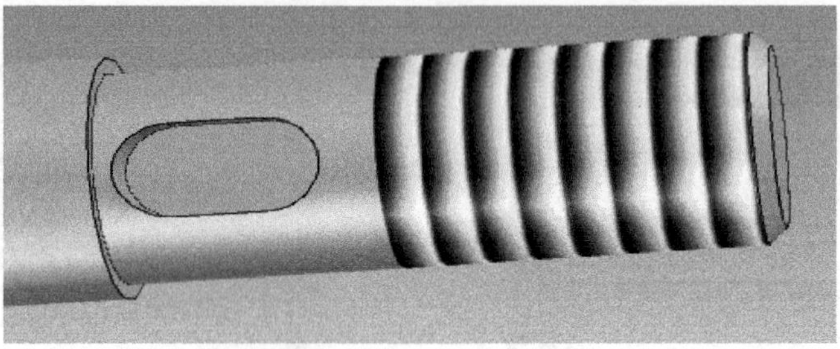

图 4-148　生成修饰螺纹

六、键

任务目标

根据如图 4-149 所示的键，建立键的三维模型。

1. 掌握设计元素库的基础应用知识。
2. 熟悉倒角功能的应用。

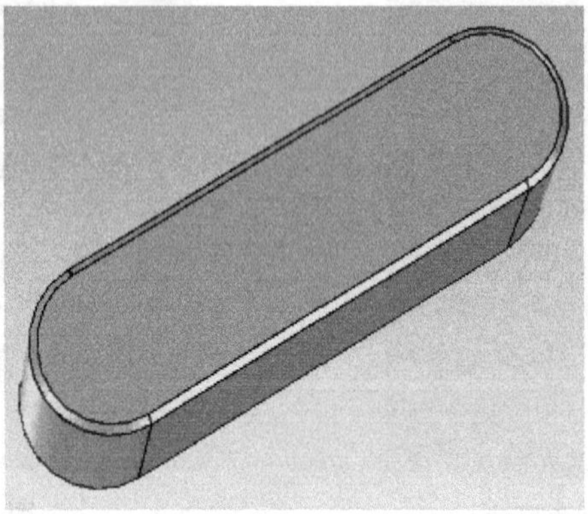

图 4-149　键

任务实施流程

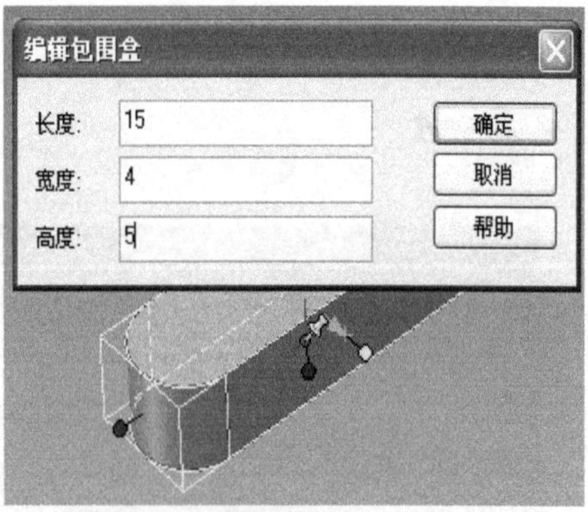

图 4-150　设置键三维尺寸

步骤 1：从设计元素库“图素”一栏中，用鼠标拖曳“键”放置在中间绘图区，设置包围盒中长度为 15，宽度为 4，高度为 5，如图 4-150 所示。单击“确定”按钮生成所需要的键。

步骤 2：单击菜单栏中的“边倒角”指令，设置倒角类型为“距离”，设置距离为 0.2，左键单击需要边倒角的边，如图 4-151 所示。单击属性栏左上方的“√”按钮生成倒角，如图 4-152 所示。

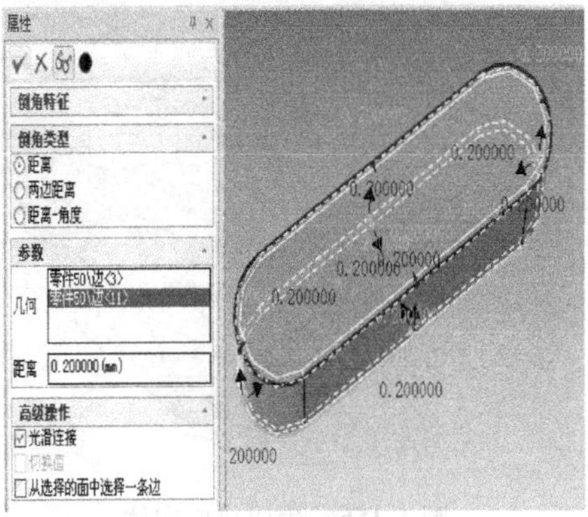

图 4-151　设置倒角尺寸

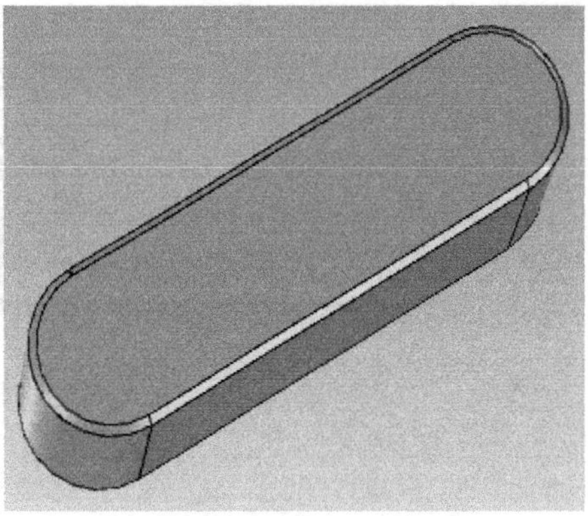

图 4-152　生成倒角

七、机座

任务目标

根据如图 4-153 所示的机座，建立机座的三维模型。

1. 掌握设计元素库的基础应用知识。
2. 熟悉拉伸功能的应用。
3. 熟悉倒角功能的应用。
4. 熟悉三维球移动功能的应用。
5. 熟悉三维球复制功能的应用。

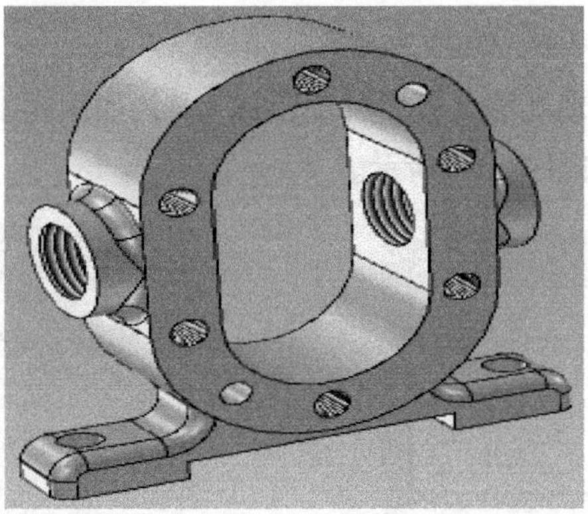

图 4-153　机座

任务实施流程

步骤 1：从设计元素库“图素”一栏中，用鼠标拖曳“键”放置在中间绘图区，设置包围盒中长度为 85，宽度为 56，高度为 24，如图 4-154 所示。单击“确定”按钮生成所需要的机座实体形状，如图 4-155 所示。

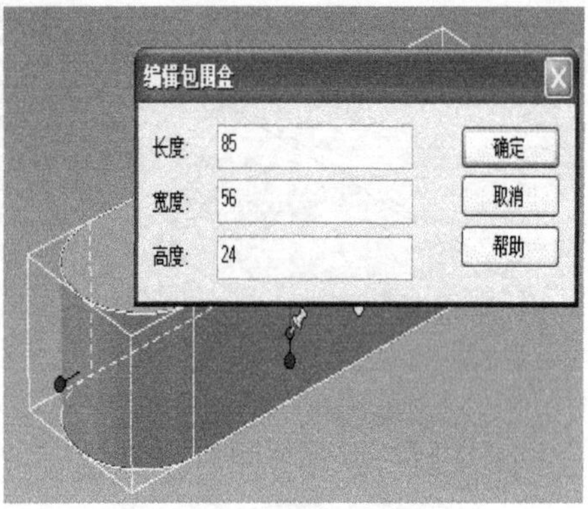

图 4-154　设置键三维尺寸

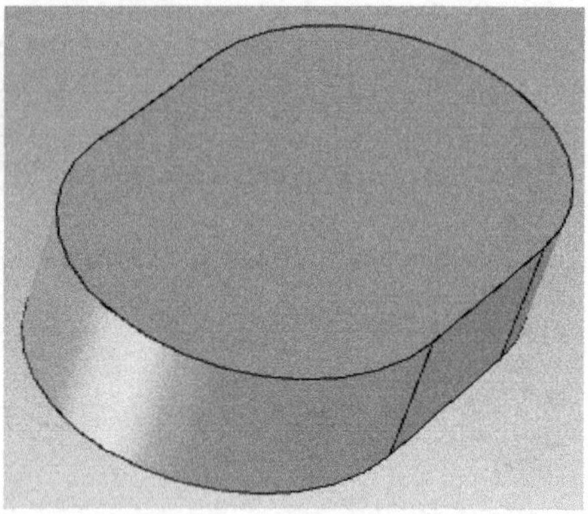

图 4-155　生成机座实体

步骤 2：使用拉伸指令下的“拉伸向导”，设置拉伸距离为 16，草绘机座底脚，尺寸如图 4-156 所示。完成后单击“确定”按钮，拉伸形成机座底脚，如图 4-157 所示。

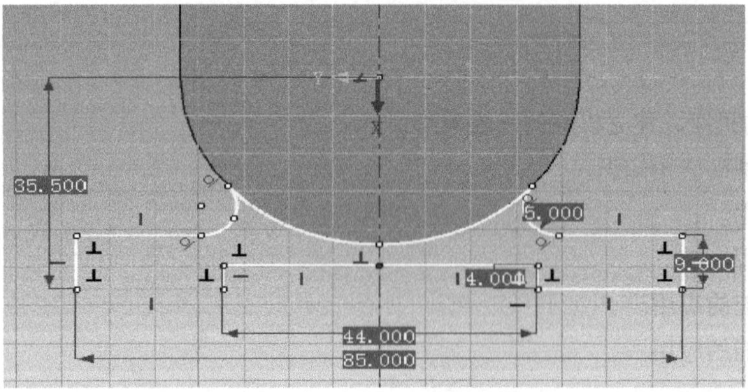

图 4-156　草绘机座底脚

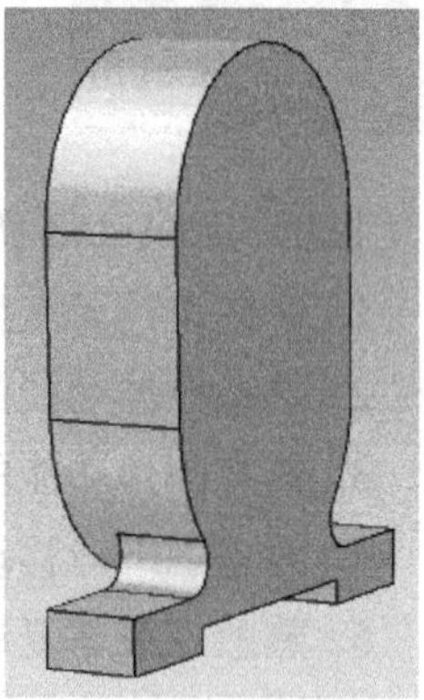

图 4-157　生成底脚

步骤 3：利用三维球移动功能，设置移动距离为 4，如图 4-158 所示。单击“确定”按钮后，使机座底脚居中，如图 4-159 所示。

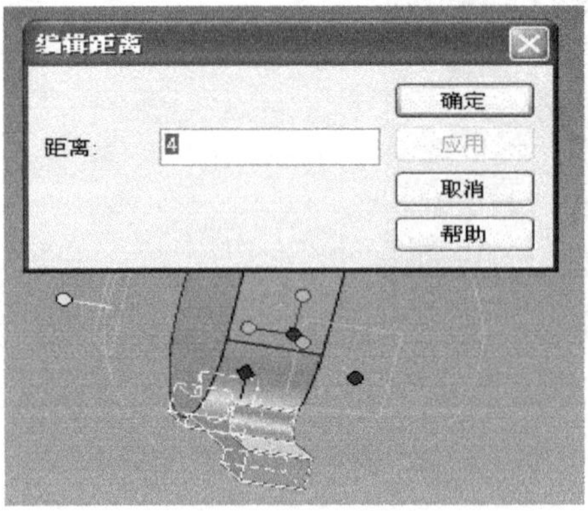

图 4-158　设置移动距离

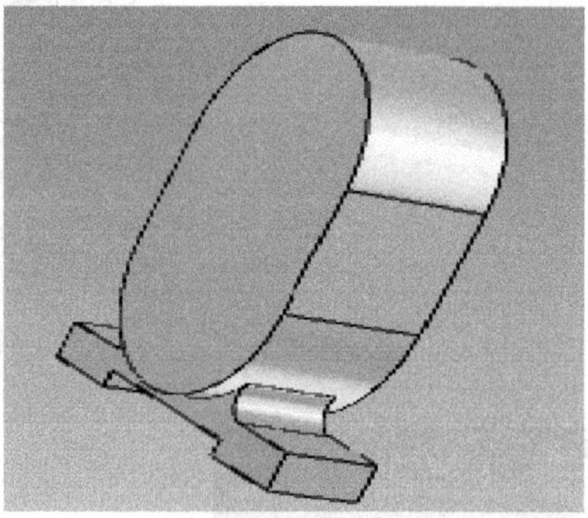

图 4-159　移动底脚

步骤 4：从设计元素库“图素”一栏中，用鼠标拖曳“圆柱体”放置在机座侧面的中心点上，设置包围盒中长度为 24，宽度为 24，高度为 7，如图 4-160 所示。单击“确定”

按钮生成所需要的圆柱实体形状。用同样的方法再生成一个圆柱，完成后如图 4-161 所示。

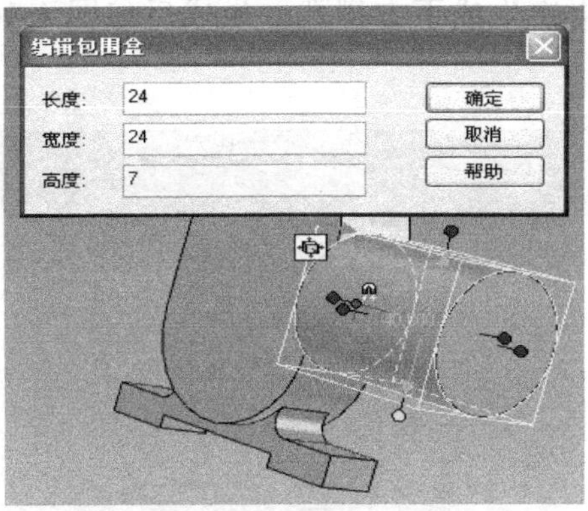

图 4-160　设置圆柱三维尺寸

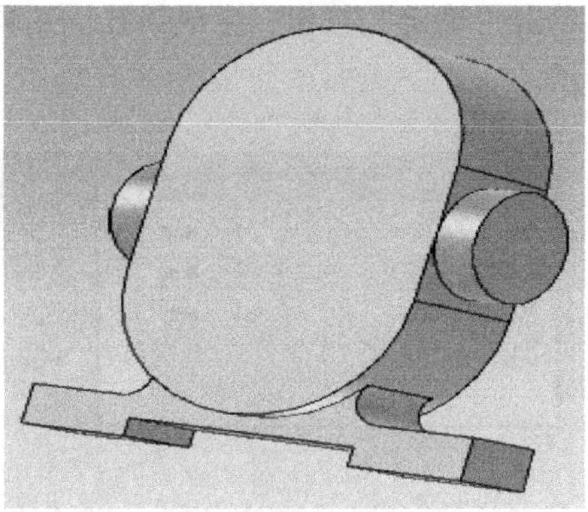
图 4-161　生成圆柱

步骤 5：从设计元素库“图素”一栏中，用鼠标拖曳“孔类键”放置在机座正面的中心点上，设置包围盒中长度为 63，宽度为 34，高度为 24，如图 4-162 所示。单击“确定”按钮，机座中间出现键槽孔，如图 4-163 所示。

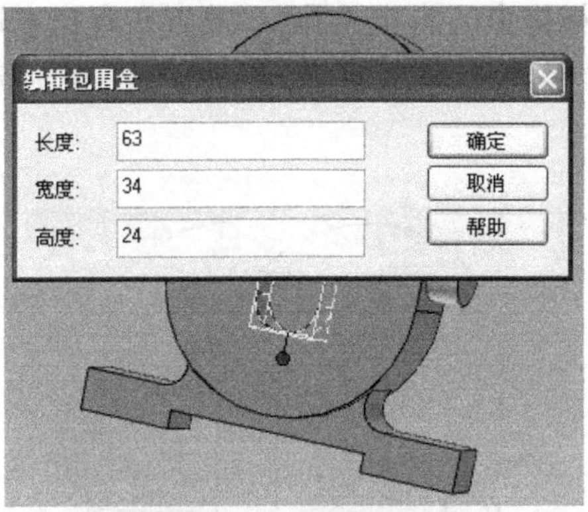

图 4-162　设置键槽尺寸

图 4-163　生成键槽孔

步骤 6：从设计元素库“图素”一栏中用鼠标拖曳“孔类圆柱体”放置在直径末端，设置孔类圆柱体的长度为 5，宽度为 5，高度为 24，如图 4-164 所示。利用三维球移动功能，设置移动距离为 6，然后单击“确定”按钮，如图 4-165 所示。

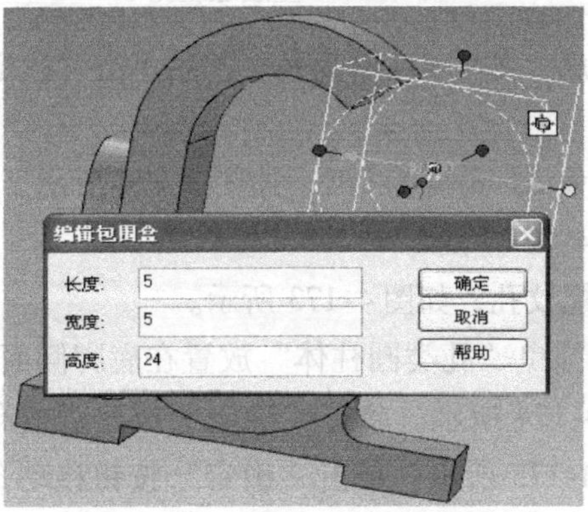

图 4-164　设置孔的三维尺寸

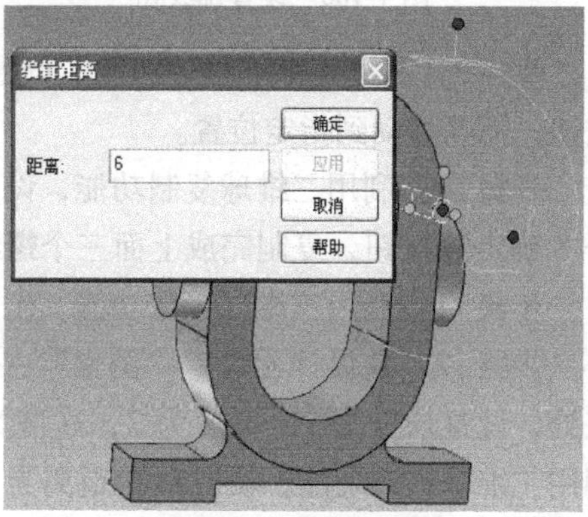

图 4-165　设置移动距离

步骤 7：利用三维球复制功能，设置复制数量为 1，角度为 45°，如图 4-166 所示，然后单击“确定”按钮，生成销孔。用同样的方法再次生成下方销孔，生成后如图 4-167 所示。

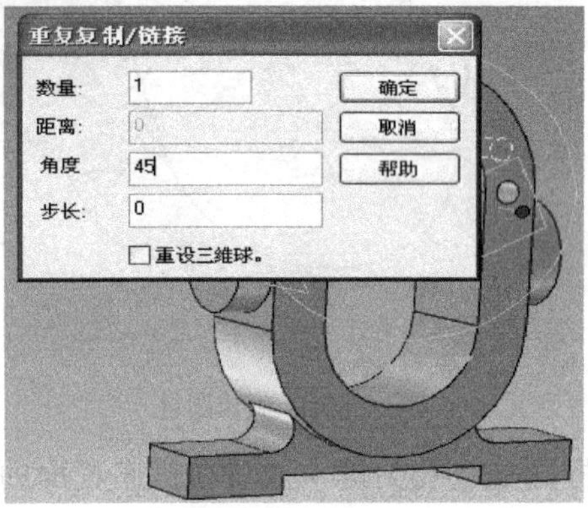

图 4-166 设置旋转角度

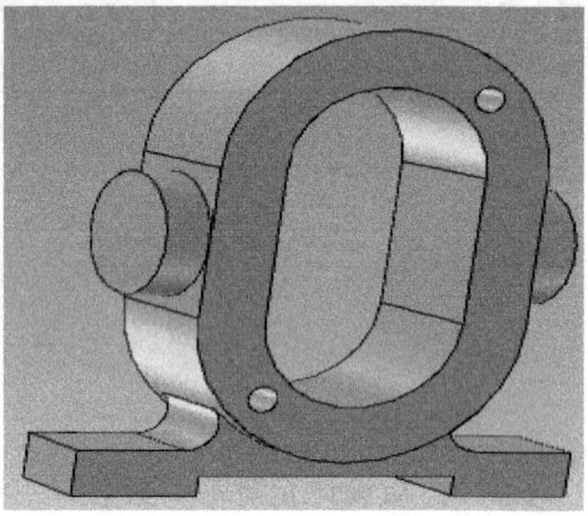

图 4-167 生成两个销孔

步骤 8：从设计元素库“工具”一栏中，用鼠标拖曳“自定义孔”，放置在直径末端。设置孔类型为“简单孔”，螺纹类型为 M6 ×1，孔直径为 6，孔深度为 24，如图 4-168 所示。单击“确定”按钮，生成如图 4-169 所示螺纹孔。

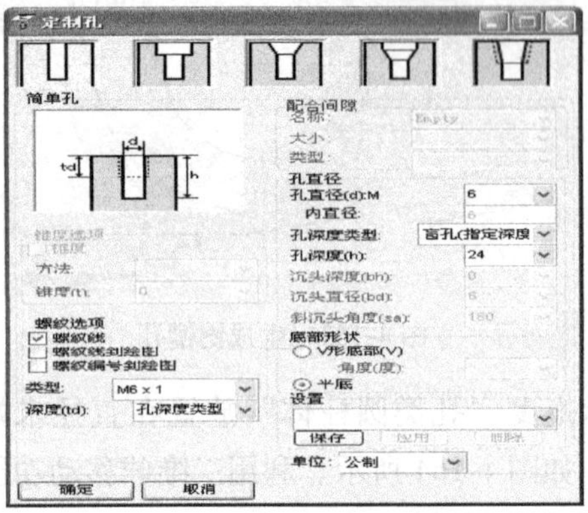

图 4-168 设置螺纹孔

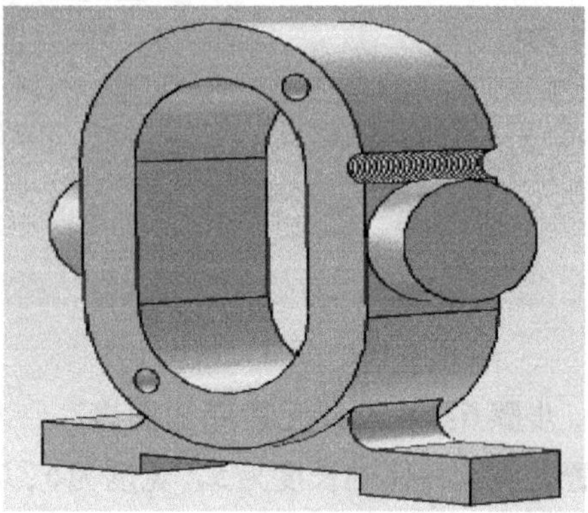

图 4-169 生成螺纹孔

步骤 9：利用三维球移动功能，设置移动距离为 6，如图 4-170 所示。然后单击“确定”按钮，把孔移动到指定位置。

步骤 10：利用三维球复制功能，设置复制数量为 2，角度为 90°，如图 4-171 所示。单击“确定”按钮，复制完成上面三个螺纹孔，如图 4-172 所示。

步骤 11：利用三维球镜像功能，生成下面三个螺纹孔，如图 4-173 所示。

步骤 12：从设计元素库“图素”一栏中用鼠标拖曳“孔类圆柱体”放置在底脚侧面中点处，设置长度为 7，宽度为 7，高度为 9，如图 4-174 所示。单击“确定”按钮生成孔。利用三维球移动功能，设置移动距离为 7.5，如图 4-175 所示，单击“确定”按钮移动孔。利用三维球镜像功能，生成右边孔。

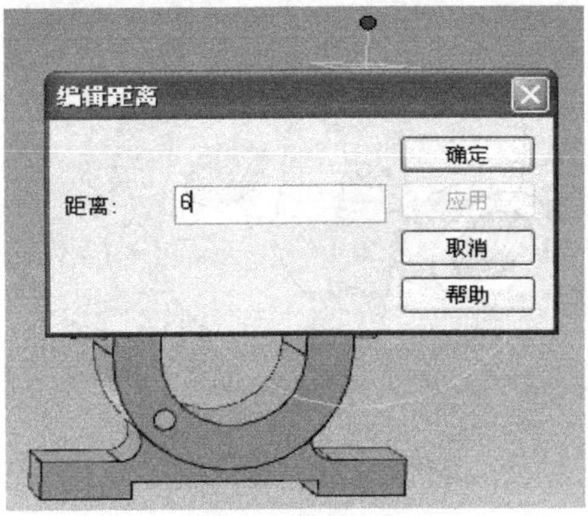

图 4-170　设置移动距离

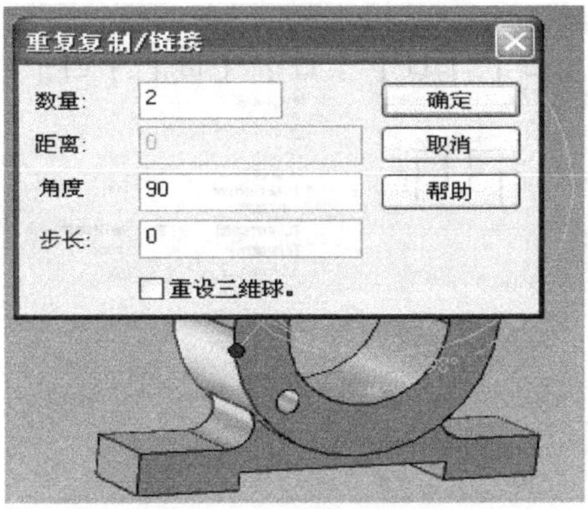

图 4-171　设置复制参数

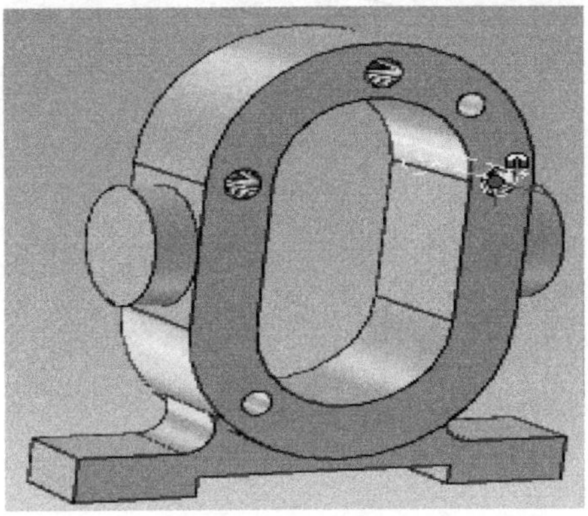
图 4-172　复制螺纹孔

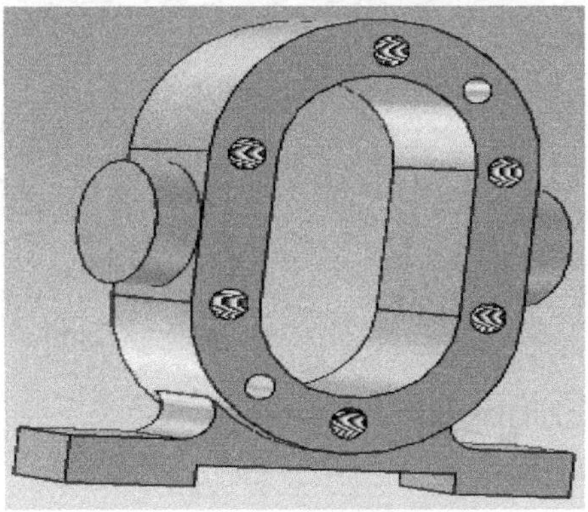
图 4-173　镜像复制下面螺纹孔

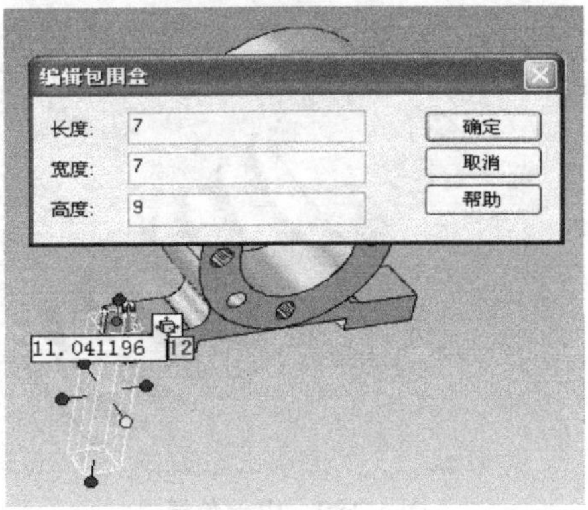

图 4-174　设置孔三维尺寸

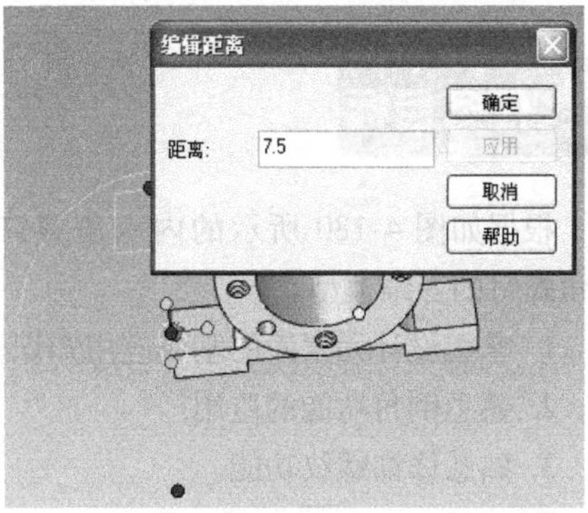

图 4-175　设置移动距离

步骤 13：从设计元素库“工具”一栏中用鼠标拖曳“自定义孔”放置在侧面圆柱中心点处，设置类型为 M16 ×2，孔直径为 16，孔深度为 25，如图 4-176 所示，单击“确定”按钮生成螺纹孔。利用三维球镜像功能，生成右边螺纹孔，如图 4-177 所示。

步骤 14：对底脚左右两边进行倒圆角，设置圆角半径为 5，如图 4-178 所示。对底脚两侧面和圆柱体根部进行倒圆角，设置圆角半径为 3，如图 4-179 所示。

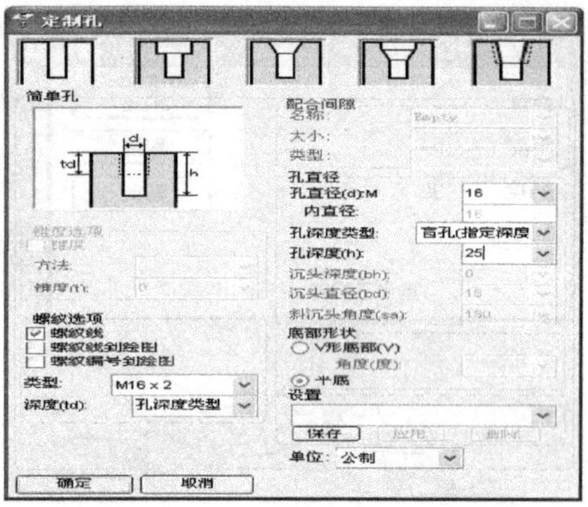

图 4-176　设置螺纹孔参数

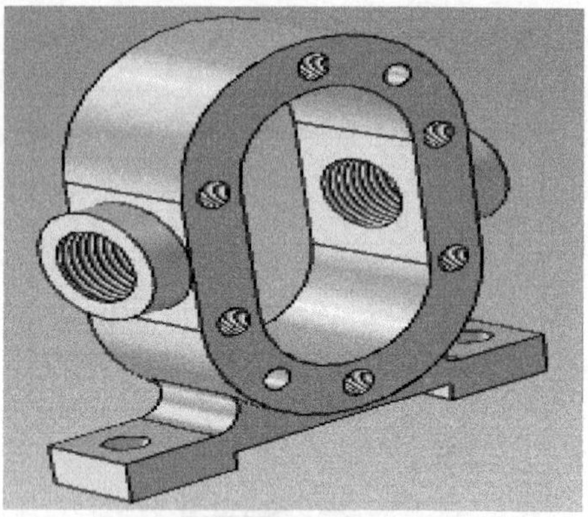

图 4-177　生成左右螺纹孔

图 4-178　对底脚倒圆角

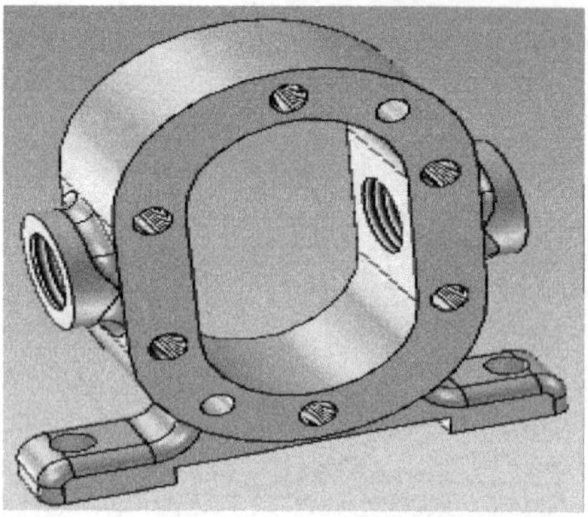

图 4-179　对边倒圆角

八、内六角螺钉

任务目标

根据如图 4-180 所示的内六角螺钉，建立内六角螺钉的三维模型。

1. 掌握设计元素库的基础应用知识。
2. 熟悉倒角功能的应用。
3. 熟悉修饰螺纹功能。

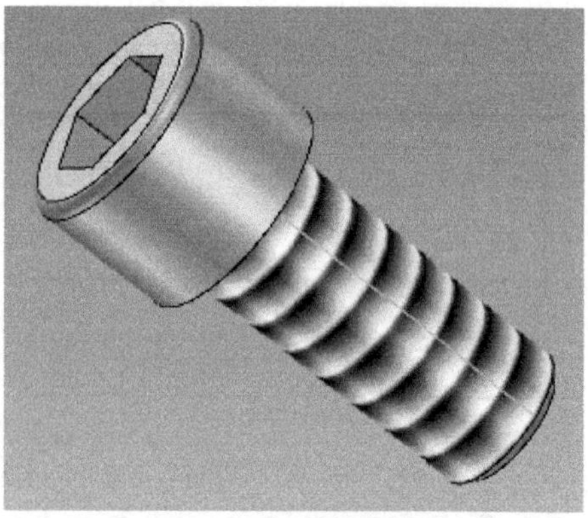

图 4-180　内六角螺钉

任务实施流程

步骤 1：从设计元素库"图素"一栏中，用鼠标拖曳"圆柱体"放置在中间绘图区，设置包围盒中长度为 9，宽度为 9，高度为 6，如图 4-181 所示，单击"确定"按钮生成所需要的圆柱体。再用鼠标拖曳一个圆柱体放置在上一个圆心上，设置包围盒中长度为 6，宽度为 6，高度为 14，如图 4-182 所示，单击"确定"按钮生成所需要的圆柱体。

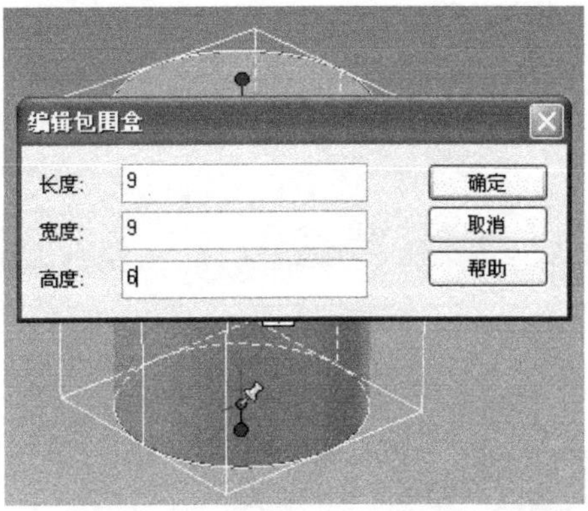

图 4-181　设置圆柱体三维尺寸（一）

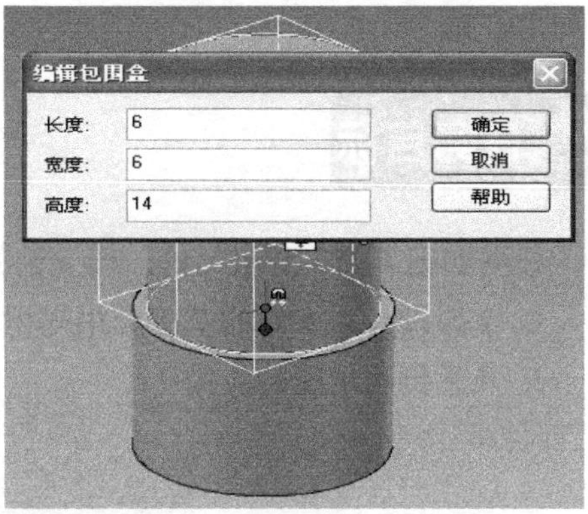

图 4-182　设置圆柱体三维尺寸（二）

步骤 2：从设计元素库“图素”一栏中，用鼠标拖曳“孔类多棱体”放置在圆心点上，设置包围盒中宽度为 5，高度为 4，如图 4-183 所示，单击“确定”按钮生成所需要的六棱柱孔。

步骤 3：在螺柱上进行倒角，倒角距离为 0.5，如图 4-184 所示。在螺钉帽上倒圆角，半径为 0.5，如图 4-185 所示。

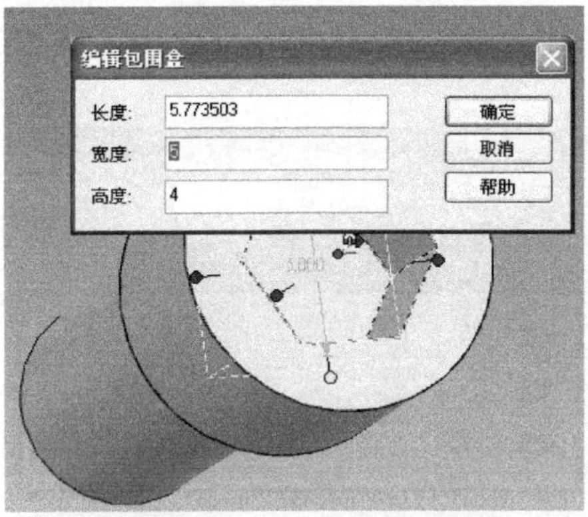

图 4-183　设置六棱柱孔参数

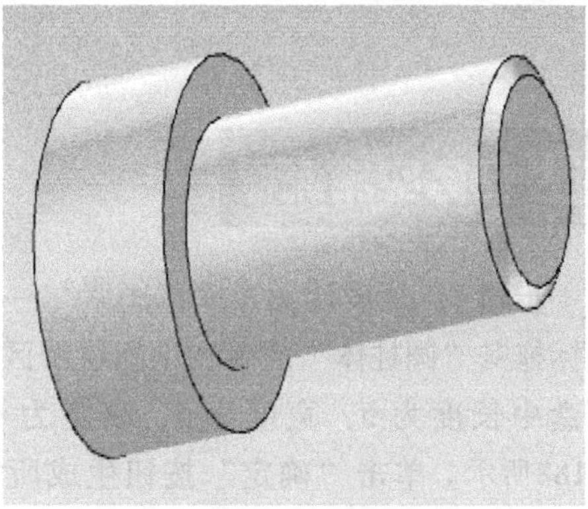

图 4-184　倒角

步骤 4：从菜单栏“工程标注”里选择“修饰螺纹”指令，为螺杆加入修饰螺纹，如图 4-186 所示。

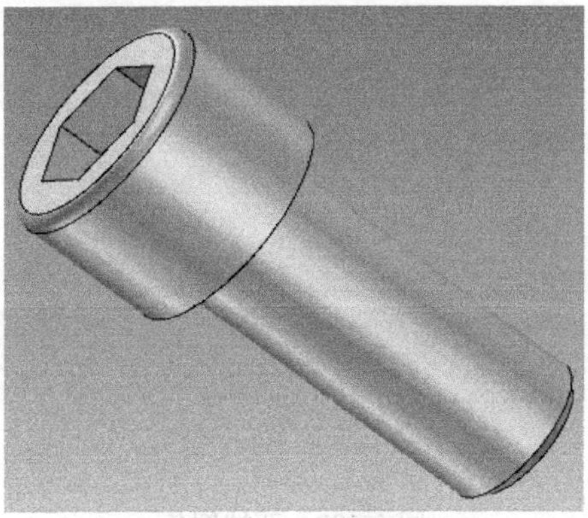

图 4-185　倒圆角

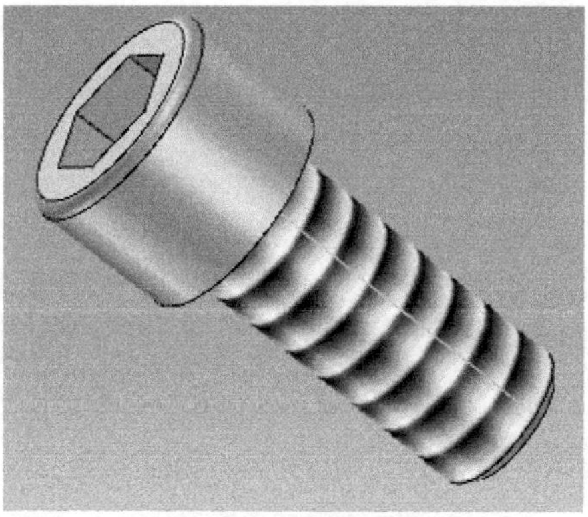

图 4-186　修饰螺纹

九、销

任务目标

根据如图 4-187 所示的销，建立销的三维模型。

1. 掌握设计元素库的基础应用知识。
2. 熟悉倒角功能的应用。

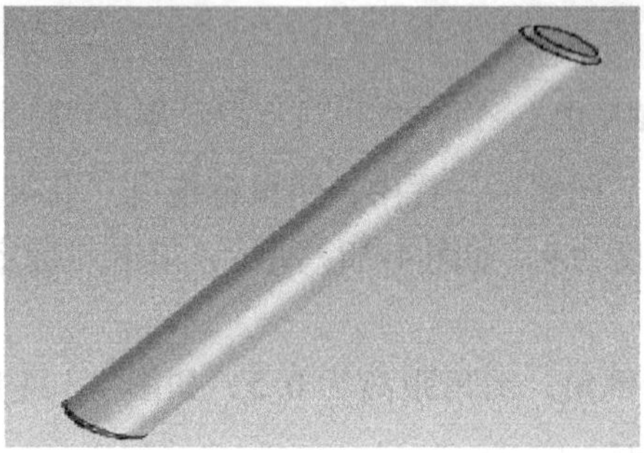

图 4-187　销

任务实施流程

步骤 1：从设计元素库“图素”一栏中，用鼠标拖曳“圆柱体”放置在中间绘图区，设置包围盒中长度为 5，宽度为 5，高度为 42，如图 4-188所示。单击“确定”按钮生成所需要的销主体，如图 4-189 所示。

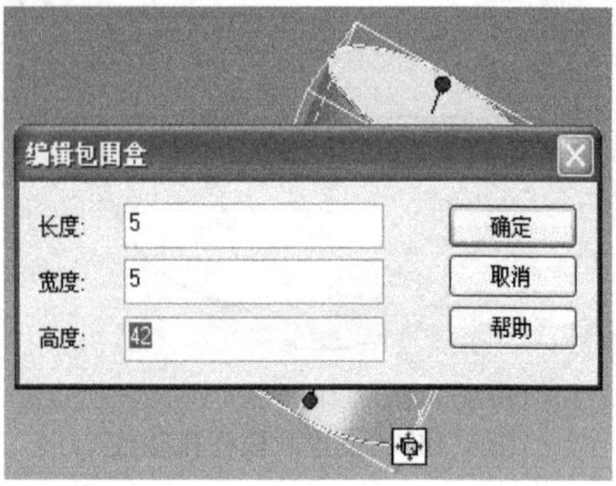

图 4-188　设置圆柱体三维尺寸

步骤 2：对圆柱销两端进行倒角，设置倒角距离为 0.5，如图 4-190 所示。

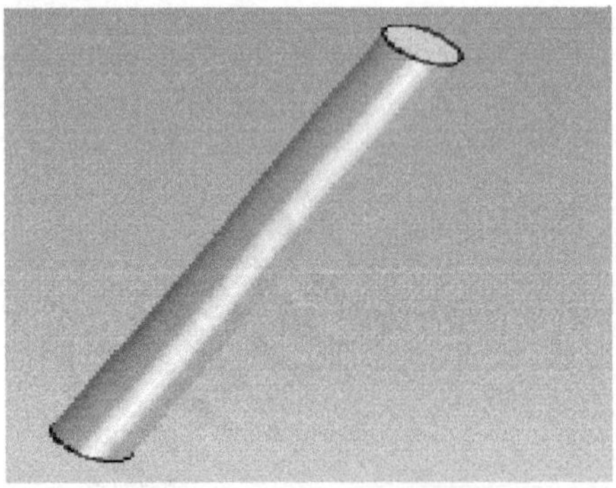

图 4-189　生成销主体

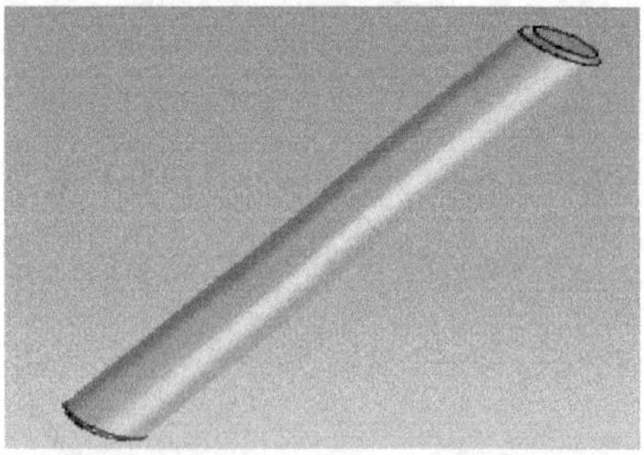

图 4-190　两端倒角

十、齿轮泵的装配

任务目标

根据如图 4-191 所示的齿轮泵分解图，利用约束装配齿轮泵。

1. 掌握装配指令的基础应用知识。
2. 定位约束功能的应用。

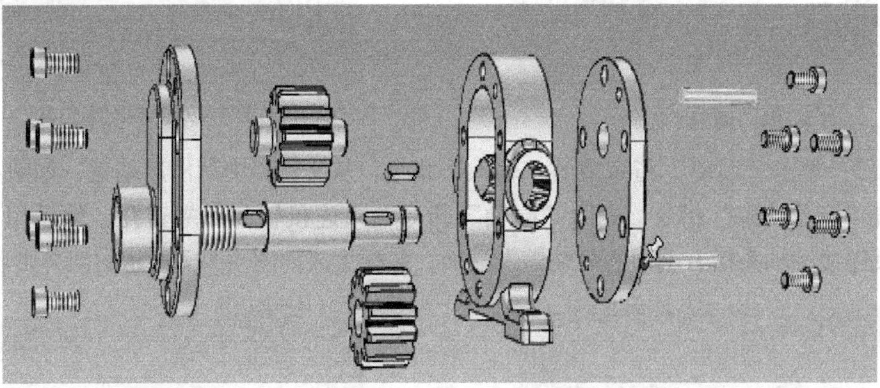

图 4-191　齿轮泵分解图

任务实施流程

步骤 1：单击“装配”指令中的“输入”指令，从文件夹中调出连接轴和键，如图 4-192 所示。单击“定位约束”指令，先用“同轴”指令约束键半圆柱面和键槽半圆柱面，后用“贴合”指令约束键底面和键槽底面，装配生成如图 4-193 所示的实体形状。

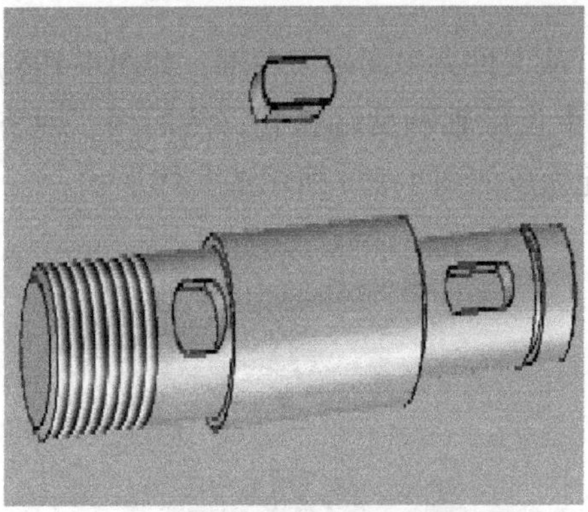

图 4-192　调出连接轴和键

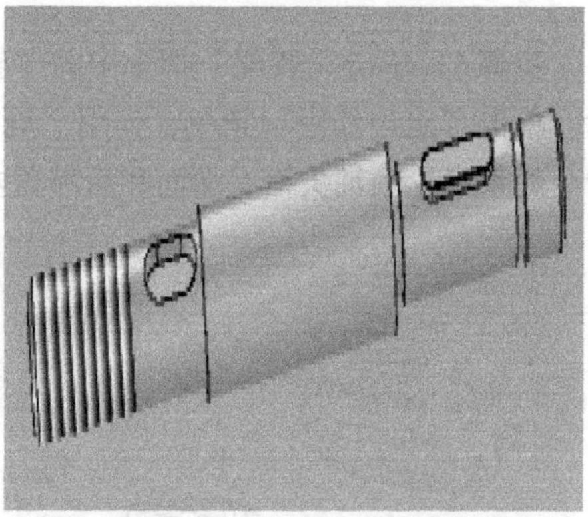

图 4-193　装配键和连接轴

步骤 2：单击“装配”指令中的“输入”指令，从文件夹中调出齿轮，如图 4-194 所示。单击“定位约束”指令，先用“同轴”指令约束齿轮孔和轴颈，再用“平行”指令约束齿轮上的键槽底面和键槽顶面，最后用“对齐”指令约束齿轮左端面和轴上槽右端面，装配生成如图 4-195 所示的实体形状。

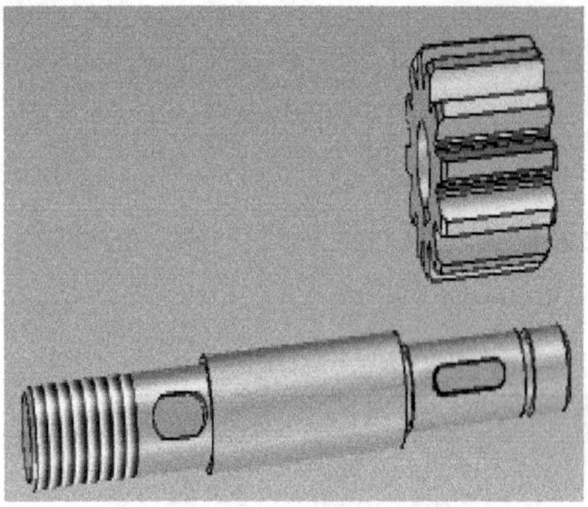

图 4-194 调出小齿轮

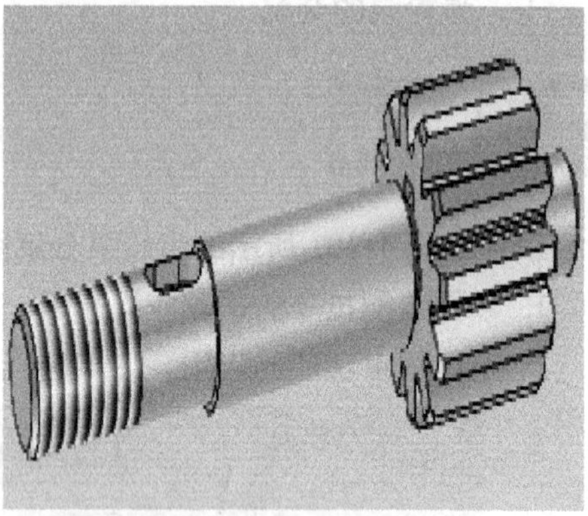

图 4-195 装配小齿轮

步骤 3：单击“装配”指令中的“输入”指令，从文件夹中调出后端盖，如图 4-196 所示。单击“定位约束”指令，先用“同轴”指令约束连接轴和后端盖孔，然后用“对齐”指令约束连接轴轴头槽右端面和后端盖左端面，装配生成如图 4-197 所示的实体形状。

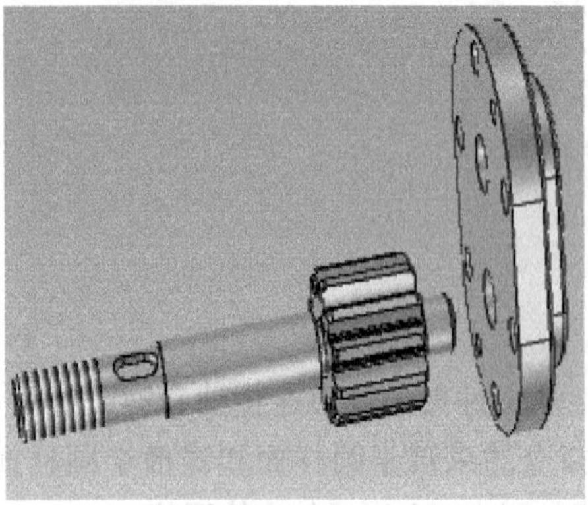

图 4-196 调出后端盖

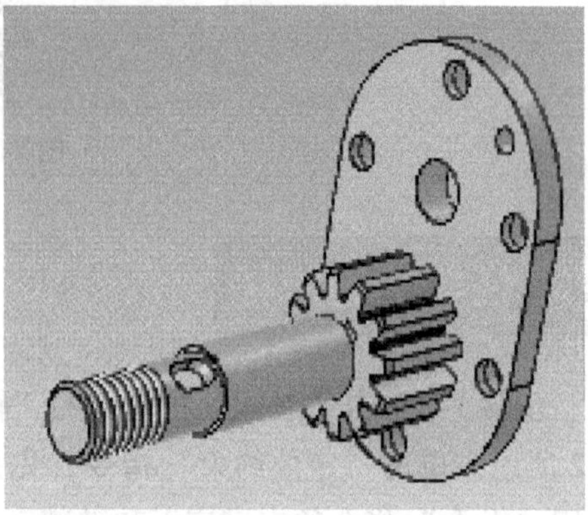

图 4-197 装配后端盖

步骤 4：单击“装配”指令中的“输入”指令，从文件夹中调出齿轮轴，如图 4-198 所示。单击“定位约束”指令，先用“同轴”指令约束齿轮轴和后端盖孔，然后用“对齐”指令约束齿轮轴轴头槽右端面和后端盖左端面，装配生成如图 4-199 所示的实体形状。

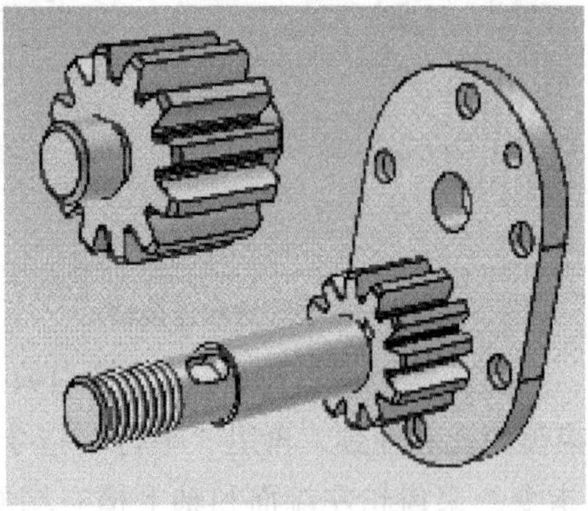

图 4-198 调出齿轮轴

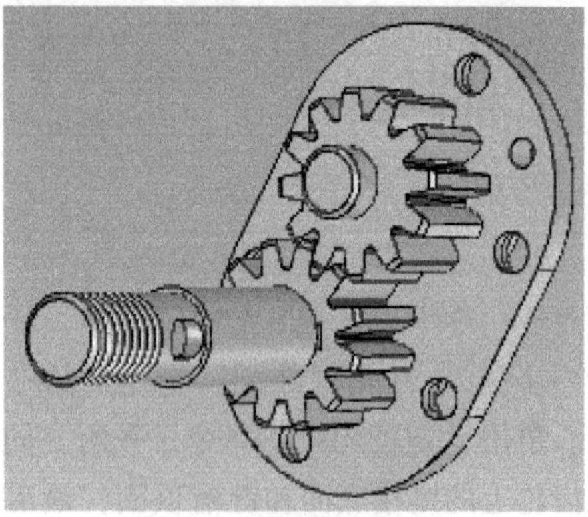

图 4-199 装配齿轮轴

步骤5：单击“装配”指令中的“输入”指令，从文件夹中调出机座，如图4-200所示。单击“定位约束”指令，先用“同轴”指令约束机座和连接轴，然后用“贴合”指令约束机座右端面和后端盖左端面，装配生成如图4-201所示的实体形状。

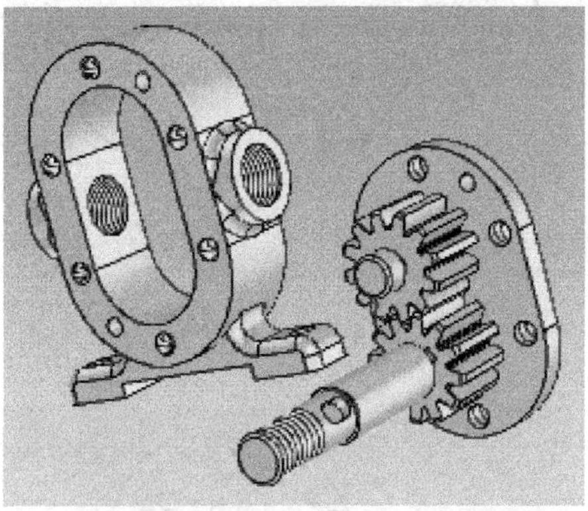

图4-200　调出机座

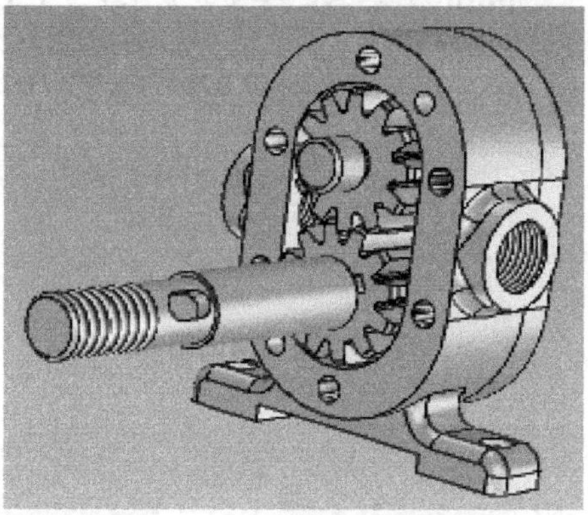

图4-201　装配机座

步骤6：单击“装配”指令中的“输入”指令，从文件夹中调出前端盖，如图4-202所示。单击“定位约束”指令，先用“同轴”指令约束前端盖和连接轴，然后用“贴合”指令约束前端盖右端面和机座左端面，装配生成如图4-203所示的实体形状。

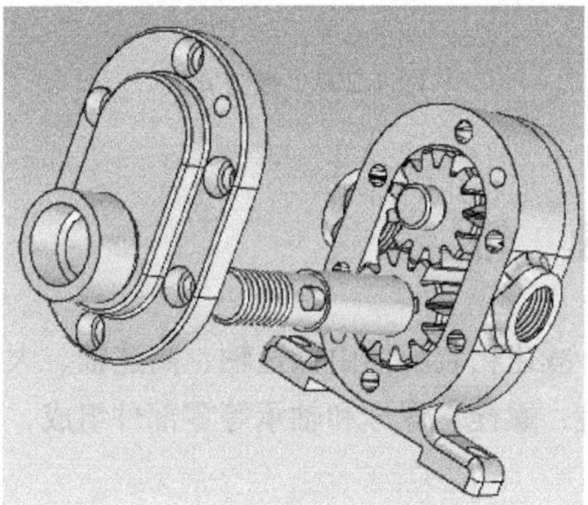

图4-202　调出前端盖

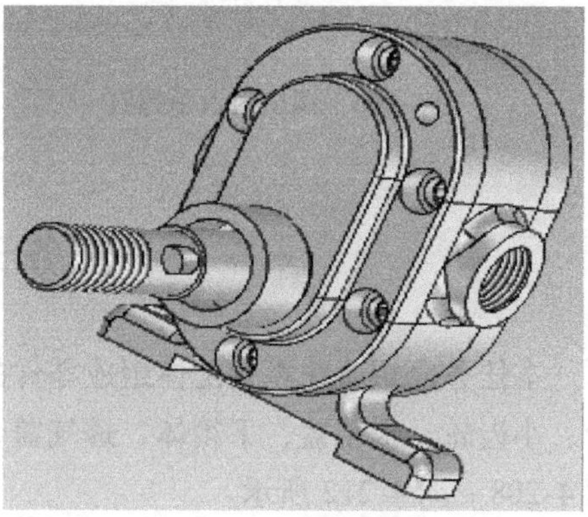

图4-203　装配前端盖

步骤7：单击“装配”指令中的“输入”指令，从文件夹中调出两个销，如图4-204所示。单击“定位约束”指令，先用“同轴”指令约束销和销孔，然后用“对齐”指令约束销端面和端盖端面，装配生成如图4-205所示的实体形状。

步骤8：单击“装配”指令中的“输入”指令，从文件夹中调出12个螺钉，如图4-206所示。单击“定位约束”指令，先用“同轴”指令约束螺钉和螺钉孔，然后用“对齐”指令约束螺钉端面和端盖端面，装配生成如图4-207所示的实体形状。

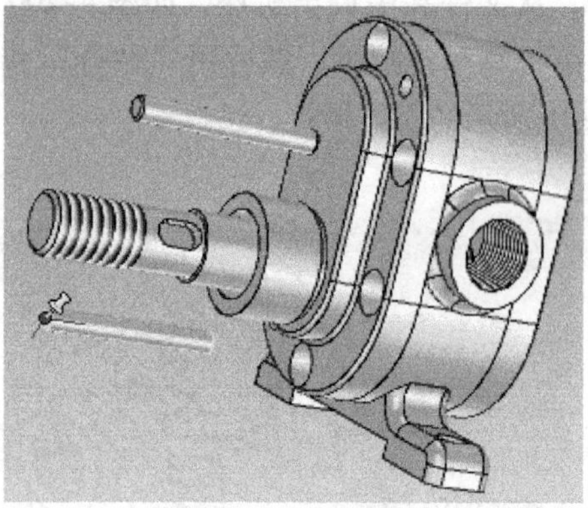

图4-204 调出销

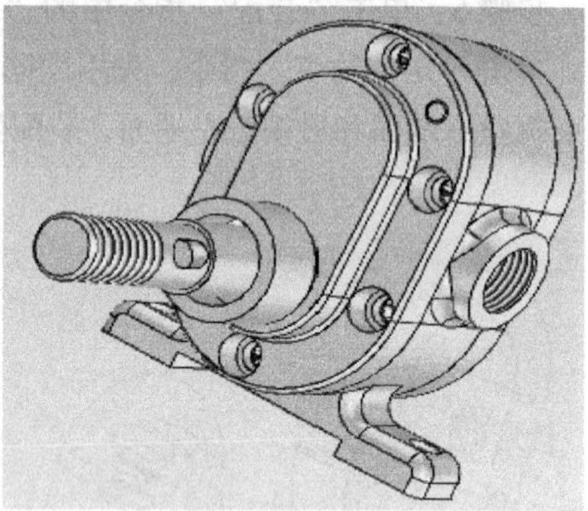

图4-205 销定位

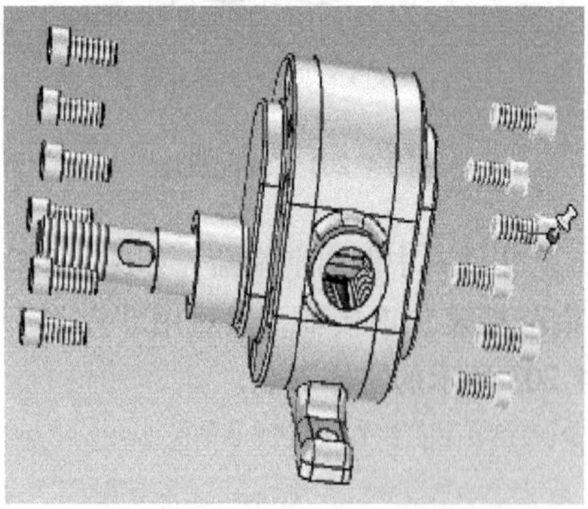

图4-206 调出内六角螺钉

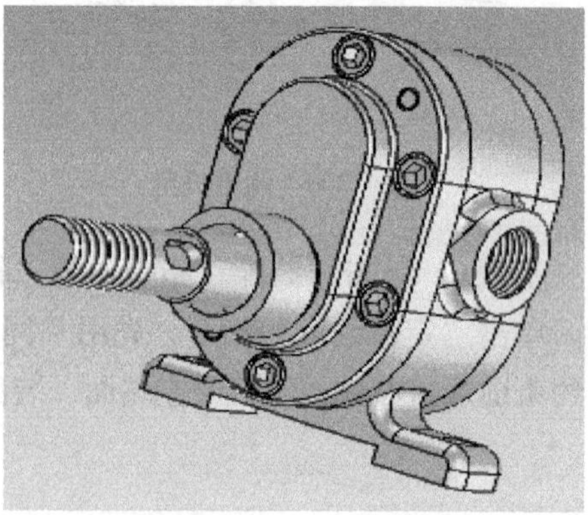

图4-207 螺钉紧固

任务三 减 速 箱

本任务介绍减速箱装配体组成零件的绘制方法。减速箱装配体由低速轴、高速轴、大齿轮、小齿轮、上箱盖、下箱体、透气盖、端盖、通盖、螺栓、螺母和轴承等零部件组成，如图4-208～图4-212所示。

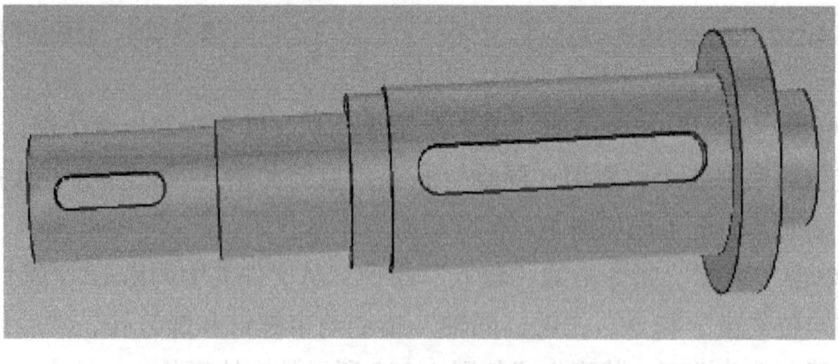

图4-208 齿轮轴

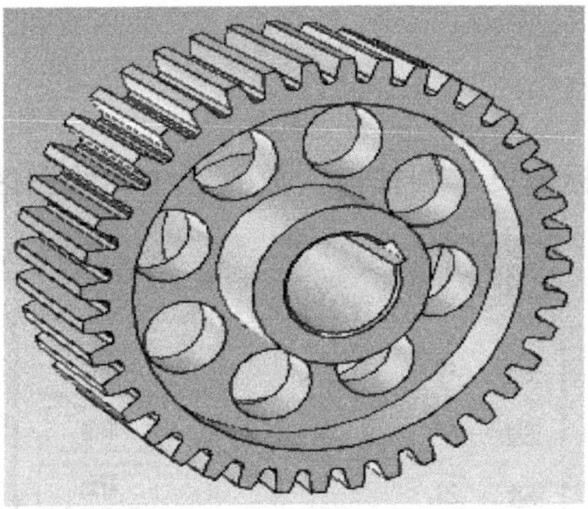

图 4-209　大齿轮

图 4-210　小齿轮

图 4-211　上箱盖

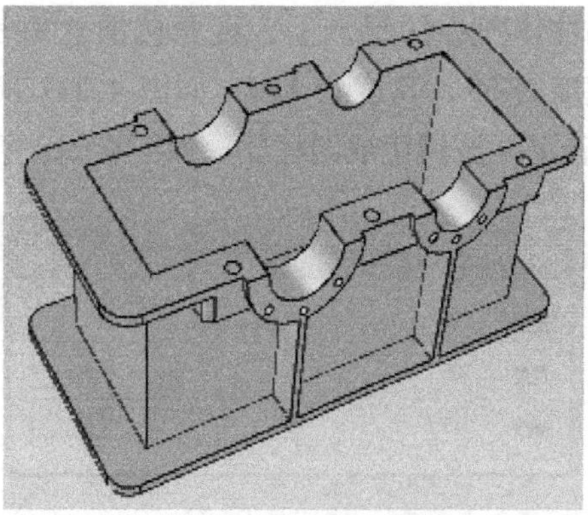

图 4-212　下箱体

一、高速轴

任务目标

根据如图 4-213 所示的减速箱高速轴，建立减速箱高速轴的三维模型。

1. 掌握设计元素库的基础应用知识。
2. 熟悉拉伸除料功能的应用。

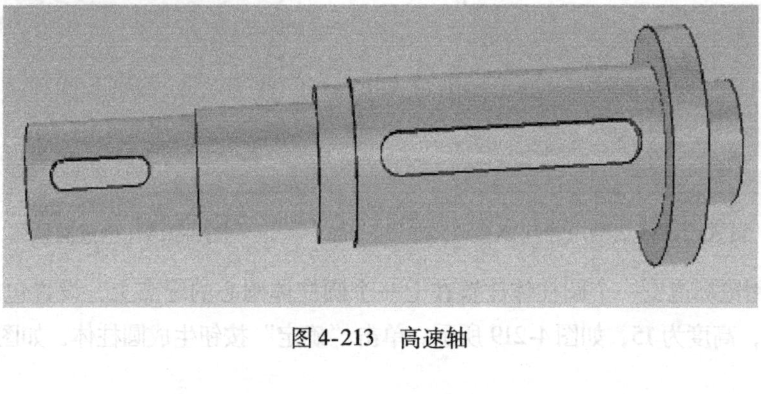

图 4-213　高速轴

任务实施流程

步骤1：从设计元素库“图素”一栏中，用鼠标拖曳“圆柱体”放置在中间绘图区。设置包围盒中长度为44，宽度为44，高度为20，如图4-214所示。单击“确定”按钮生成圆柱体。

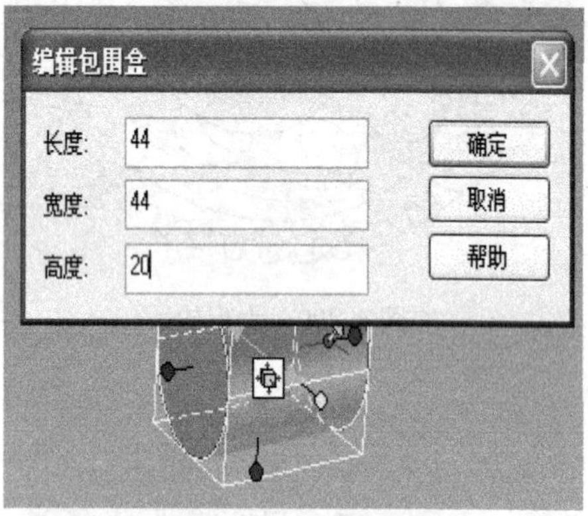

图4-214 设置圆柱三维尺寸

步骤2：用鼠标拖曳一个圆柱体放置在上一个圆柱体圆心的绿点上，设置包围盒中长度为85，宽度为85，高度为15，如图4-215所示。单击“确定”按钮生成圆柱体，如图4-216所示。

步骤3：用鼠标拖曳一个圆柱体放置在上一个圆柱体圆心的绿点上，设置包围盒中长度为59，宽度为59，高度为130，如图4-217所示。单击“确定”按钮生成圆柱体，如图4-218所示。

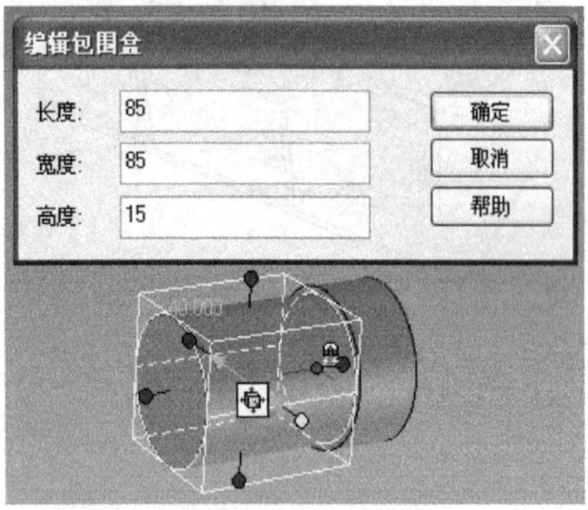

图4-215 设置圆柱体三维尺寸（一）

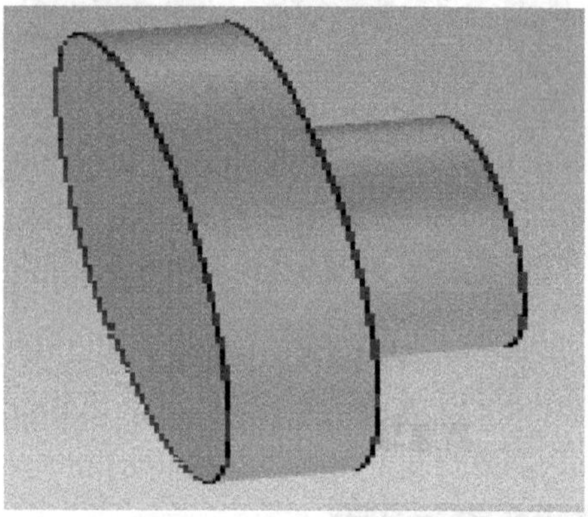

图4-216 生成圆柱体（一）

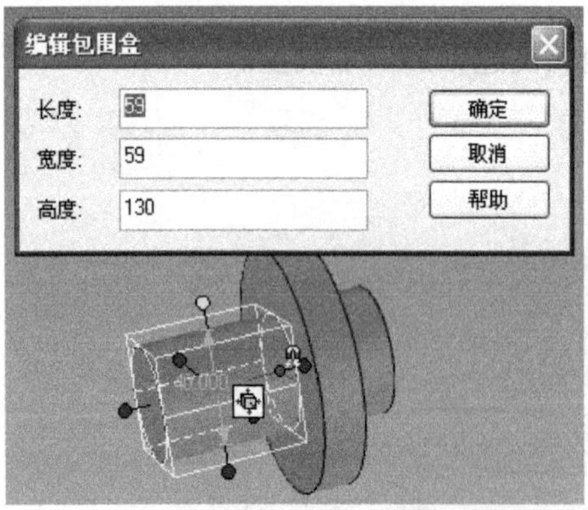

图4-217 设置圆柱体三维尺寸（二）

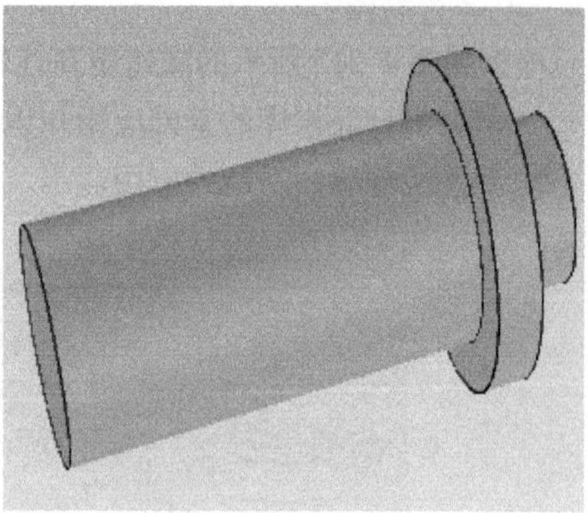

图4-218 生成圆柱体（二）

步骤4：用鼠标拖曳一个圆柱体放置在上一个圆柱体圆心的绿点上，设置包围盒中长度为55，宽度为55，高度为15，如图4-219所示。单击“确定”按钮生成圆柱体，如图4-220所示。

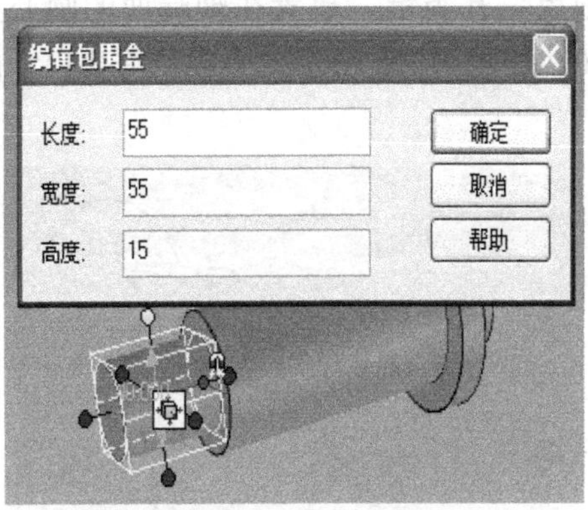

图 4-219 设置圆柱体三维尺寸

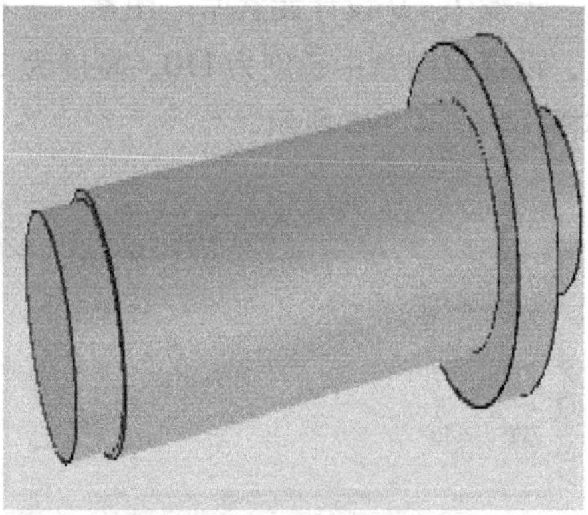
图 4-220 生成圆柱体

步骤5：用鼠标拖曳一个圆柱体放置在上一个圆柱体圆心的绿点上，设置包围盒中长度为44，宽度为44，高度为50，如图4-221所示。单击“确定”按钮生成圆柱体，如图4-222所示。

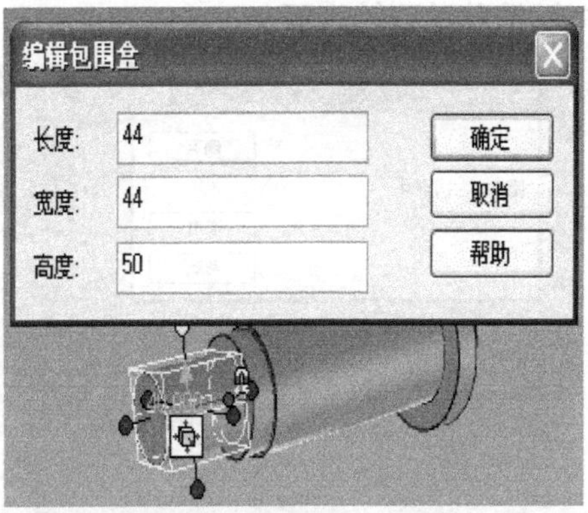

图 4-221 设置圆柱三维尺寸

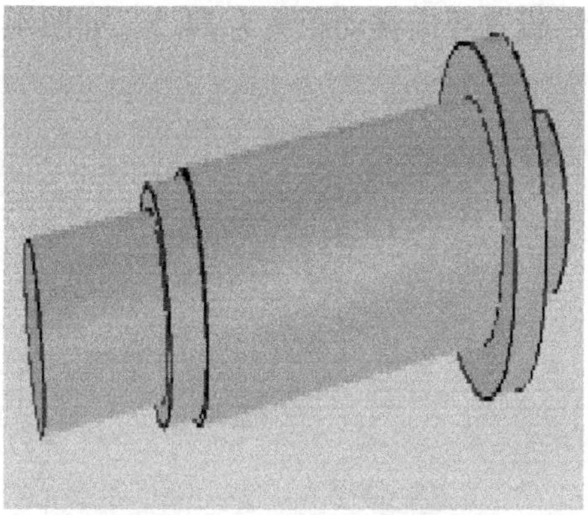
图 4-222 生成圆柱体

步骤6：用鼠标拖曳一个圆柱体放置在上一个圆柱体圆心的绿点上，设置包围盒中长度为40，宽度为40，高度为70，如图4-223所示。单击“确定”按钮生成圆柱体，整个连接轴也就完成了，如图4-224所示。

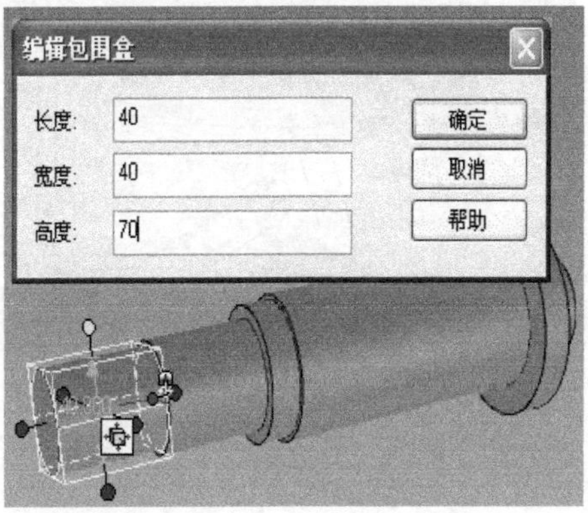

图 4-223 设置圆柱体三维尺寸

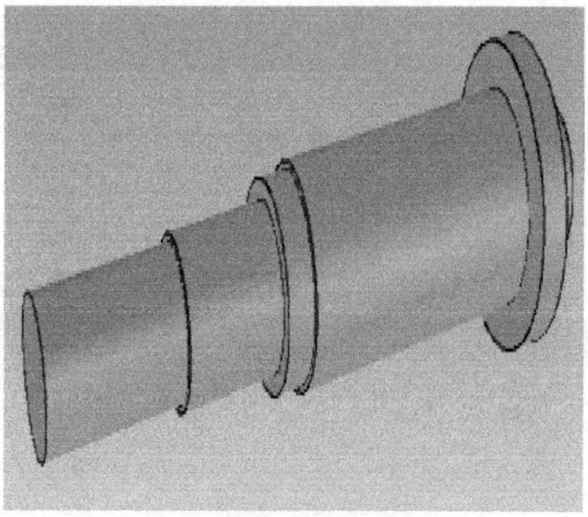
图 4-224 生成连接轴

步骤7：从设计元素库“图素”一栏中用鼠标拖曳“孔类键”放置在轴端面的圆心点上，设置包围盒中长度为110，宽度为15，高度为10，如图4-225所示，生成所需要尺寸的键槽，如图4-226所示。

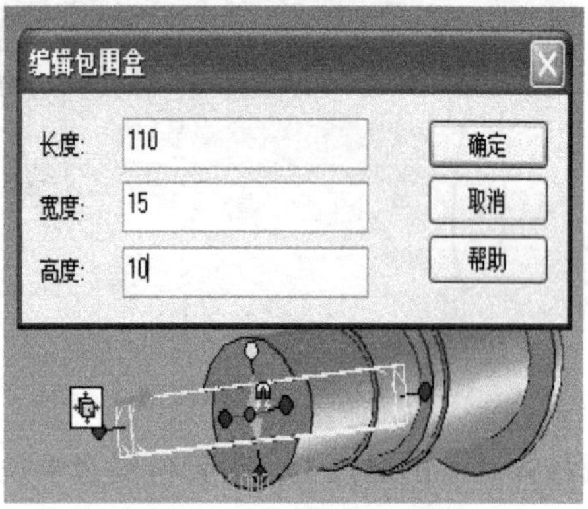

图4-225 设置键槽尺寸

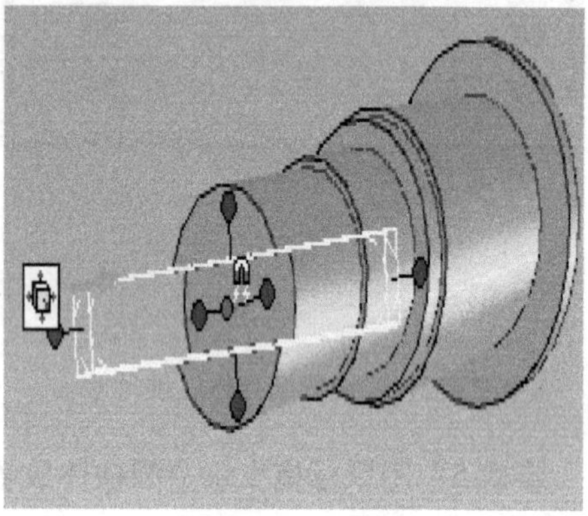

图4-226 生成键槽

步骤8：利用三维球把键槽位置转换成与轴平行，如图4-227所示。利用三维球移动功能，设置径向移动距离为24.5，如图4-228所示，把键槽移动到轴表面。

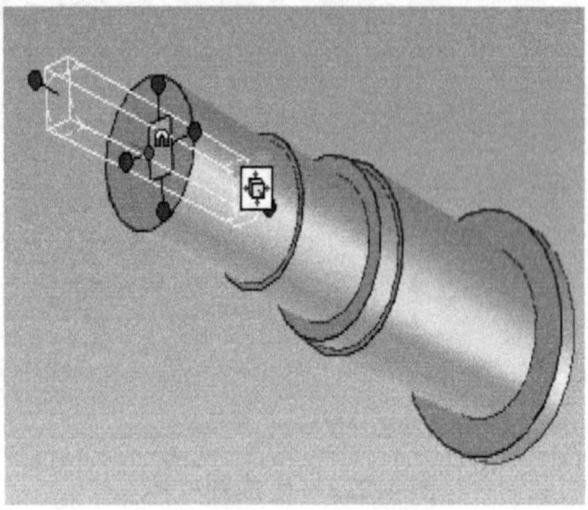

图4-227 调整键槽方向

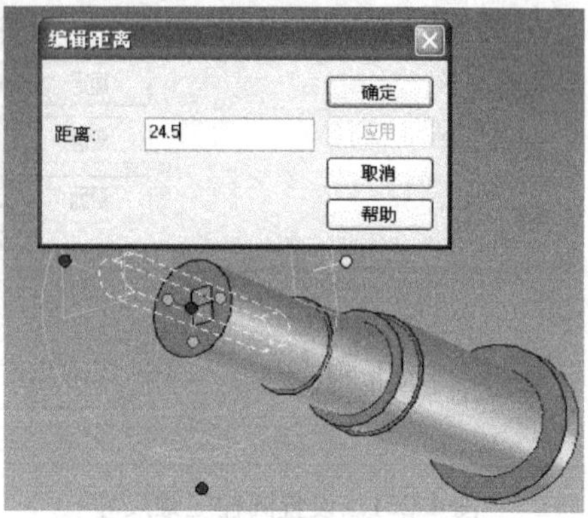

图4-228 径向移动键槽

步骤9：设置轴向距离为200，如图4-229所示，把键槽移动到轴颈中间位置，如图4-230所示。

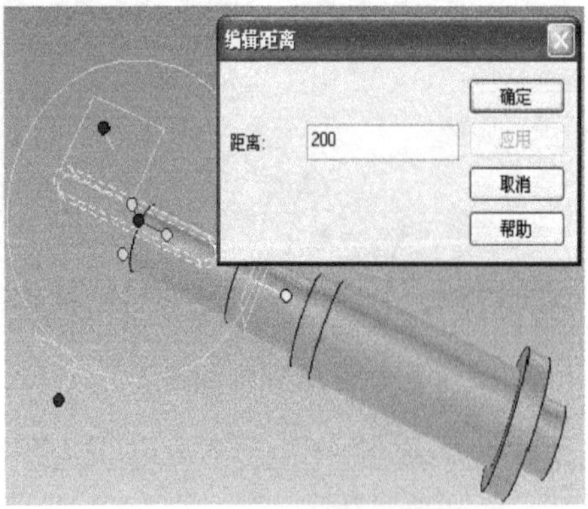

图4-229 轴向移动键槽

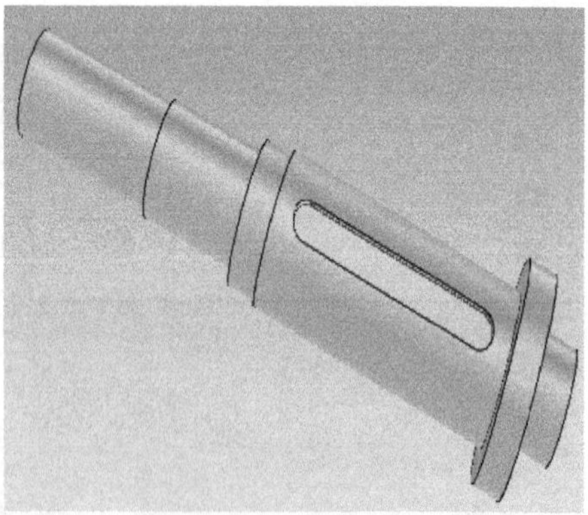

图4-230 生成键槽

步骤 10：用同样的方法绘制右端的键槽。设置键槽的长度为 40，宽度为 10，高度为 10，如图 4-231 所示。利用三维球变向功能，使键槽方向与轴线方向一致，如图 4-232 所示。

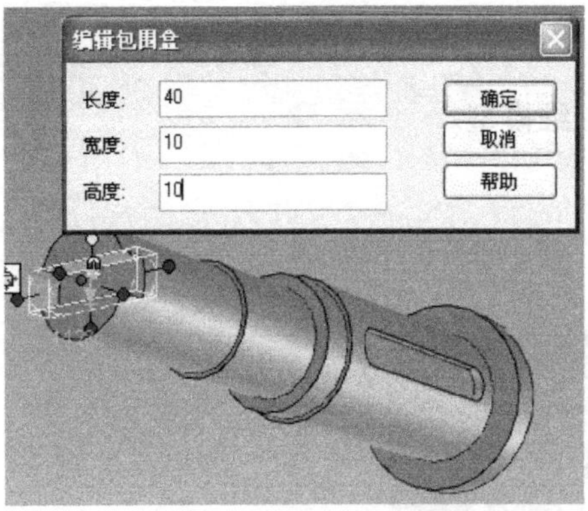

图 4-231　设置键槽尺寸

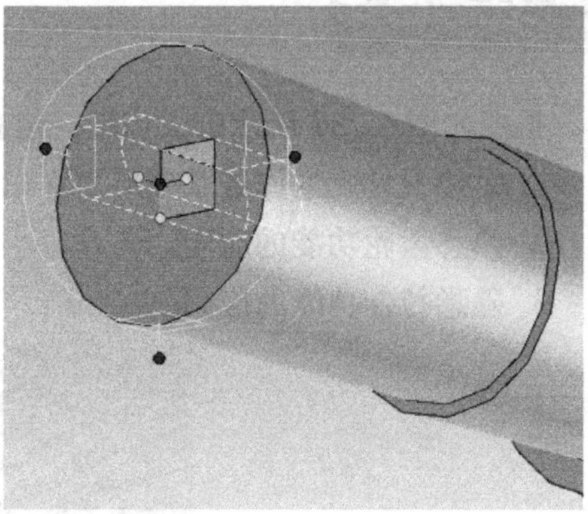

图 4-232　调整键槽方向

步骤 11：用三维球移动键槽，径向移动距离为 15，如图 4-233 所示，移动后到轴的表面，如图 4-234 所示。

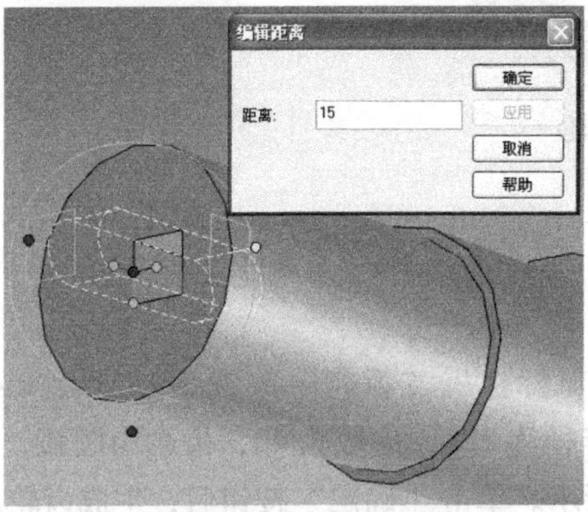

图 4-233　设置径向移动距离

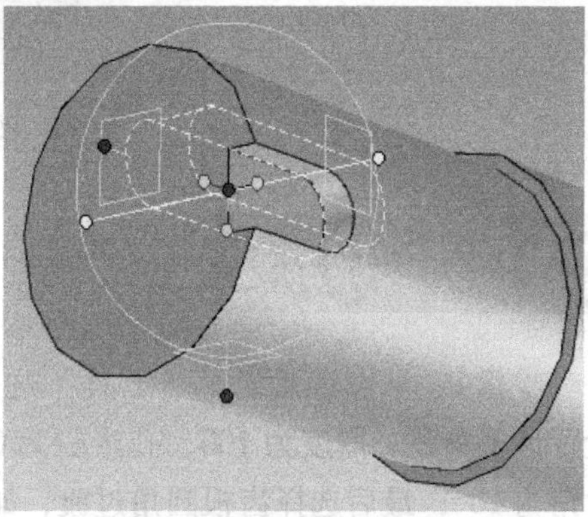

图 4-234　径向移动键槽

步骤 12：用三维球移动键槽，轴向移动距离为 30，如图 4-235 所示。最后生成键槽，如图 4-236 所示。

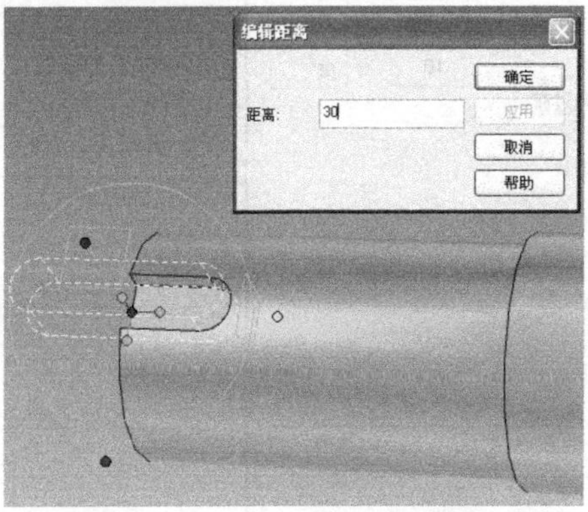

图 4-235　设置轴向移动距离

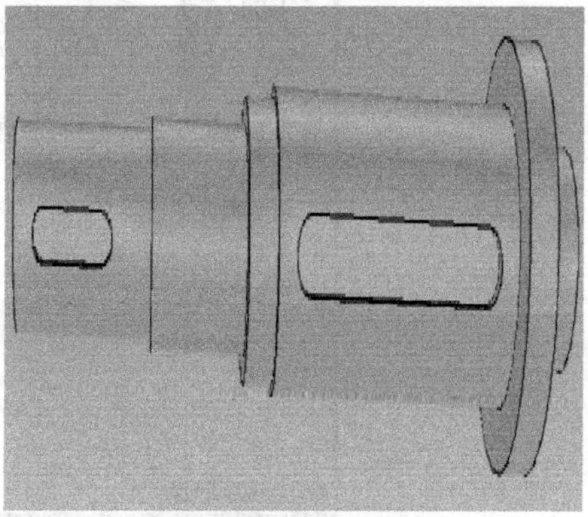

图 4-236　生成键槽

二、大齿轮

任务目标

根据如图 4-237 所示的大齿轮，建立大齿轮的三维模型。

1. 掌握设计元素库的基础应用知识。
2. 熟悉齿轮功能的应用。
3. 熟悉拉伸功能的应用。

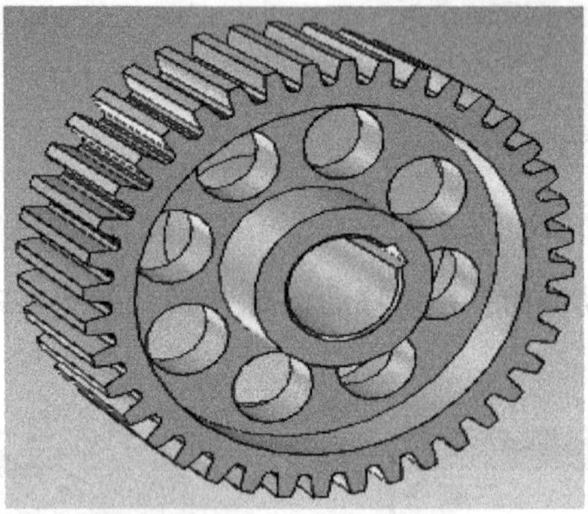

图 4-237 大齿轮

任务实施流程

步骤 1：从设计元素库“工具”这一栏中，用鼠标拖曳“齿轮”放置在中间绘图区。设置齿轮参数，厚度为 100，孔半径为 0，分度圆半径为 125，齿数为 40，齿廓为圆弧，压力角为 10°，最后选择齿根圆角过渡，如图 4-238 所示。单击“确定”按钮后，生成齿轮。

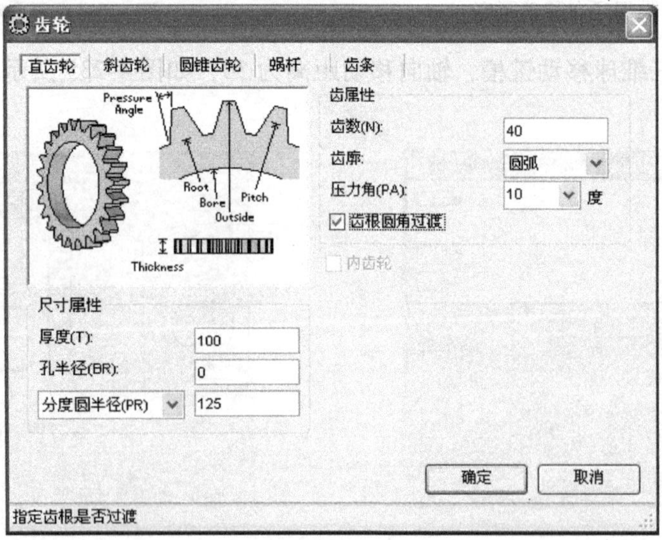

图 4-238 齿轮参数

步骤2：从设计元素库“图素”这一栏中，用鼠标拖曳“圆柱体”放置在齿轮侧面中心点，设置包围盒长度为96，宽度为96，高度为13，如图4-239所示。单击“确定”按钮后，在齿轮上生成凸台。利用三维球镜像生成另一个凸台，如图4-240所示。

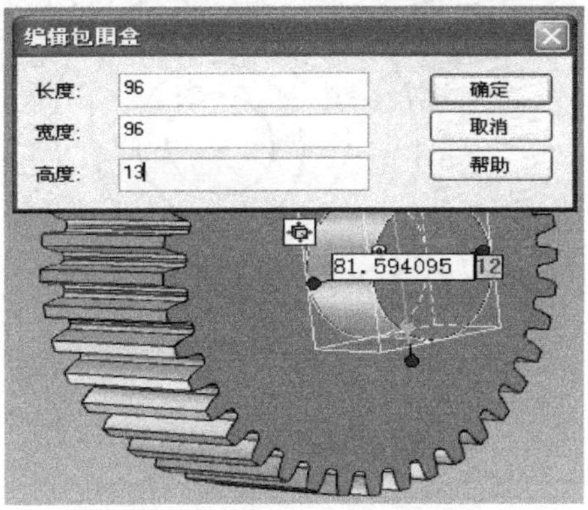

图4-239　设置圆柱体三维尺寸

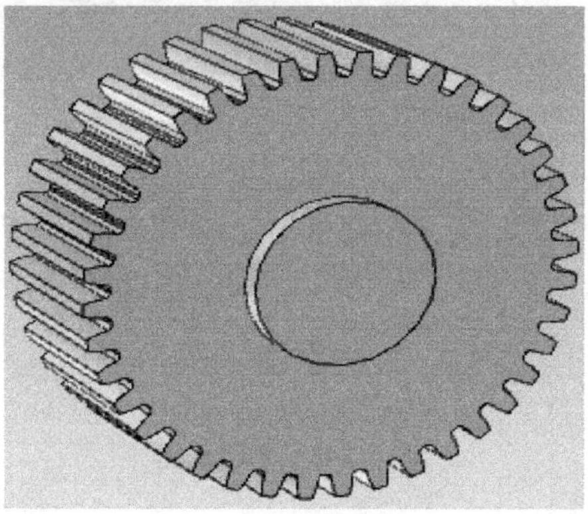

图4-240　生成凸台

步骤3：单击菜单上的“拉伸”指令，设置拉伸距离为126，用直线草绘键槽截面，高为35，宽为15，圆半径为30，如图4-241所示。修剪多余线条，单击“完成”按钮，拉伸除料生成键槽，如图4-242所示。

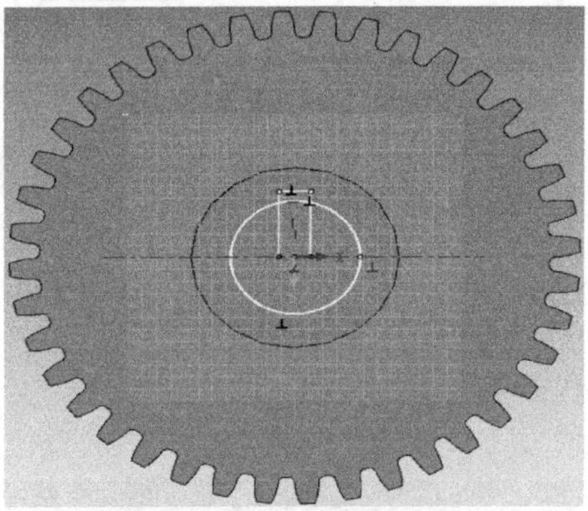

图4-241　草绘键槽截面

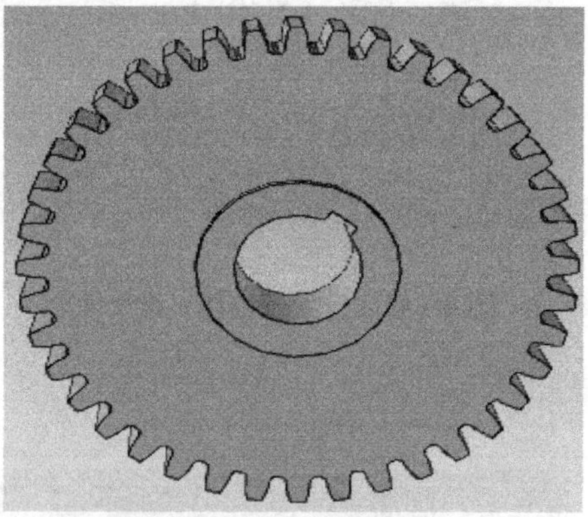

图4-242　生成键槽

步骤4：单击菜单上的“拉伸”指令，设置拉伸距离为35，用直线草绘键槽截面，大圆半径为105，小圆半径为48，如图4-243所示。单击“完成”按钮，拉伸除料去除齿轮一侧材料，再利用三维球镜像去除另一侧材料，如图4-244所示。

步骤5：从设计元素库“图素”这一栏中，用鼠标拖曳“孔类圆柱体”放置在齿轮侧面中心点，设置包围盒长度为44，宽度为44，高度为100，如图4-245所示。单击“确定”按钮后，生成孔。利用三维球将孔移动到轮辐上，设置距离为75，如图4-246所示。

步骤6：利用三维球复制功能，设置复制数量为7，角度为45°，如图4-247所示。单击“确定”按钮，生成8个孔，如图4-248所示。

步骤7：对齿轮中心孔倒角，倒角距离为2，如图4-249所示，生成倒角如图4-250所示。

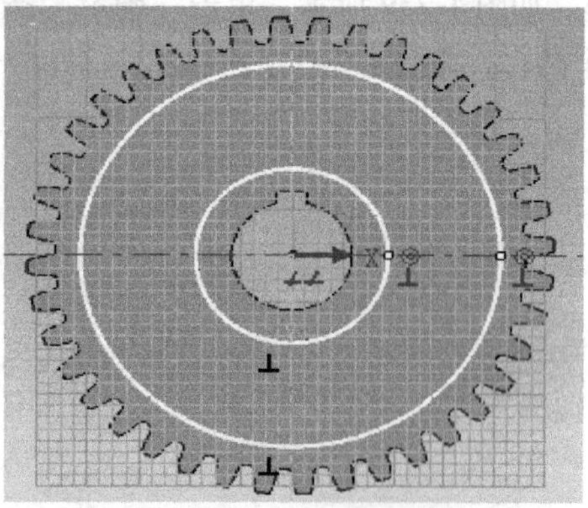

图4-243　草绘截面

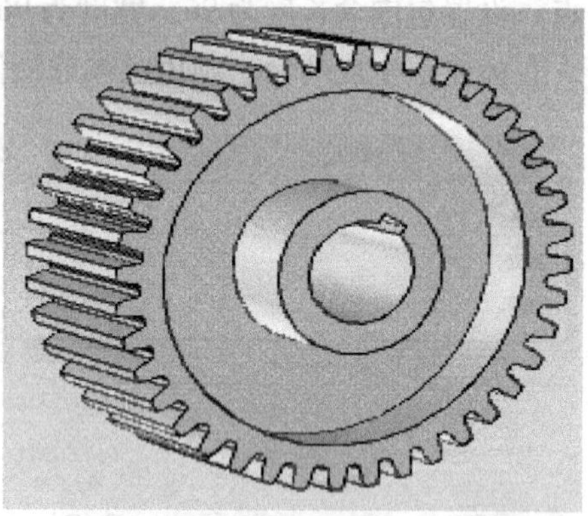

图4-244　切除两边

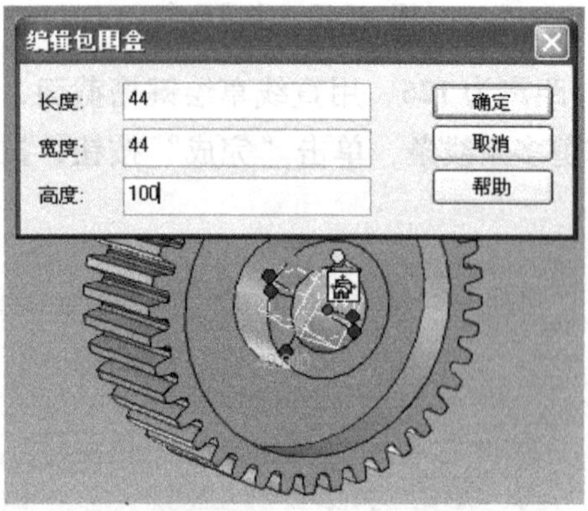

图4-245　设置圆柱体三维尺寸

图4-246　设置移动距离

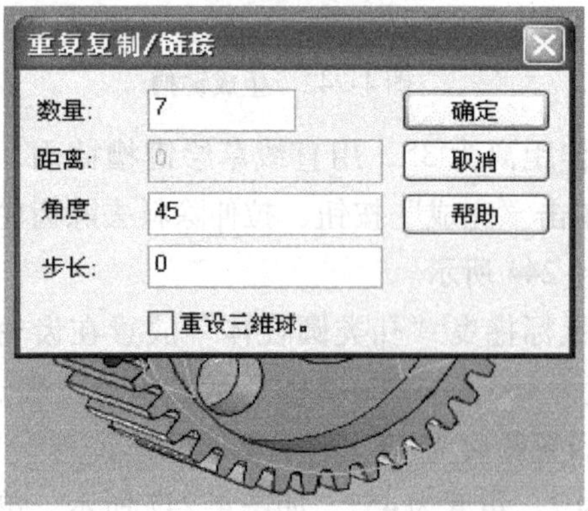

图4-247　设置复制参数

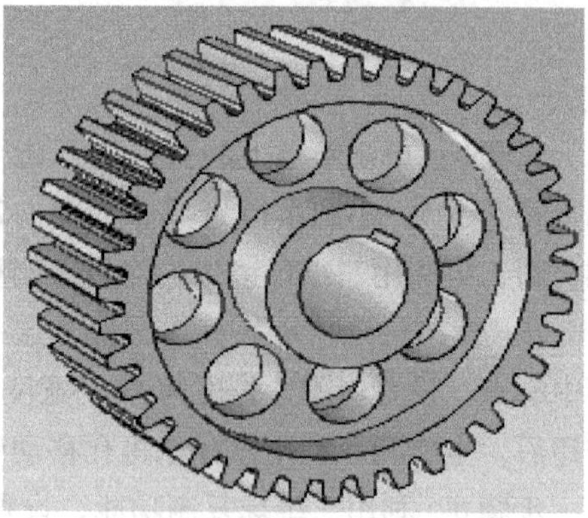

图4-248　复制生成孔

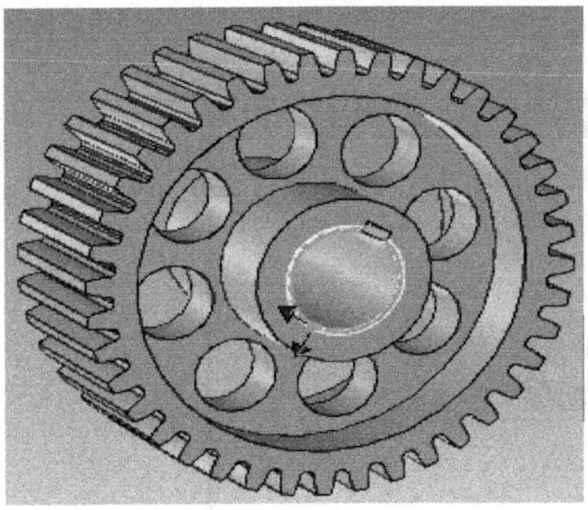

图 4-249　中心孔倒角

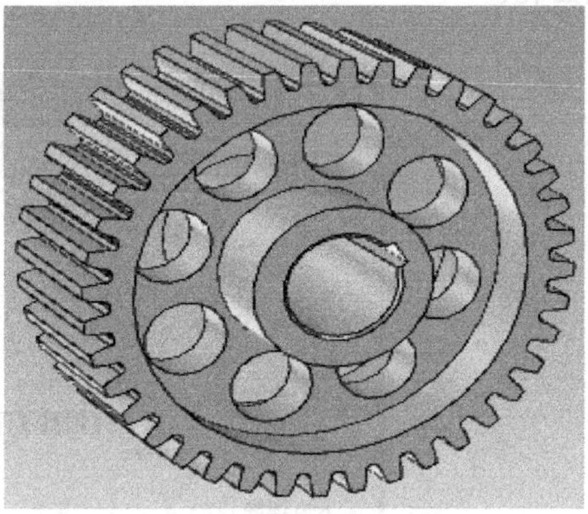

图 4-250　生成倒角

三、小齿轮

任务目标

根据如图 4-251 所示的小齿轮，建立小齿轮的三维模型。

1. 掌握设计元素库的基础应用知识。
2. 熟悉齿轮功能的应用。
3. 熟悉拉伸功能的应用。

图 4-251　小齿轮

任务实施流程

步骤 1：从设计元素库“工具”这一栏中，用鼠标拖曳“齿轮”放置在中间绘图区。设置齿轮参数，厚度为 100，孔半径为 0，分度圆半径为 65，齿数为 20，齿廓为圆弧，压力角为 10°，最后选择齿根圆角过渡，如图 4-252 所示。单击“确定”按钮后，生成齿轮。

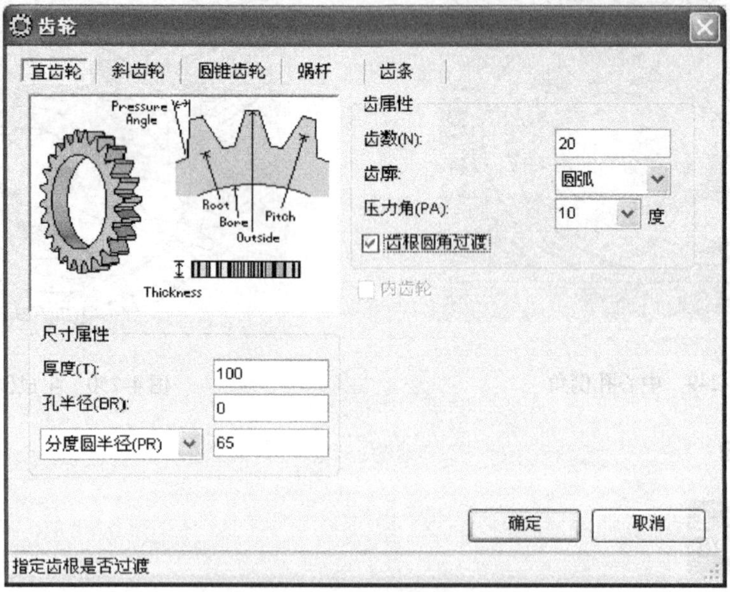

图 4-252　齿轮参数

步骤 2：从设计元素库“图素”这一栏中，用鼠标拖曳“圆柱体”放置在齿轮侧面中心点，设置包围盒长度为 96，宽度为 96，高度为 13，如图 4-253 所示。单击“确定”按钮后，在齿轮上生成凸台。利用三维球镜像生成另一个凸台，如图 4-254 所示。

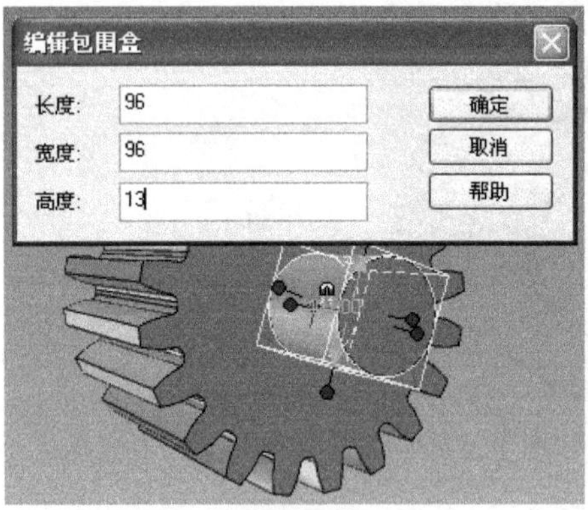

图 4-253　设置圆柱体三维尺寸

图 4-254　生成凸台

步骤 3：单击菜单上的“拉伸”指令，设置拉伸距离为 126，用直线草绘键槽截面，高为 35，宽为 15，圆半径为 30，如图 4-255 所示。修剪多余线条，单击“完成”按钮，拉伸除料生成键槽，如图 4-256 所示。

步骤 4：对齿轮中心孔倒角，倒角距离为 2，如图 4-257 所示，生成倒角如图 4-258 所示。

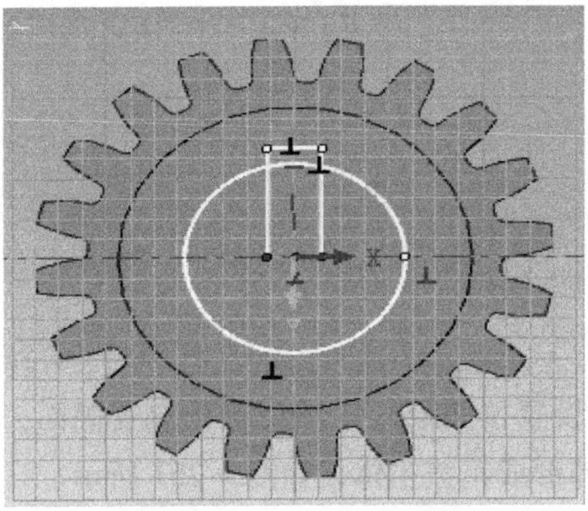

图 4-255 草绘键槽截面

图 4-256 生成键槽

图 4-257 中心孔倒角

图 4-258 生成倒角

四、上箱盖

任务目标

根据如图 4-259 所示的上箱盖，建立上箱盖的三维模型。

1. 掌握设计元素库的基础应用知识。

图 4-259 上箱盖

2. 熟悉拉伸功能的应用。
3. 熟悉倒角功能的应用。
4. 熟悉三维球移动功能的应用。
5. 熟悉三维球复制功能的应用。

任务实施流程

步骤 1：使用“拉伸”指令下的“拉伸向导”，设置拉伸距离为 184，草绘箱盖侧面，尺寸如图 4-260 所示。完成后单击“确定”按钮，拉伸形成箱盖主体，如图 4-261 所示。

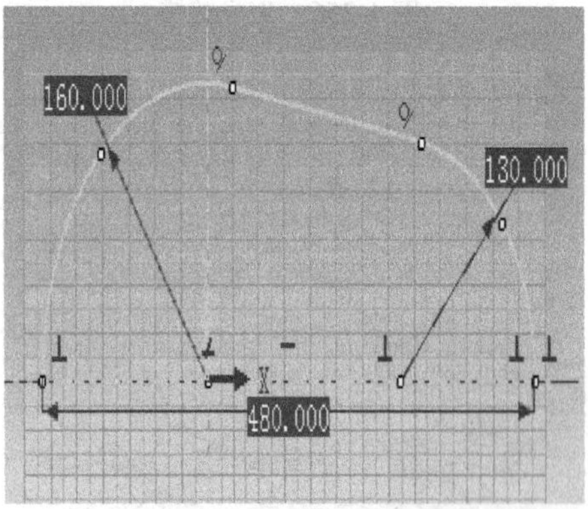

图 4-260 箱盖主体截面

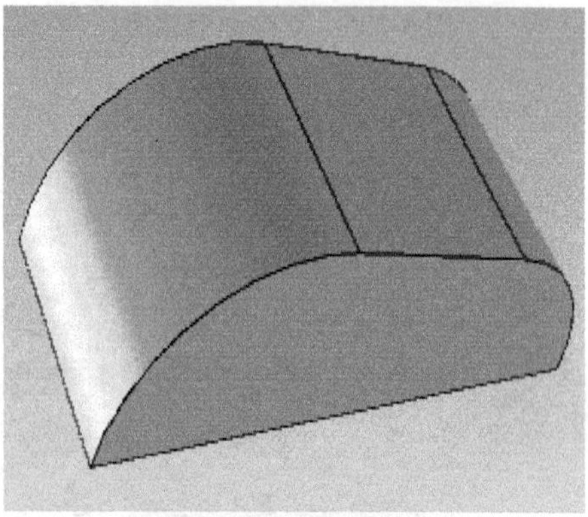

图 4-261 生成箱盖主体

步骤 2：单击“抽壳”指令，设置厚度为 10，单击“确定”按钮后，生成如图 4-262 所示壳体。

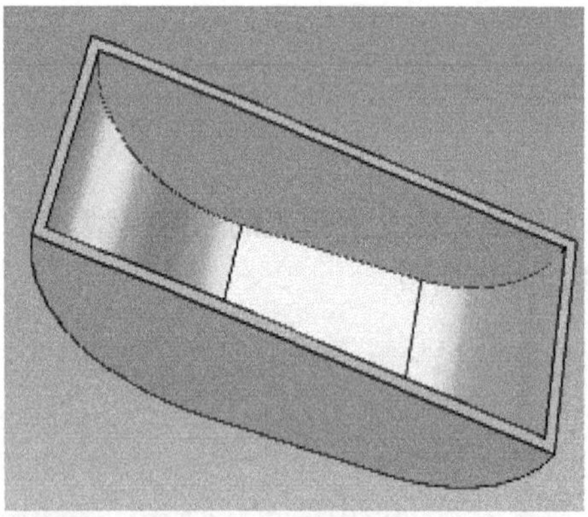

图 4-262 抽壳

步骤 3：使用“拉伸”指令下的“拉伸向导”，设置拉伸距离为 38，草绘凸台界面，如图 4-263 所示。设置大圆半径为 70，小圆半径为 60，分别放置在原来两个圆心上。完成后，拉伸形成箱盖侧面凸台，如图 4-264 所示。

步骤 4：从设计元素库“图素”一栏中，用鼠标拖曳“孔类圆柱体”放置在凸台中心点上，设置包围盒中长度为 90，宽度为 90，高度为 50，如图 4-265 所示。设置另一个孔包围盒

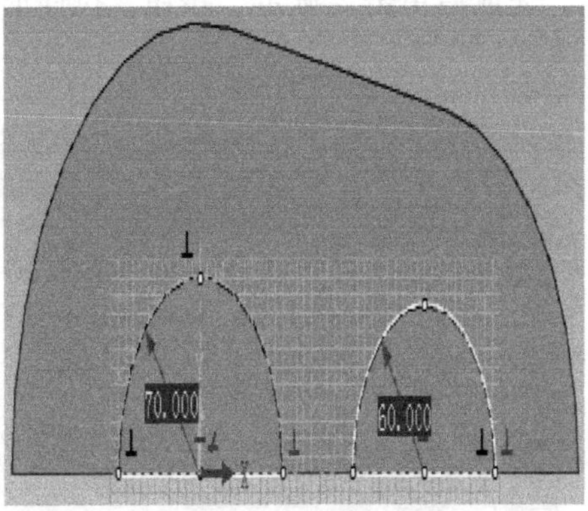

图 4-263 草绘凸台截面

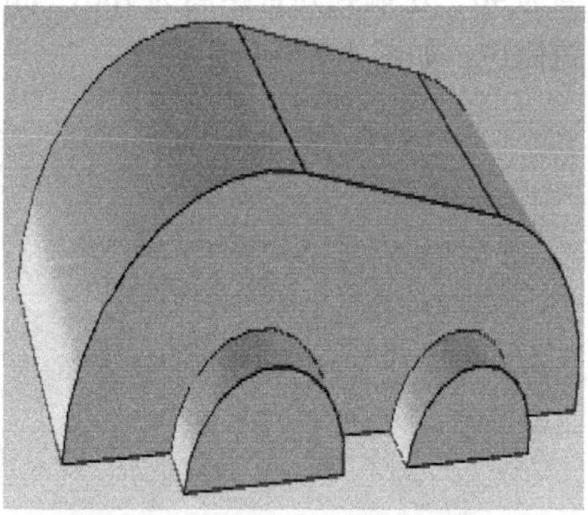

图 4-264 生成凸台

长度为 70，宽度为 70，高度为 50。单击“确定”按钮，凸台中间出现孔，如图 4-266 所示。

图 4-265 设置孔三维尺寸（一）

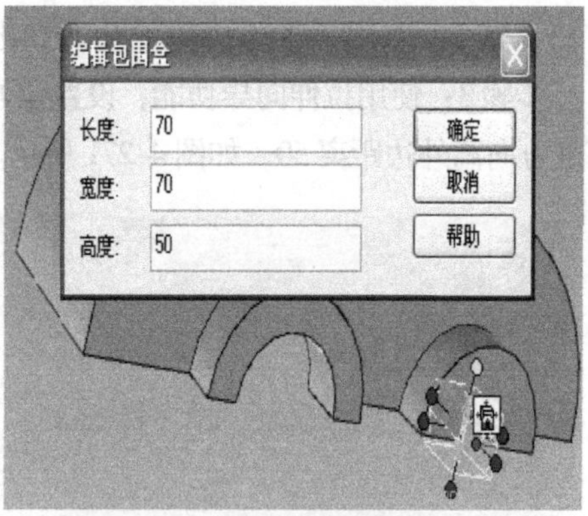

图 4-266 设置孔三维尺寸（二）

步骤 5：使用“拉伸”指令下的“拉伸向导”，设置拉伸距离为 184，草绘箱盖侧边，长度为 50，高度为 10，两个截面如图 4-267 所示。完成后单击“确定”按钮，拉伸形成箱盖侧边，如图 4-268 所示。

步骤 6：使用“拉伸”指令下的“拉伸向导”，设置拉伸距离为 30，草绘箱盖侧边，设

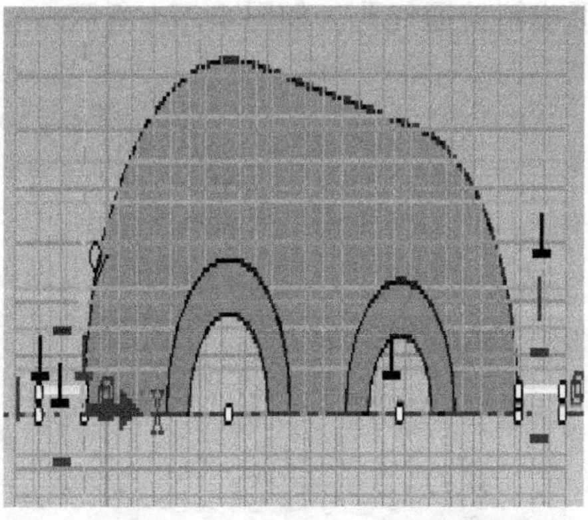

图 4-267 草绘箱盖侧边截面

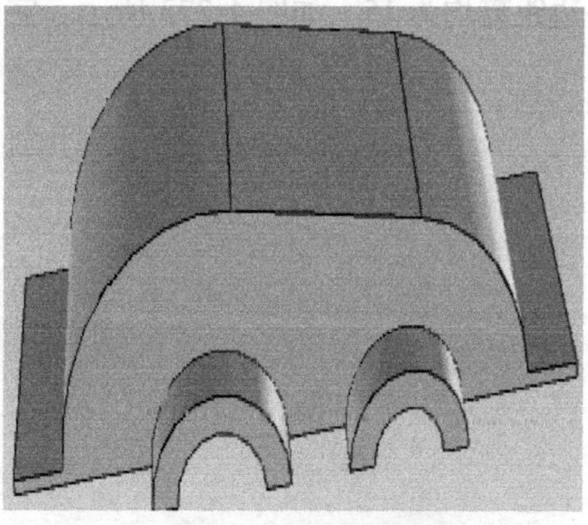

图 4-268 生成箱盖侧边

置高为40，左端到高台距离为100，如图4-269所示。完成后单击“确定”按钮，拉伸形成箱盖侧边，如图4-270所示。

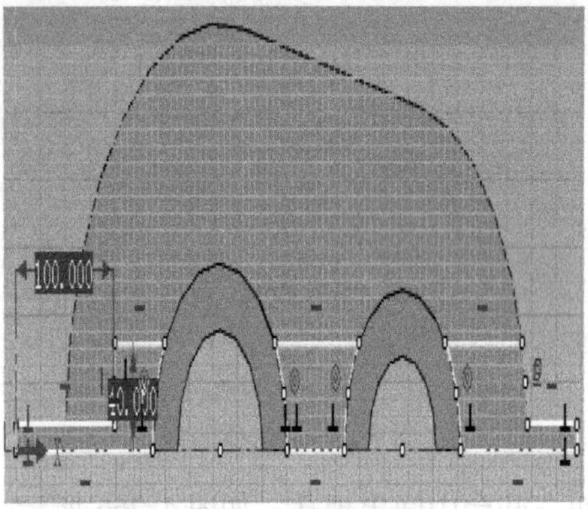

图4-269 草绘箱盖侧边截面

图4-270 生成箱盖侧边

步骤7：利用三维球的镜像功能，把箱盖一侧的凸台和侧边全部镜像复制到另一侧。

步骤8：使用拉伸向导功能，设置拉伸距离为15，草绘箱盖通气窗，长度方向离外边距离40，高度方向离外边距离50，如图4-271所示。完成后，拉伸形成箱盖通气窗，如图4-272所示。

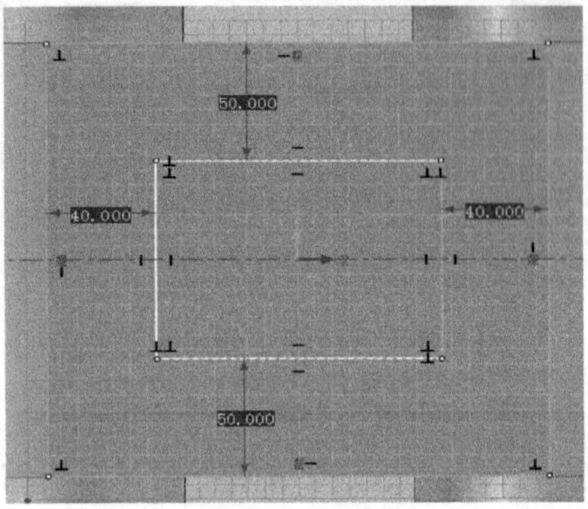

图4-271 草绘通气窗截面

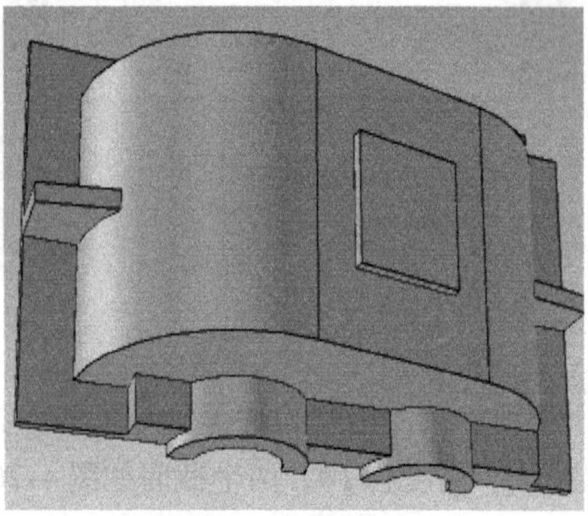

图4-272 生成通气窗

步骤9：使用拉伸向导功能，设置拉伸距离为50，草绘箱盖通气孔，长度和宽度方向离外边距离均为15，如图4-273所示。完成后，拉伸形成箱盖通气孔，如图4-274所示。

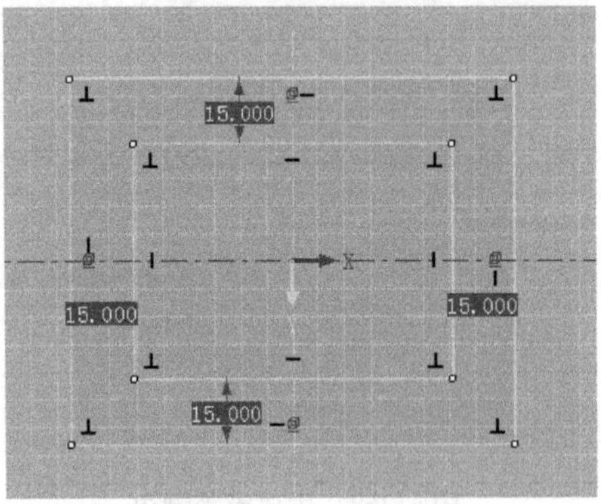

图4-273 草绘通气孔

图4-274 生成通气孔

步骤10：使用拉伸向导功能，设置拉伸距离为50，草绘箱盖侧台孔，三个孔长度方向的距离为35，166和197，如图4-275所示。完成后，拉伸形成箱盖通气窗，如图4-276所示。

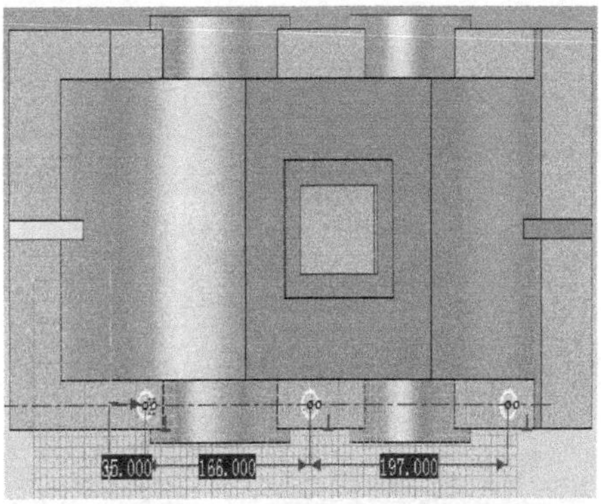

图4-275 草绘箱盖侧台孔

图4-276 生成箱盖通气窗

步骤11：利用三维球的镜像功能，把箱盖一侧的孔全部镜像复制到另一侧。

步骤12：使用拉伸向导功能，设置拉伸距离为50，草绘箱盖通气孔螺钉孔，长度和宽度方向离外边距离为30和7.5，长度方向增量为50，宽度方向增量为69，如图4-277所示。完成后，拉伸形成箱盖通气孔螺钉孔，如图4-278所示。

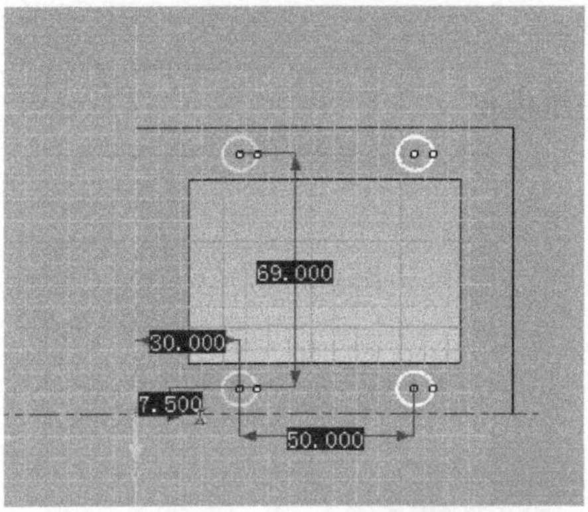

图4-277 草绘螺钉孔

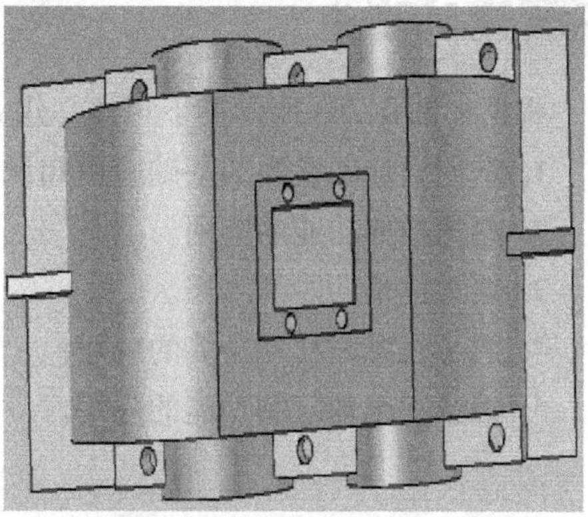

图4-278 生成螺钉孔

步骤13：对箱盖进行倒圆角，设置圆角半径为30，如图4-279所示。对前后两个肋板处打直径为25的孔，如图4-280所示。

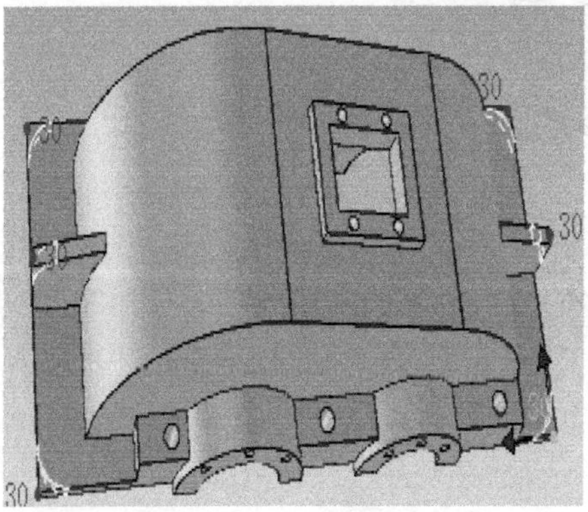

图4-279 边倒角

图4-280 肋板打孔

步骤14：对箱盖进行倒圆角，设置圆角半径为10，如图4-281所示，完成后如图4-282所示。

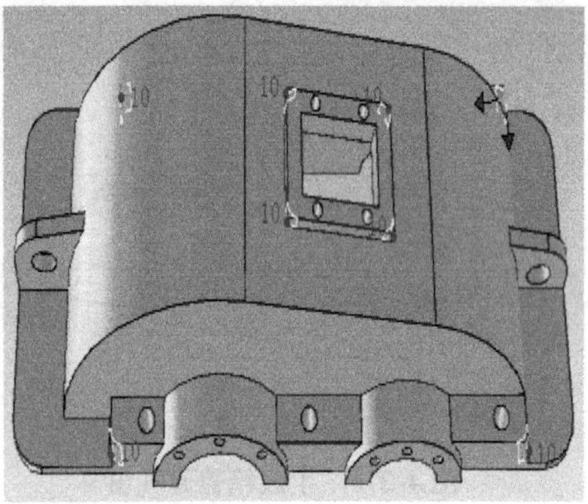

图4-281 倒圆角

图4-282 生成倒角

五、下箱体

任务目标

根据如图4-283所示的下箱体，建立下箱体的三维模型。

1. 掌握设计元素库的基础应用知识。
2. 熟悉拉伸功能的应用。
3. 熟悉倒角功能的应用。
4. 熟悉三维球移动功能的应用。
5. 熟悉三维球复制功能的应用。

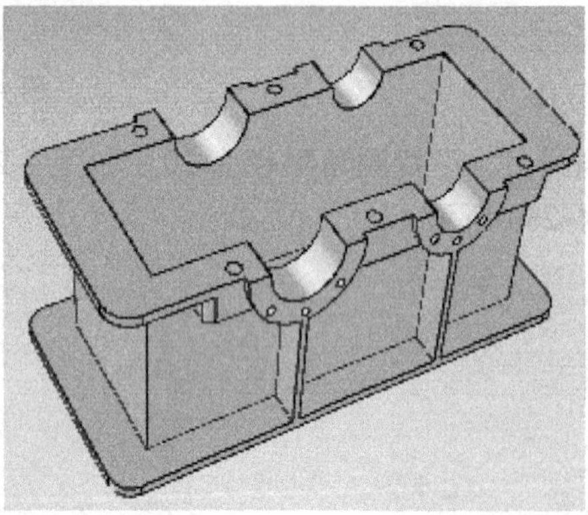

图4-283 下箱体

任务实施流程

步骤1：打开上箱盖，如图4-284所示。删除上部分壳体，剩下周围一圈的凸台，如图

4-285 所示。

图 4-284 上箱盖

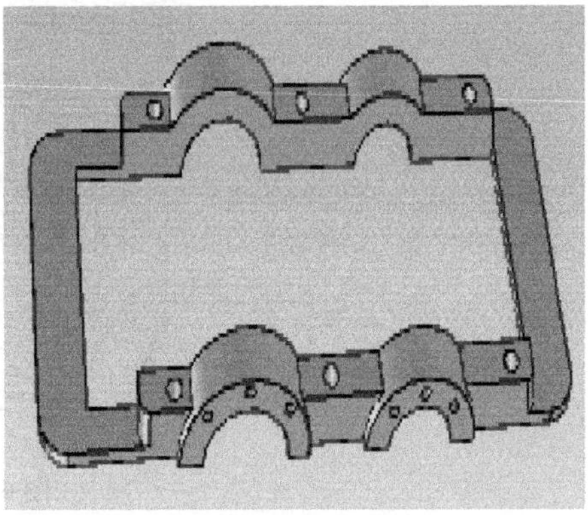

图 4-285 凸台

步骤 2：使用拉伸指令，设置拉伸距离为 200，草绘拉伸截面，如图 4-286 所示。生成如图 4-287 所示的实体。

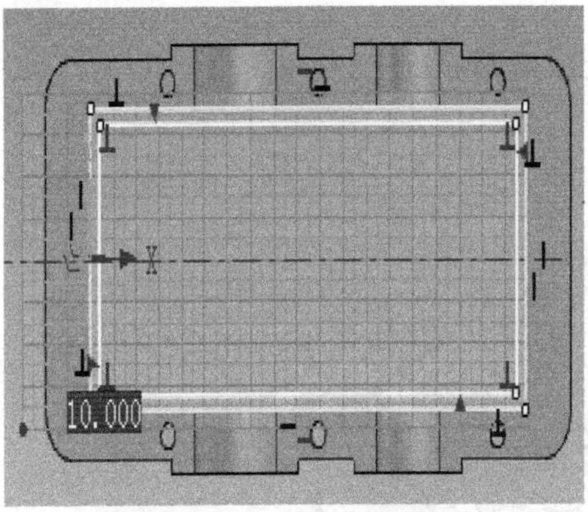

图 4-286 草绘拉伸截面

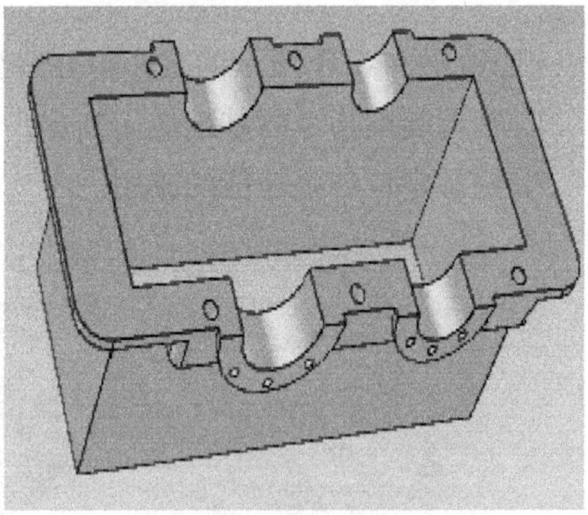

图 4-287 生成箱体

步骤 3：用拉伸指令，设置拉伸距离为 10，草绘拉伸截面，如图 4-288 所示，生成下箱体底板，对底板四角进行倒圆角，设置倒圆角半径为 25，完成后生成如图 4-289 所示实体。

步骤 4：在四个轴台下方设置加强肋，肋板厚度为 8，生成后如图 4-290 所示。

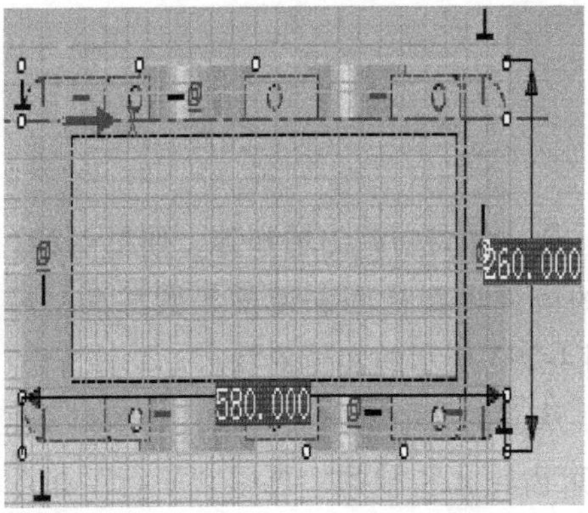

图 4-288 草绘底面

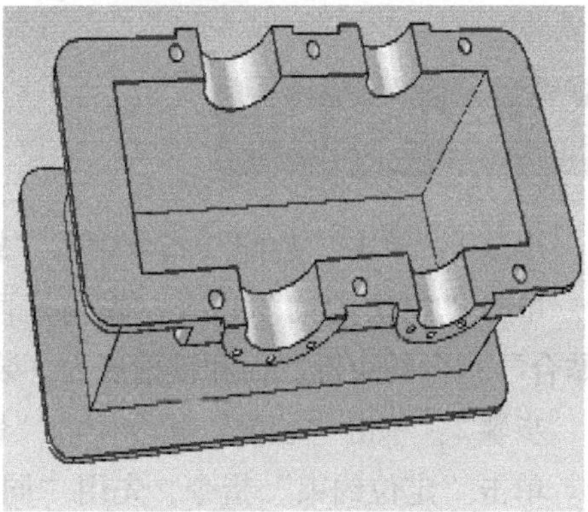

图 4-289 生成底面

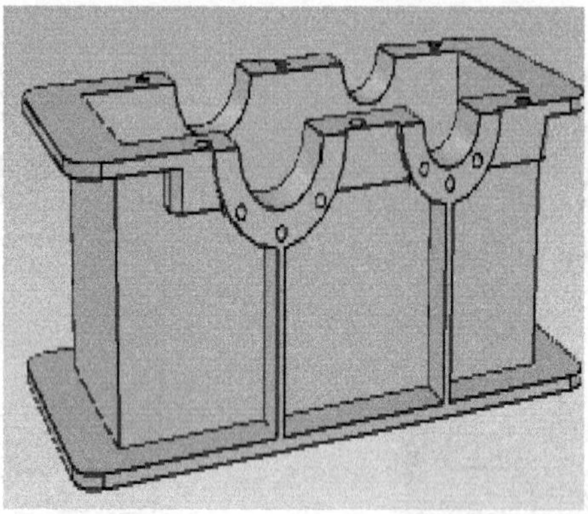

图 4-290 设置加强肋

六、减速箱的装配

任务目标

根据如图 4-291 所示的减速箱分解图，定位装配减速箱。

1. 掌握装配指令的基础应用知识。
2. 熟悉定位约束功能的应用。

图 4-291 减速箱分解图

任务实施流程

步骤 1：单击“装配”指令中的“输入”指令，从文件夹中调出轴和键，如图 4-292 所示。单击“定位约束”指令，先用“同轴”指令约束键半圆柱面和键槽半圆柱面，后用“贴合”指令约束键底面和键槽底面，装配生成如图 4-293 所示的实体形状。

步骤 2：单击“装配”指令中的“输入”指令，从文件夹中调出大齿轮，如图 4-294 所示。单击“定位约束”指令，先用“同轴”指令约束齿轮孔和轴颈，再用“平行”指令约束齿轮上键槽底面和键槽顶面，最后用“距离”指令约束齿轮左端面和轴肩右端面距离为

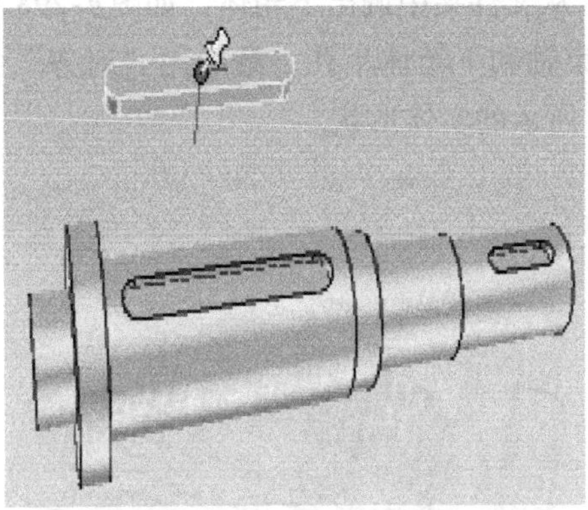
图 4-292 调出键

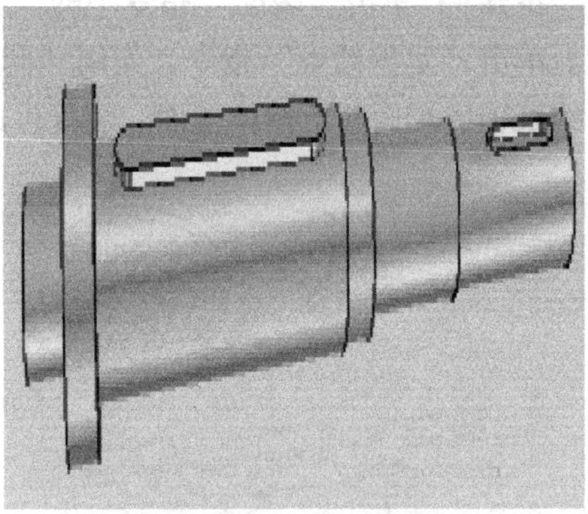
图 4-293 装配键

12，装配生成如图 4-295 所示的实体形状。

图 4-294 调出大齿轮

图 4-295 装配大齿轮

步骤 3：单击“装配”指令中的“输入”指令，从文件夹中调出大轴承。单击“定位约束”指令，先用“同轴”指令约束轴承孔和轴，最后用“贴合”指令约束轴承右端面和轴肩左端面，用同样的方法装配另一个大轴承，如图 4-296 所示。用同样的装配方法把另一根轴上的零件也装配好，如图 4-297 所示。

图 4-296 装配大轴承

图 4-297 装配轴

步骤4：单击“装配”指令中的“输入”指令，从文件夹中调出下箱体，如图4-298所示。单击“定位约束”指令，先用“同轴”指令约束轴和下箱体半孔，最后用“对齐”指令约束轴肩端面和下箱体端面，装配生成如图4-299所示的实体形状。

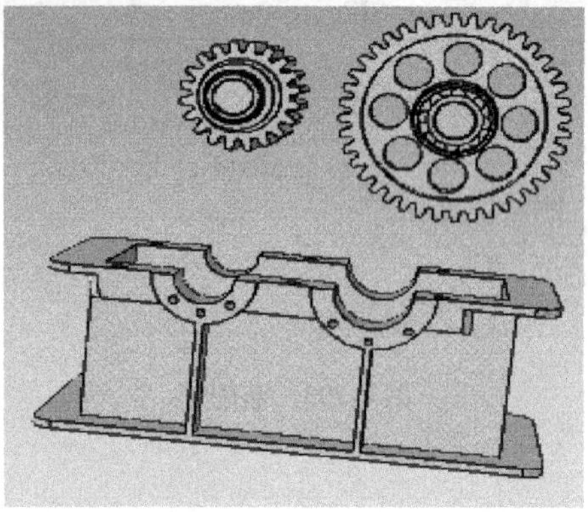

图4-298　调出下箱体

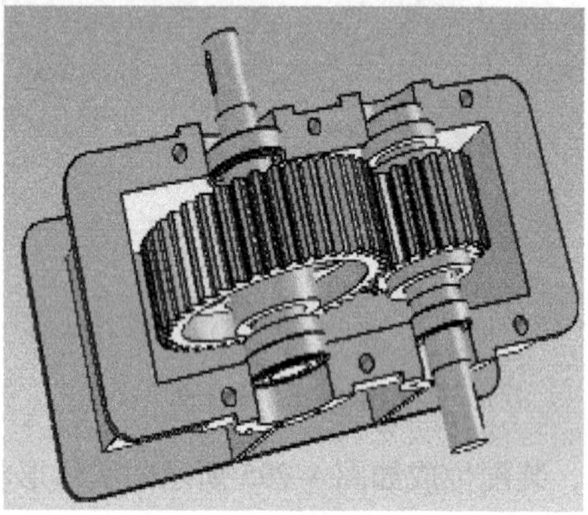

图4-299　装配齿轮轴

步骤5：单击“装配”指令中的“输入”指令，从文件夹中调出下箱体，如图4-300所示。单击“定位约束”指令，先用“同轴”指令约束上箱体轴孔和下箱体轴孔，再用“贴合”指令约束上箱体下端面和下箱体上端面，最后用“对齐”指令约束上箱体左端面和下箱体左端面，装配生成如图4-301所示的实体形状。

图4-300　调出下箱体

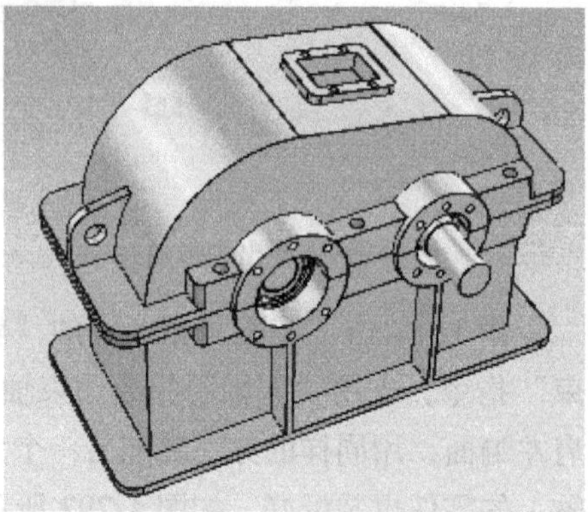

图4-301　装配上箱盖

步骤6：单击“装配”指令中的“输入”指令，从文件夹中调出轴端盖，如图4-302所示。单击“定位约束”指令，先用“同轴”指令约束轴端盖和机箱孔，再用“贴合”指令约束轴端盖端面和机座端面，装配生成如图4-303所示的实体形状。

步骤7：单击“装配”指令中的“输入”指令，从文件夹中调出螺栓，如图4-304所示。单击“定位约束”指令，先用“同轴”指令约束螺栓，然后用“对齐”指令约束螺栓头，装配生成如图4-305所示的实体形状。

步骤8：单击“装配”指令中的“输入”指令，从文件夹中调出24个螺钉，如图4-306所示。单击“定位约束”指令，先用“同轴”指令约束螺钉和螺钉孔，然后用“对齐”指令约束螺钉端面和轴端盖端面，装配生成如图4-307所示的实体形状。

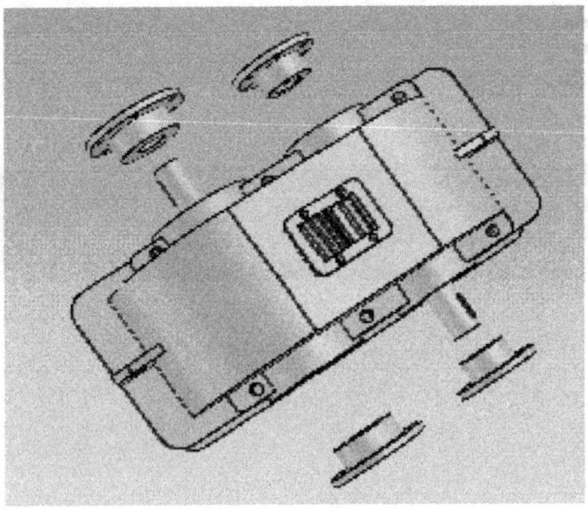

图 4-302 调出轴端盖

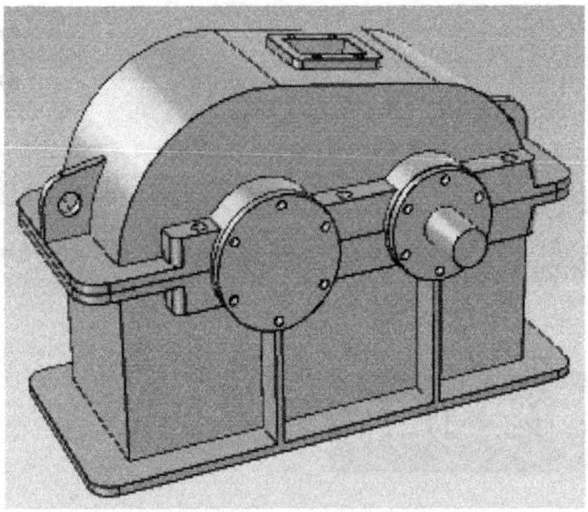

图 4-303 装配轴端盖

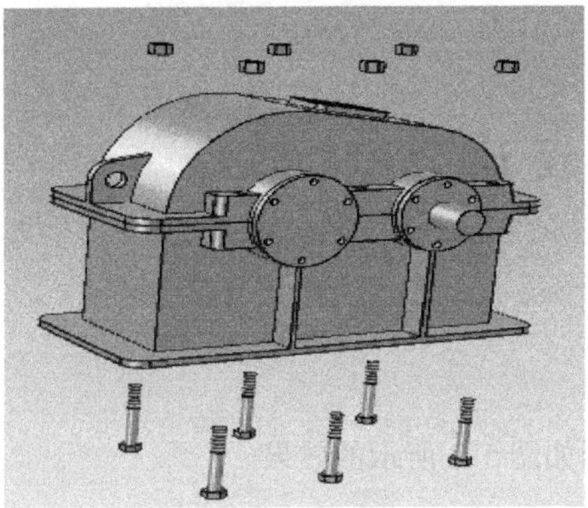

图 4-304 调出螺栓

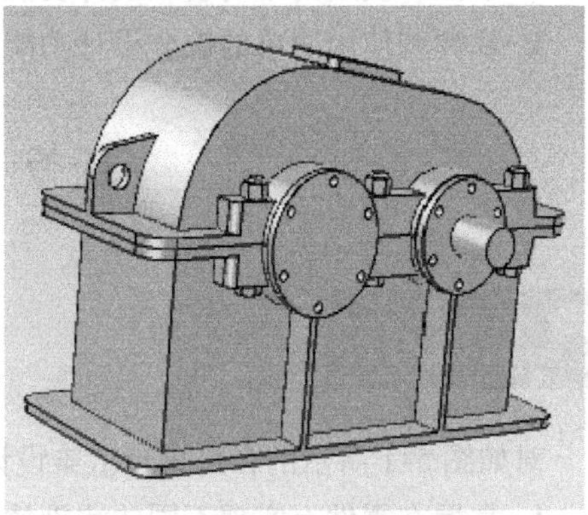

图 4-305 装配螺栓

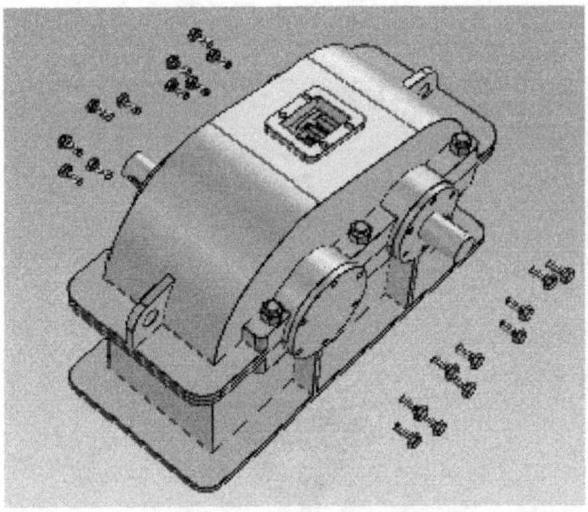

图 4-306 调出螺钉

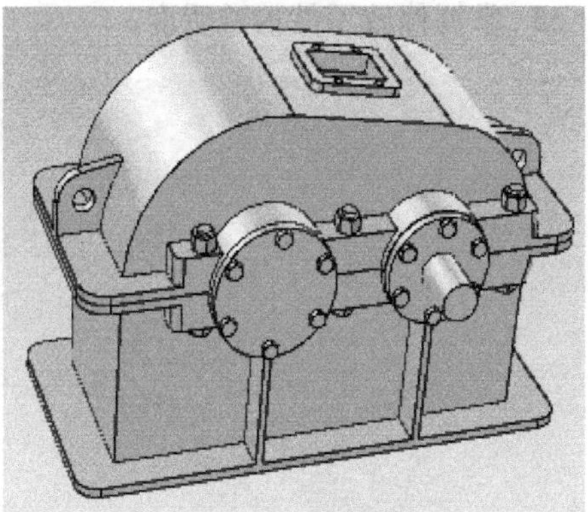

图 4-307 装配螺钉

项目五

其他常用设计

学习目标

1. 掌握和使用简单的渲染设计功能。
2. 掌握和使用简单的动画设计功能。
3. 掌握和使用简单的钣金设计功能。

任务一　渲 染 设 计

任务目标

对如图 5-1 所示的台灯进行渲染设计，要求达到如图 5-2 所示的效果。

1. 掌握在零件上实现不同的渲染效果。
2. 掌握设置不同的光源效果。
3. 掌握修改零件的透明度。

图 5-1　未渲染的台灯

图 5-2　渲染后的台灯

任务实施流程

步骤1：打开需要渲染的源文件，即存放在渲染文件夹下的台灯原始图.ics，如图5-1所示

步骤2：灯座的渲染。选择“设计元素库”菜单下的“表面光泽”命令，如图5-3所示，单击打开，如图5-4所示。

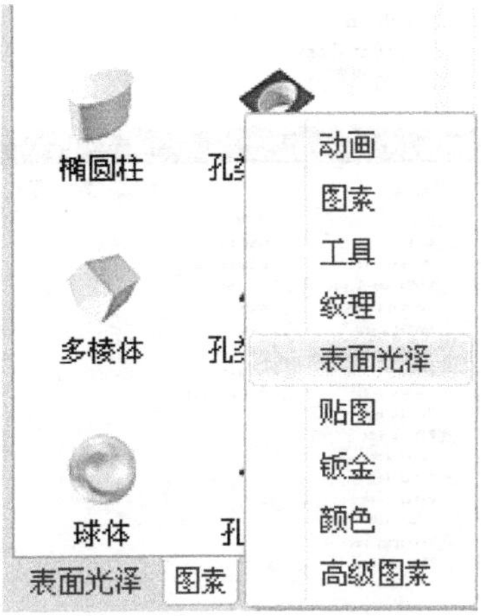

图5-3 “表面光泽”命令

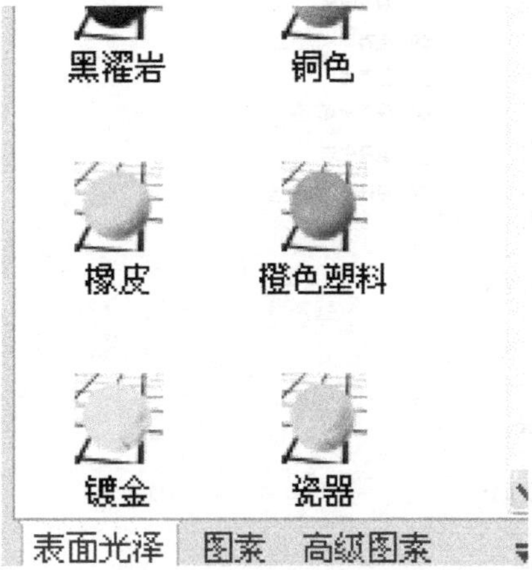

图5-4 “表面光泽”设计元素库

单击选中台灯的底座，从“表面光泽”设计元素中拖放“亮黑色”到底座上，渲染效果如图5-5所示。

图5-5 底座的渲染效果图

单击选中台灯的灯座，从“金属”设计元素库中拖放“变化的铜”到灯座上。如果“金属”设计元素库找不到，可以按照以下步骤进行添加：打开设计元素库，如图 5-6 所示，单击打开选择目录 Metal. icc，如图 5-7 所示，单击“打开”按钮，得到灯座的渲染效果图，如图 5-8 所示。

图 5-6　打开设计元素库

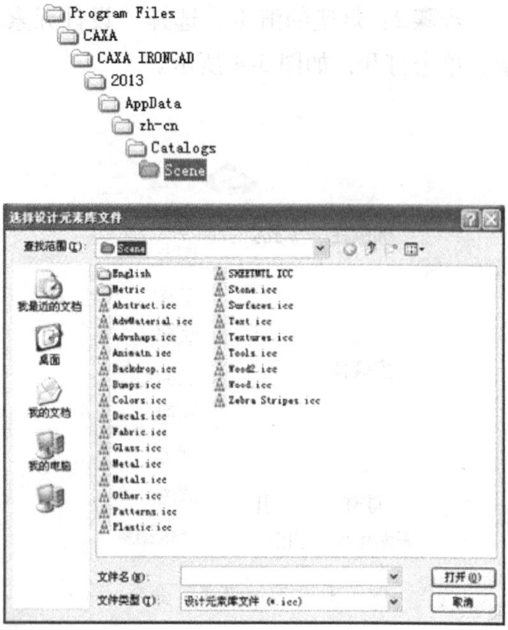

图 5-7　设计元素库目录

图 5-8　灯座的渲染效果图

步骤3：灯泡发光效果的渲染。单击选中台灯的灯泡，从“金属”设计元素库中拖放“变化的铬”（图5-9）到灯泡上，效果如图5-10所示。

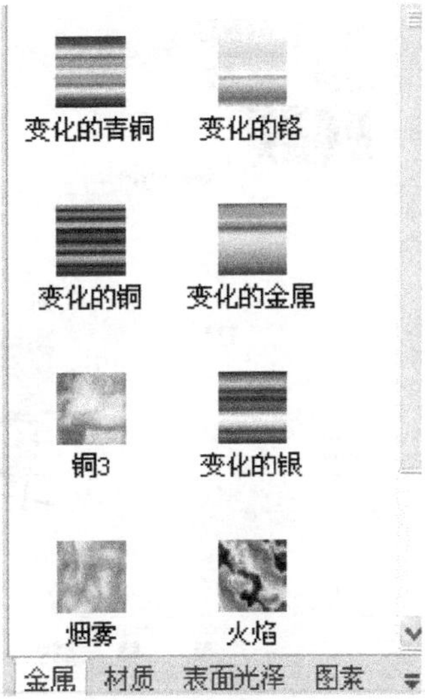

图5-9　金属设计元素库

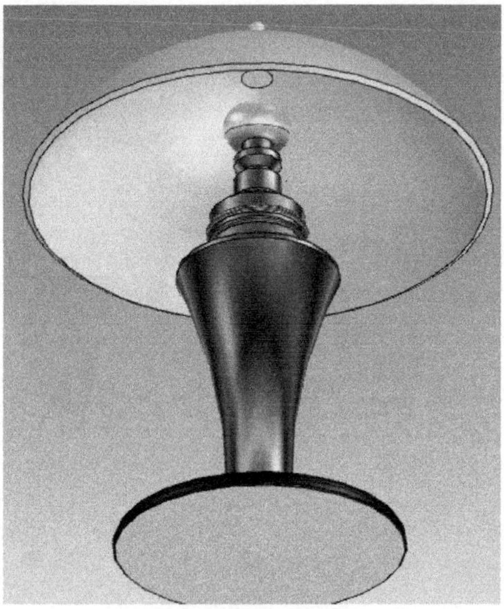

图5-10　灯泡的渲染效果图

步骤4：灯罩透明效果的渲染。单击选择灯罩，从“表面光泽”设计元素库中拖放“亮绿色”到灯罩的表面，如图5-11所示。

在灯罩表面上单击鼠标右键，在弹出的菜单中选择“智能渲染”命令，如图5-12所示，弹出“智能渲染属性”对话框，如图5-13所示。

在对话框中选择“透明度”标签，在此选项下用鼠标拖曳“透明度”滑块，使其数值

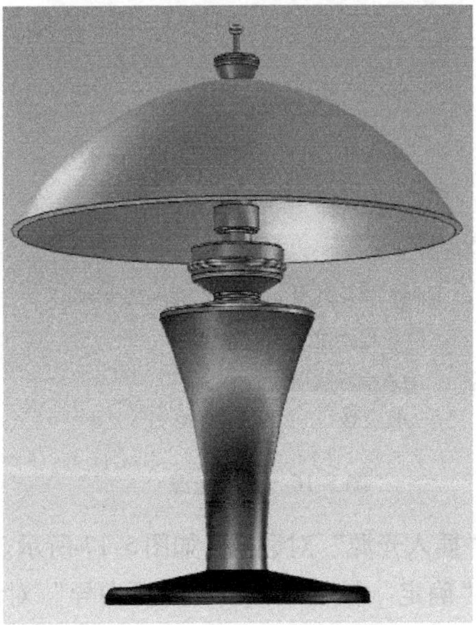

图5-11　灯罩的亮绿色渲染效果图

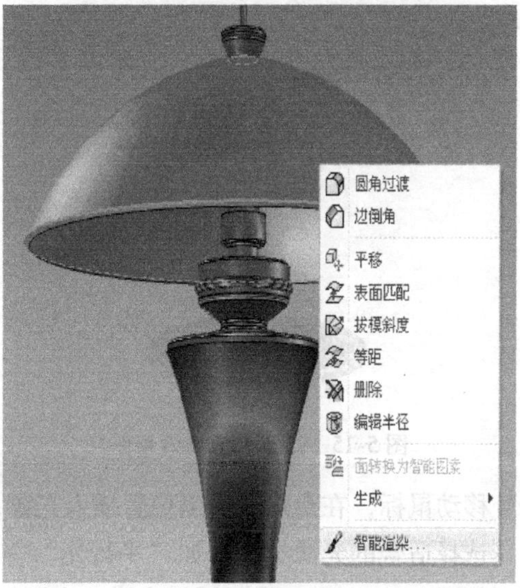

图5-12　智能渲染

为 45，如图 5-14 所示，单击“确定”按钮，渲染效果如图 5-15 所示。其他的各种功能如光亮度、贴图、散射等效果，可根据需要进行修改。

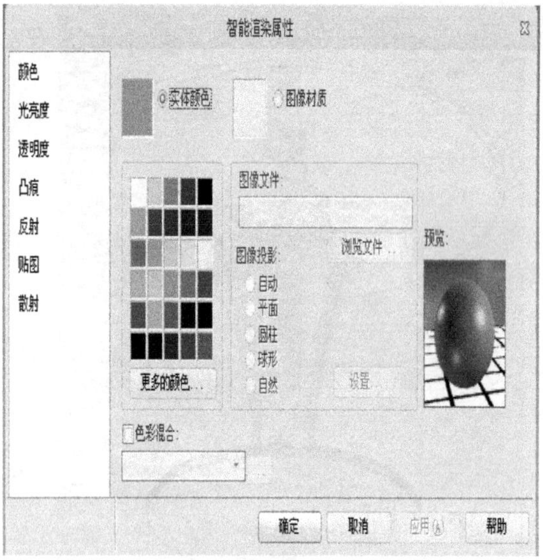

图 5-13 “智能渲染属性”对话框

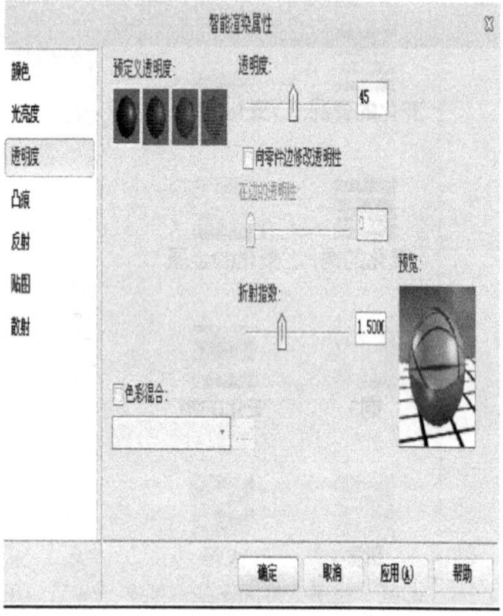

图 5-14 设置透明度

步骤 5：添加光源效果渲染。单击“显示”菜单下的“插入光源”命令，如图 5-16 所示。

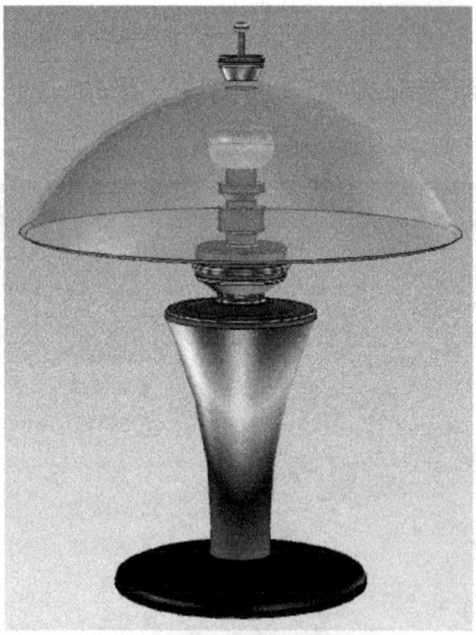

图 5-15 灯罩的渲染效果图

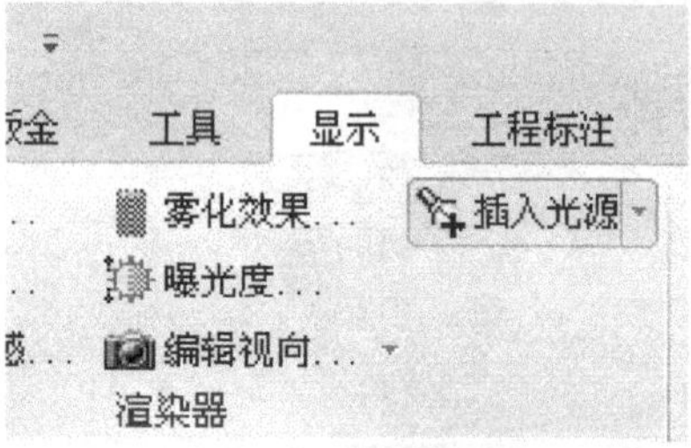

图 5-16 插入光源

移动鼠标，在台灯的适当位置插入光源，弹出“插入光源”对话框，如图 5-17 所示。

选择适合的光源类型，如“平行光”等，单击“确定”按钮后弹出“光源向导”对话框，如图 5-18 所示。在对话框中设置光源颜色和适当的光源亮度，单击“完成”按钮，效果如图 5-19 所示。

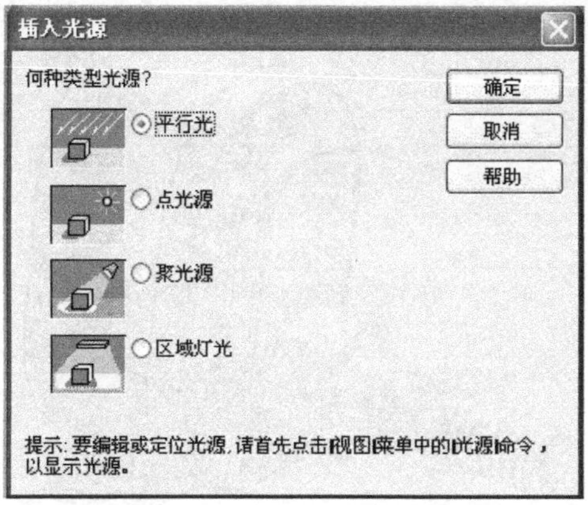

图 5-17 “插入光源”对话框

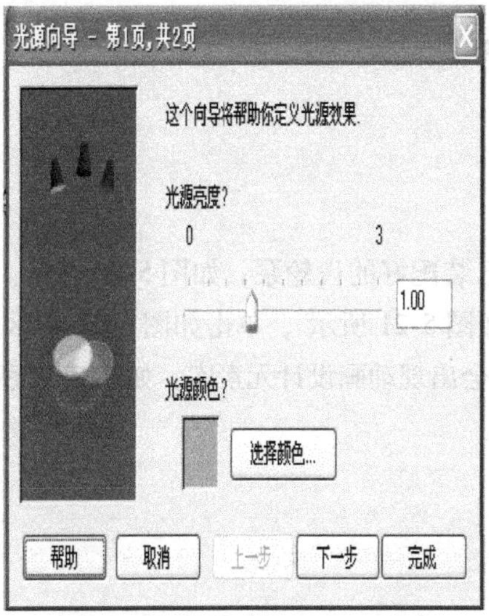

图 5-18 “光源向导”对话框

图 5-19 台灯的渲染效果图

任务二 动画设计

任务目标

完成如图 5-20 所示齿轮泵齿轮啮合的运动仿真。

1. 完成齿轮泵泵盖的直线运动仿真。
2. 完成齿轮啮合的旋转动画仿真。
3. 掌握动画仿真的输出。

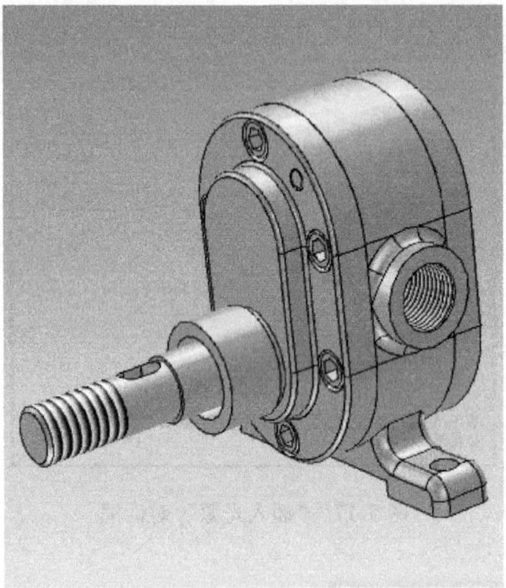

图 5-20　齿轮泵

任务实施流程

步骤 1：打开 CAXA 实体设计软件 2013，调入已装配好的齿轮泵，如图 5-20 所示。

步骤 2：密封盖的动态移出。按 F3 切换角度，如图 5-21 所示 ，单击如图 5-22 所示右下角的工具栏的小三角选择“动画”，如图 5-23 所示，会出现动画设计元素库，如图 5-24 所示。

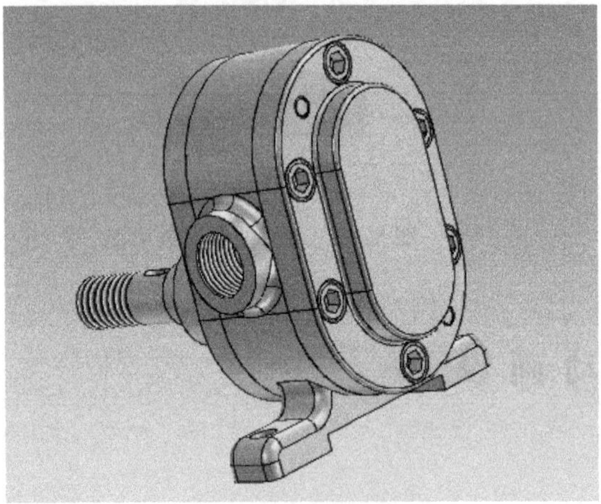

图 5-21　角度切换

图 5-22　设计元素库

步骤 3：单击部件的后盖，如图 5-25 所示，选择如图 5-26 所示椭圆所圈的任一个移动元素，用左键将其按住，拖放到选中的后盖上，单击后效果如图 5-27 所示，白色的线就是后盖要运动的轨迹。可以对轨迹的起点和终点进行编辑，编辑方式有多种，拖动和三维球方式都可以。

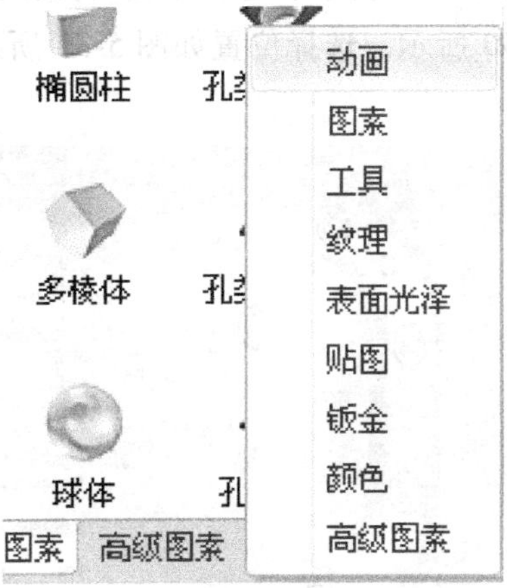

图 5-23　动画选择

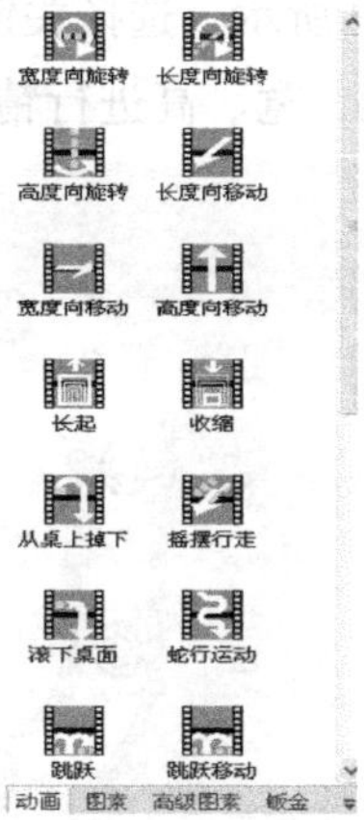

图 5-24　动画设计元素库

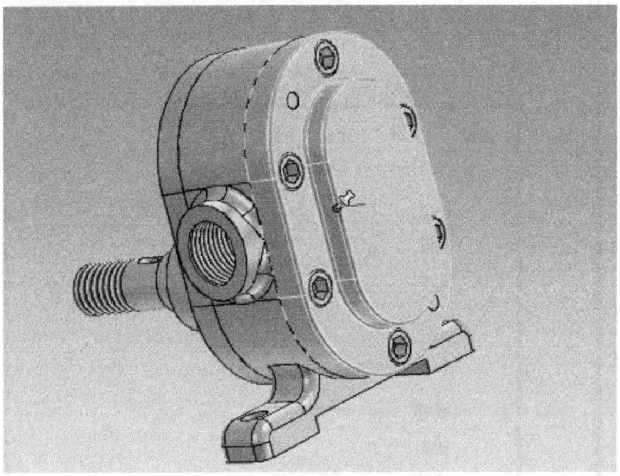

图 5-25　选择后盖

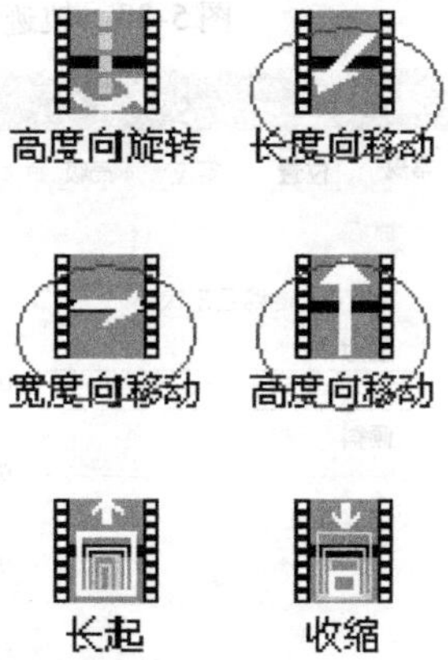

图 5-26　移动元素

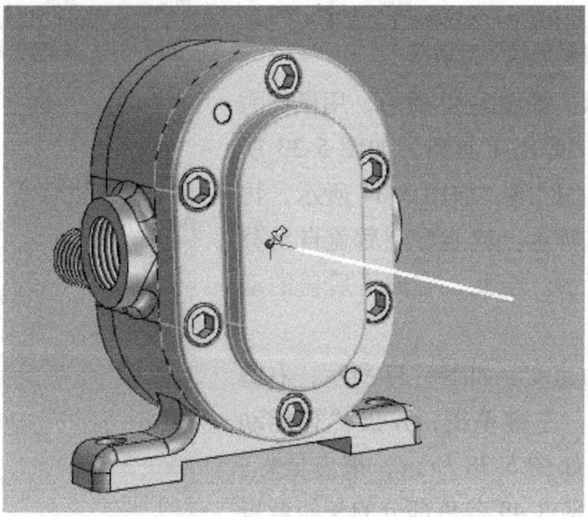

图 5-27　运动轨迹

步骤 4：坐标的精确编辑。单击白线使之变成如图 5-28 所示状态，右击终点的红点如图 5-29 所示，选择关键帧属性，弹出对话框如图 5-30 所示，选择位置如图 5-31 所示，可以对长、宽、高进行精准的设置。

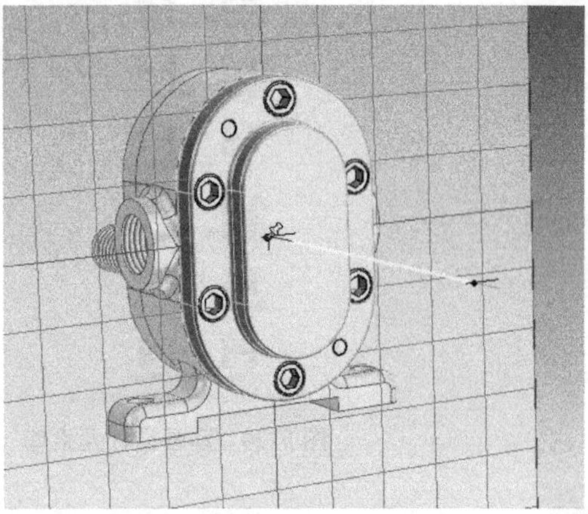

图 5-28　轨迹选择

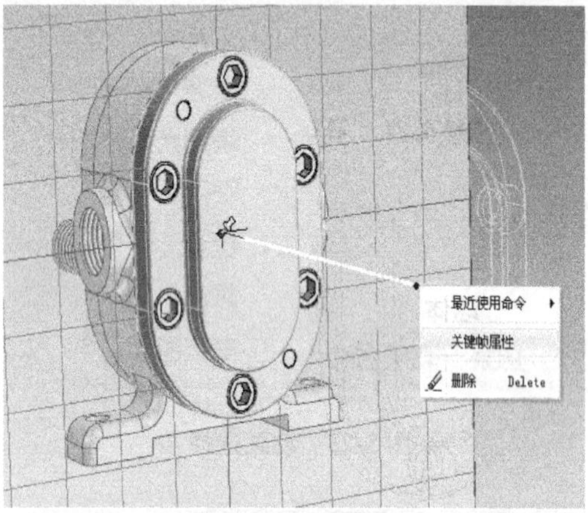

图 5-29　关键帧属性

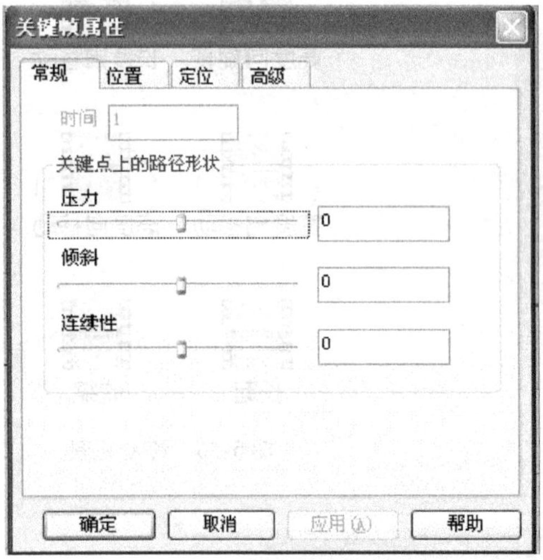

图 5-30 “关键帧属性”对话框

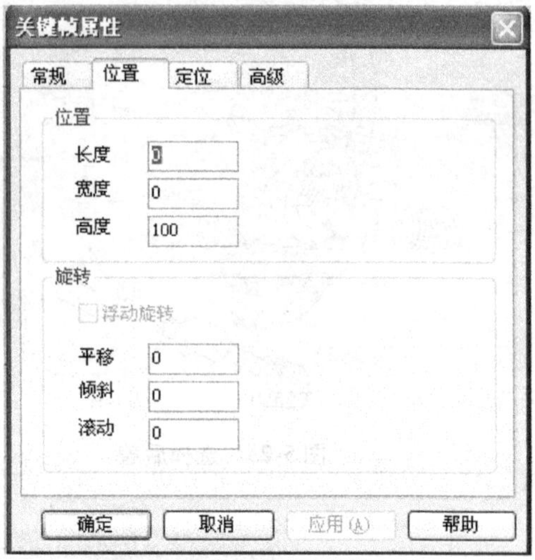

图 5-31　关键帧属性的位置设置

步骤 5：动态显示。如图 5-32 所示，用鼠标右键选择“智能动画”，弹出工具条，如图 5-33 所示，单击最左面的实心圆圈，如图 5-34 所示，再单击播放，如图 5-35 所示，就能看到后盖自动移开，效果如图 5-36 所示。至此，完成了后盖的动态移出。

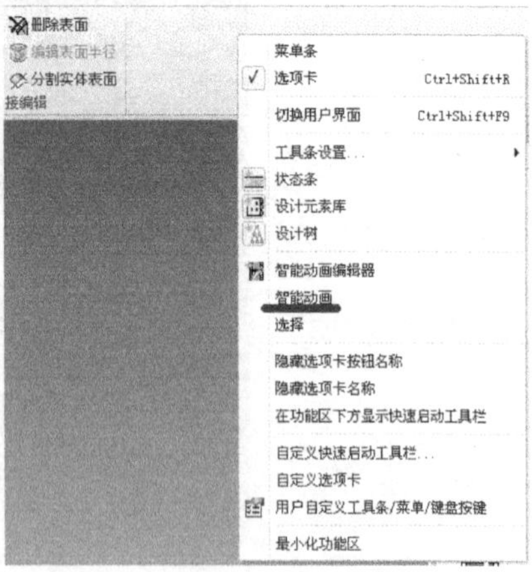

图 5-32　智能动画

步骤 6：调节运动速度。如图 5-37 所示，右键选择智能动画编辑器，左键单击，弹出“智能动画编辑器”对话框，如图 5-38 所示，拖曳鼠标，如图 5-39 所示，改变零件 49 蓝色部分的长短就可以调整运动速度，蓝色越长速度越慢。

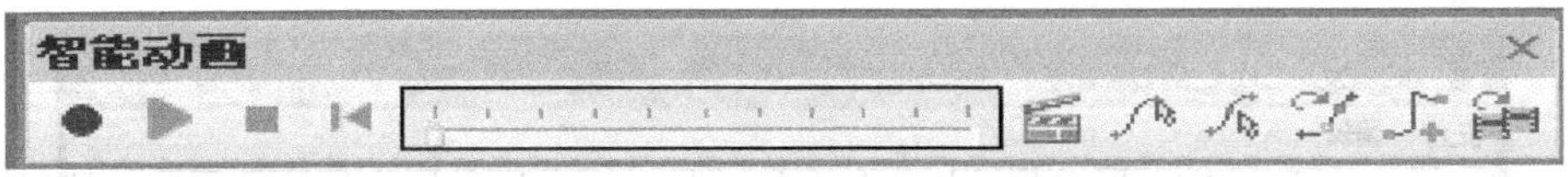

图 5-33 “智能动画”工具条

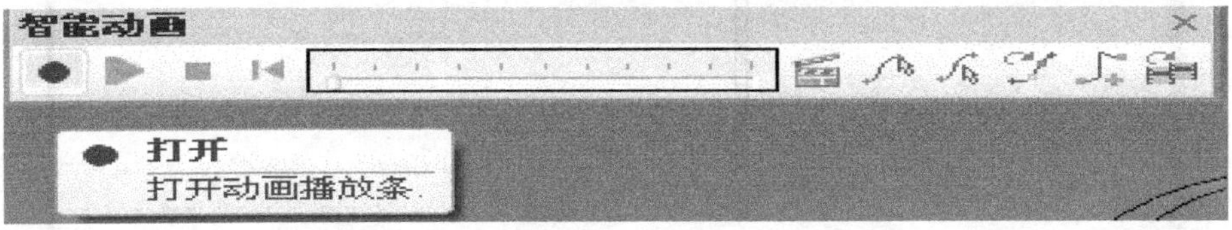

图 5-34 智能动画工具条的打开功能

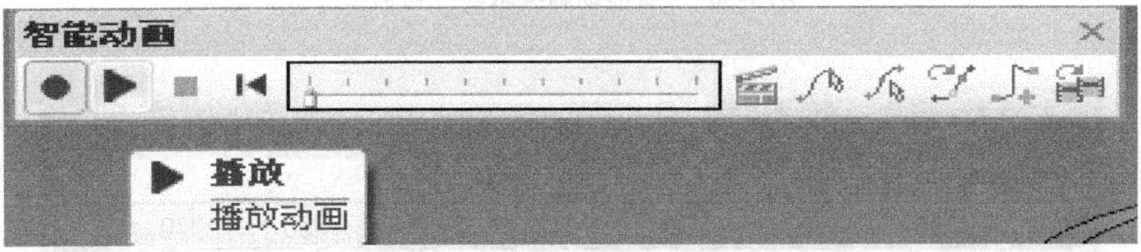

图 5-35 智能动画工具条的播放功能

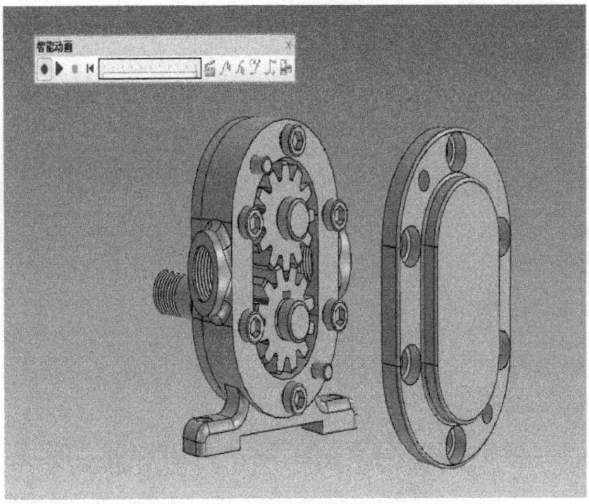

图 5-36 后盖直线移出动画效果

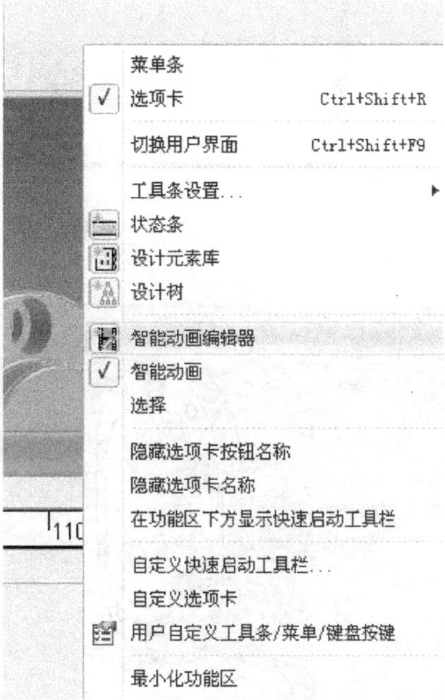

图 5-37 智能动画编辑器的选择

步骤7：完成齿轮啮合的旋转动画仿真。关闭步骤2的智能动画，会恢复成如图5-40所示的状态，这样无法清晰地进行齿轮的运动仿真，所以可以先用三维球移出后盖，如图5-41所示。

步骤8：齿轮是旋转的，应选择如图5-42所示旋转元素中的一个，本任务应该选择“高度向旋转”，一样采用拖放方式，如图5-43所示，会看到齿轮高度向有个白色的旋转标识。

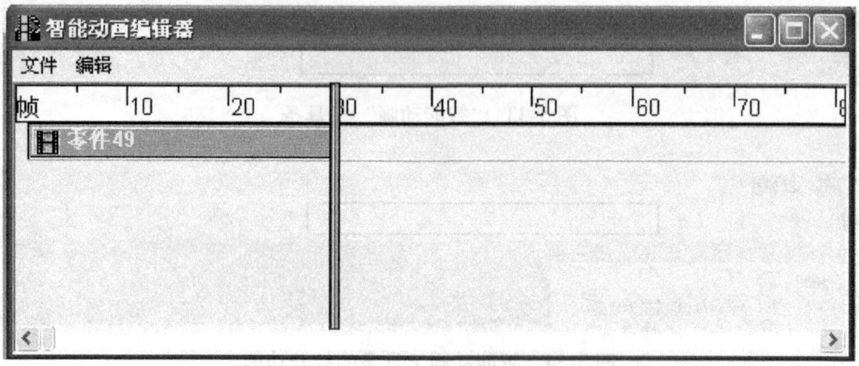

图5-38 “智能动画编辑器”对话框

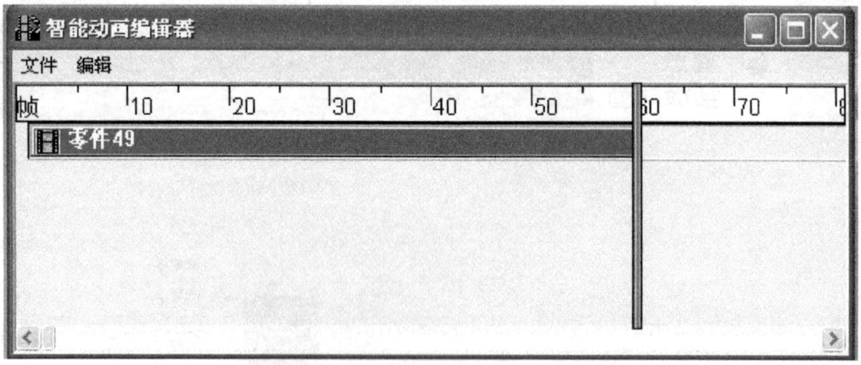

图5-39 智能动画编辑器运动速度调节

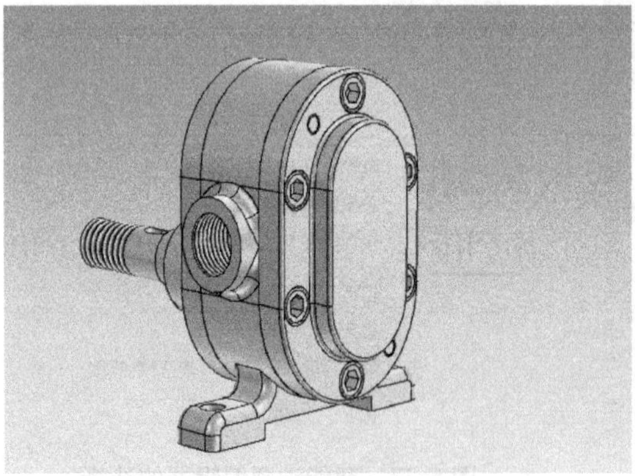

图5-40 智能动画关闭后恢复原状

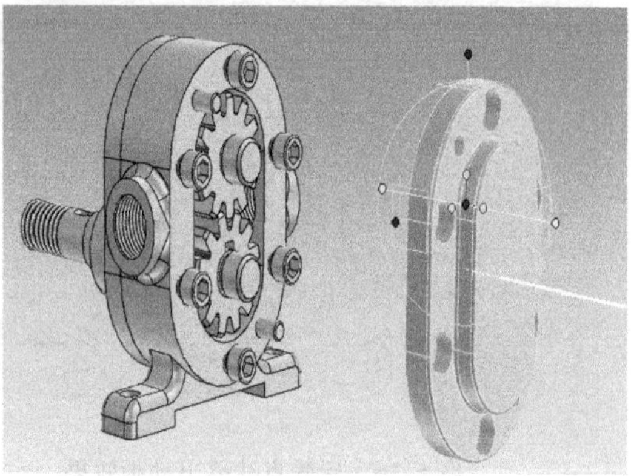

图5-41 移出后盖

步骤9：用同样方法进行下面齿轮的设置，如图5-44所示，设置完成后发现两齿轮都是逆时针旋转，不符合外啮合齿轮的旋转规律，故要进行一个齿轮旋转方向的改变。如图5-45所示，右键单击“编辑旋转属性”，弹出“动画旋转属性”对话框，如图5-46所示，设置平移距离为－360，如图5-47所示，单击“确定”按钮。

图 5-42 旋转元素

图 5-43 齿轮旋转效果（一）

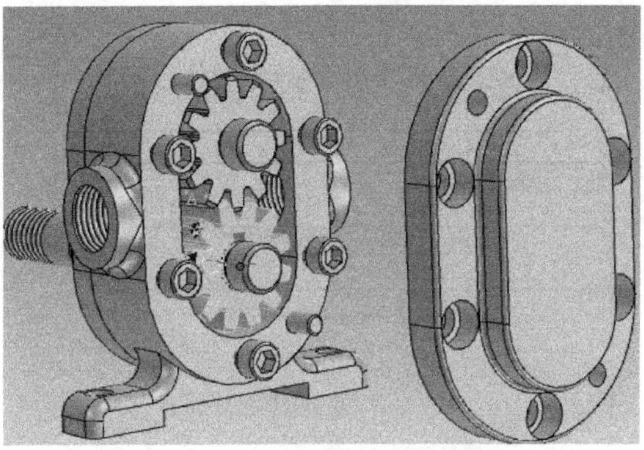

图 5-44 齿轮旋转效果（二）

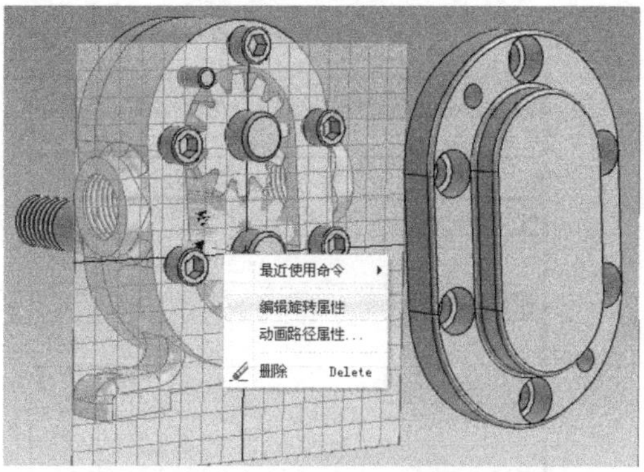

图 5-45 编辑旋转属性

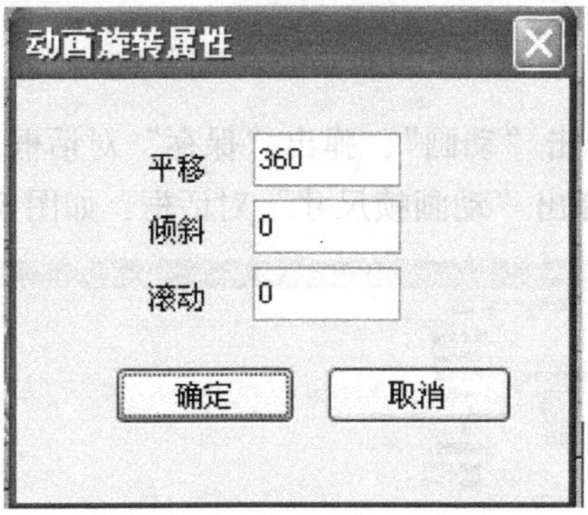

图 5-46 “动画旋转属性”对话框

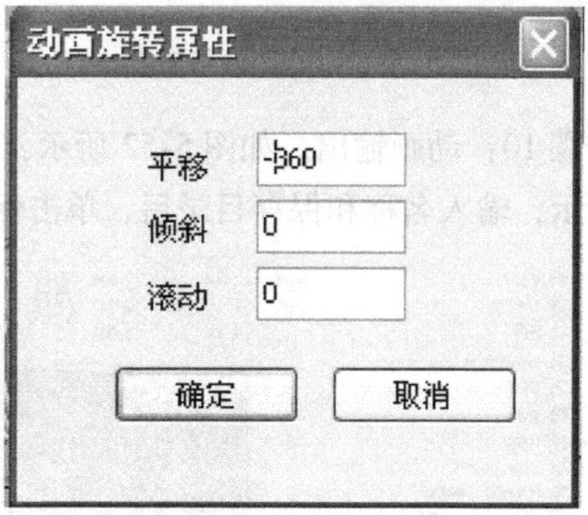

图 5-47 动画旋转属性的设置

然后用三维球将后盖盖上，如图 5-48 所示，打开智能动画编辑器（图 5-49），进行调整，如图 5-50 所示。注意两个齿轮的蓝色一定要一样长，因为其长短决定了齿轮旋转的快慢，而此例两个齿轮齿数是一样多的，速度要一样快，如图 5-51 所示。最后将结果另存为一个新文件“设计 13 运动仿真 . ics”。

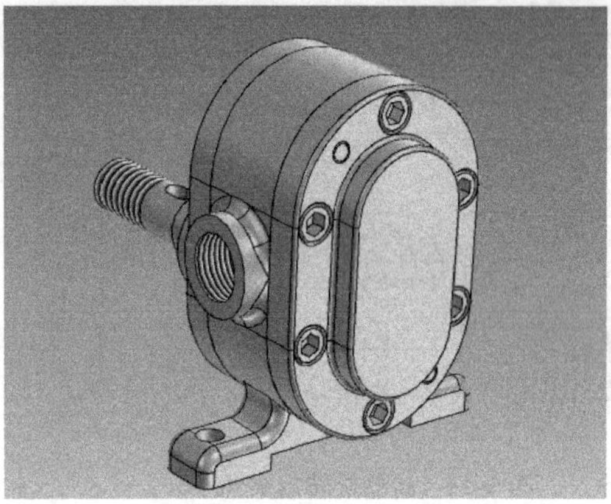

图 5-48 盖上后盖

图 5-49 动画效果

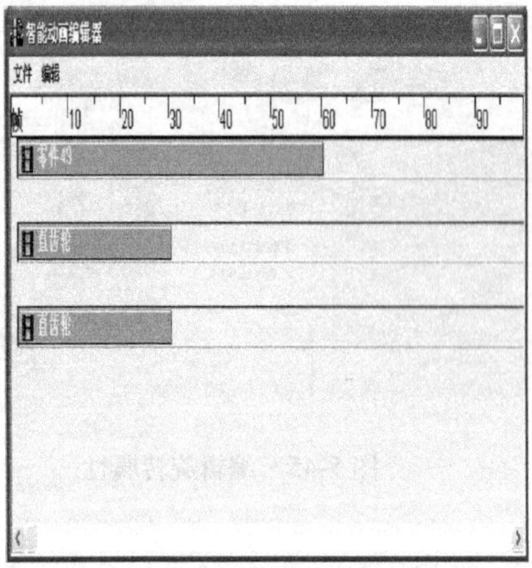

图 5-50 智能动画编辑器

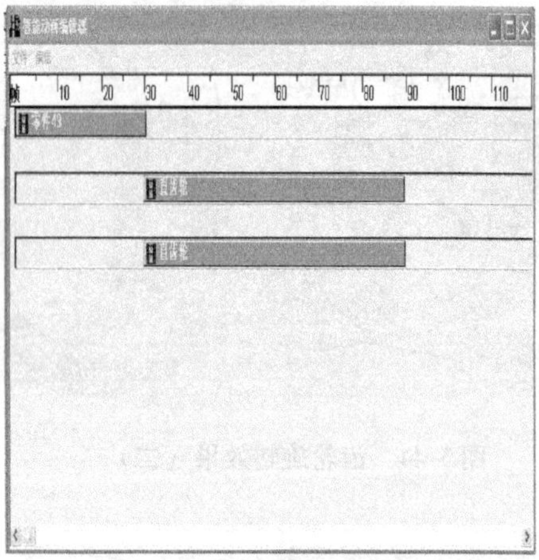

图 5-51 智能动画编辑器调节

步骤 10：动画输出。如图 5-52 所示，左键单击“动画”，弹出“保存”对话框，如图 5-53所示，输入名称和保存目录后，单击保存，弹出“动画帧尺寸”对话框，如图 5-54 所

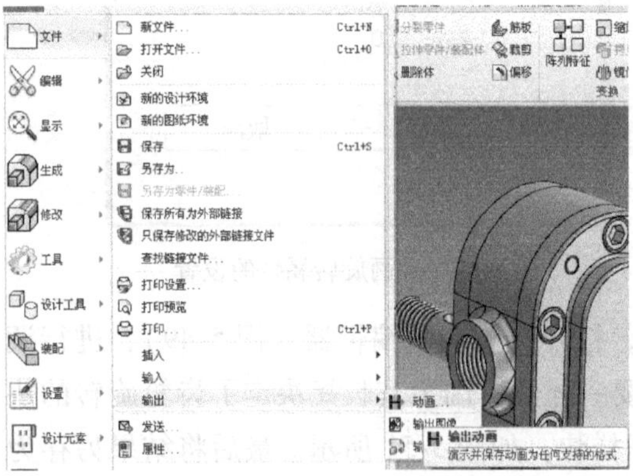

图 5-52 动画输出

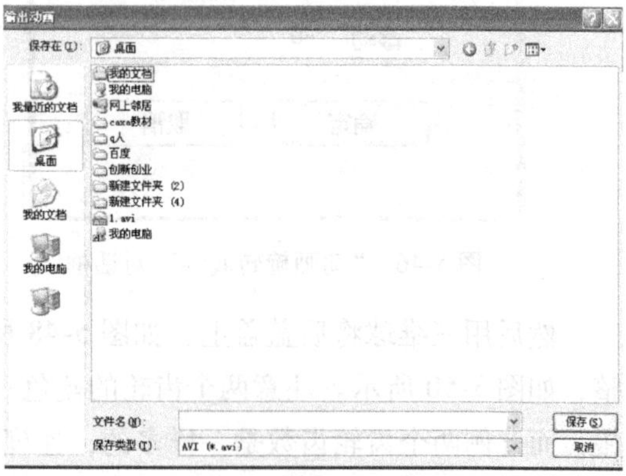

图 5-53 “保存”对话框

示，进行相关参数的设置后，单击“确定”按钮后，弹出“输出动画”对话框，如图5-55所示，单击“开始”按钮即可在保存目录下看到动画文件“齿轮泵啮合动画.avi”，如图5-56所示。

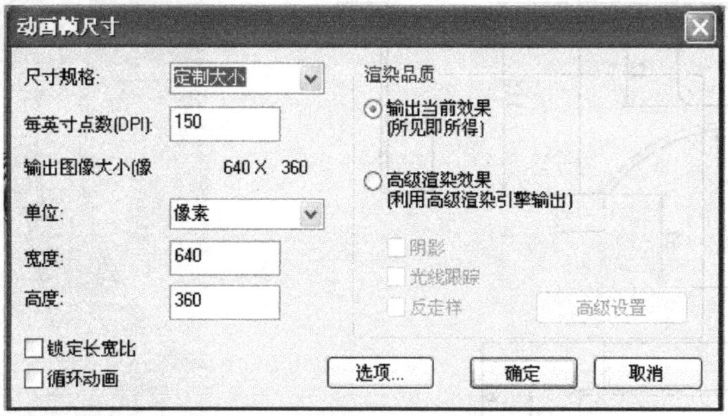

图5-54 “动画帧尺寸”对话框

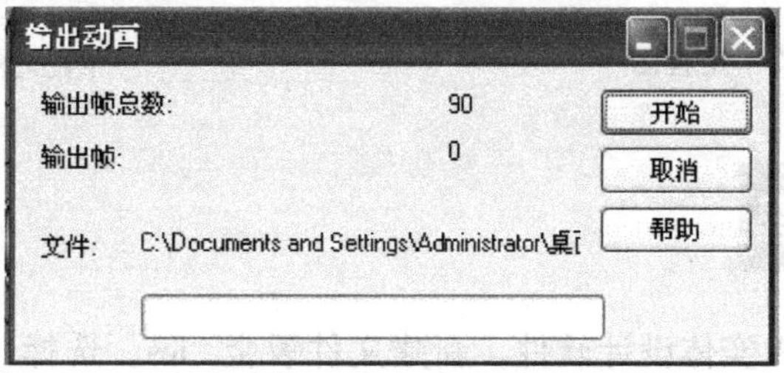

图5-55 “输出动画”对话框

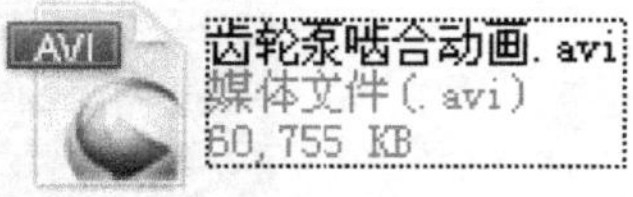

图5-56 齿轮泵啮合动画

任务三 钣金设计

任务目标

根据如图5-57所示的工程图图样要求进行钣金设计，要求达到如图5-58所示的效果。

1. 熟悉钣金设计元素库的各种元素。
2. 学会钣金设计的运用和操作。

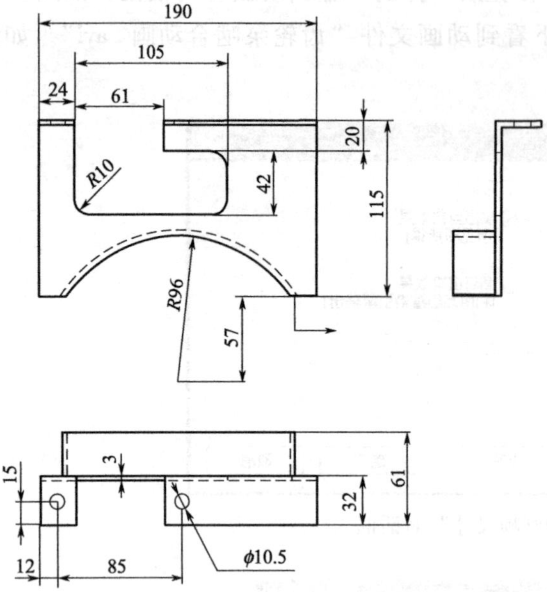

图 5-57　工程图

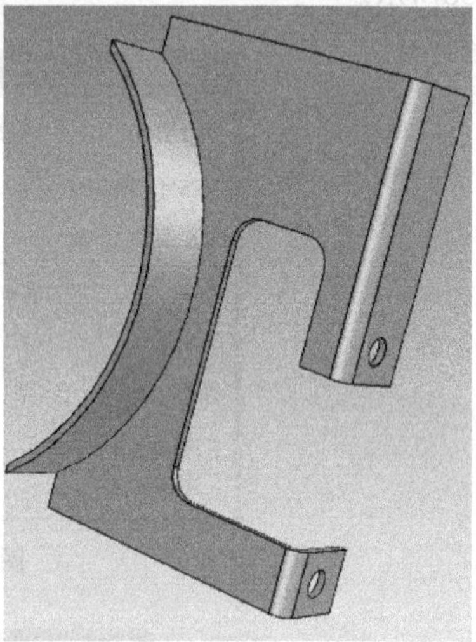

图 5-58　钣金设计效果图

任务实施流程

步骤 1：打开 CAXA 实体设计软件，新建文件钣金 . ics，选择“设计元素库”的“钣金”指令，如图 5-59 所示。拖放其中的“板料”到设计环境中，如图 5-60 所示。

图 5-59　钣金设计元素库

图 5-60　板料

步骤 2：右键显示下拉菜单，左键单击零件属性，如图 5-61 所示，弹出“钣金件”对话框，如图 5-62 所示，选择“钣金”中的“选择一个新板料”，如图 5-63 所示，弹出“选择板料”对话框，如图 5-64 所示，选择“60 钢”，单击“确定”按钮，完成操作。

图 5-61　零件属性选择

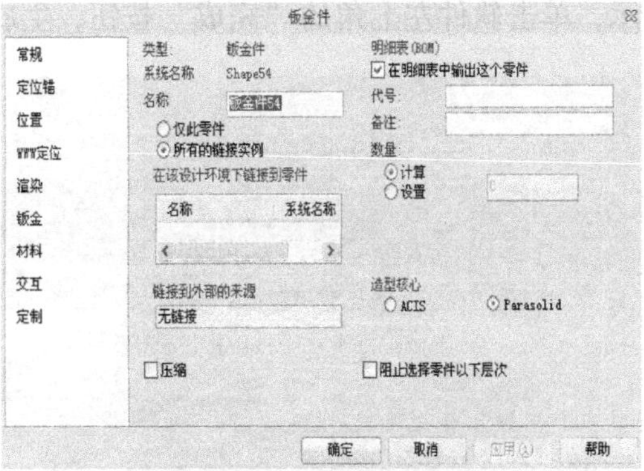

图 5-62　“钣金件”对话框

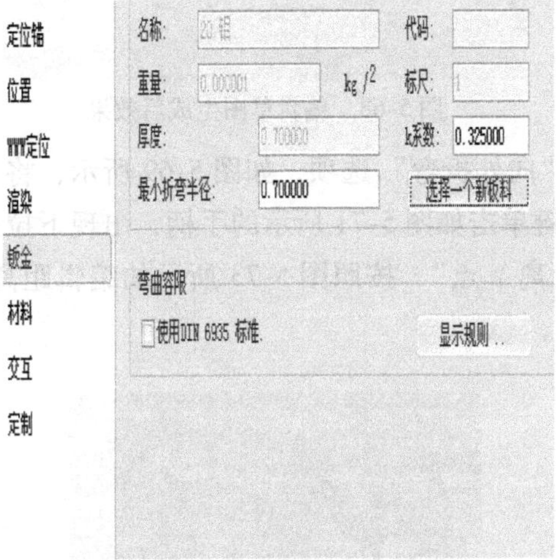

图 5-63　钣金材料选择

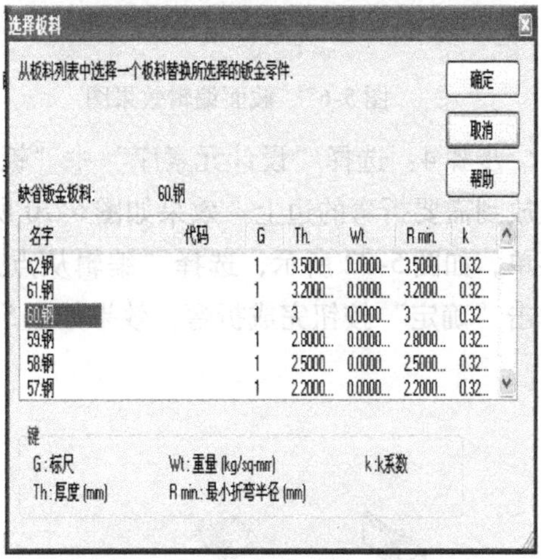

图 5-64　“选择板料”对话框

步骤 3：单击“板料”，使之处于编辑状态，右键显示下拉式菜单，如图 5-65 所示，选择“编辑草图截面”，显示如图 5-66 所示草图截面。按照图样的尺寸进行编辑，如图 5-67

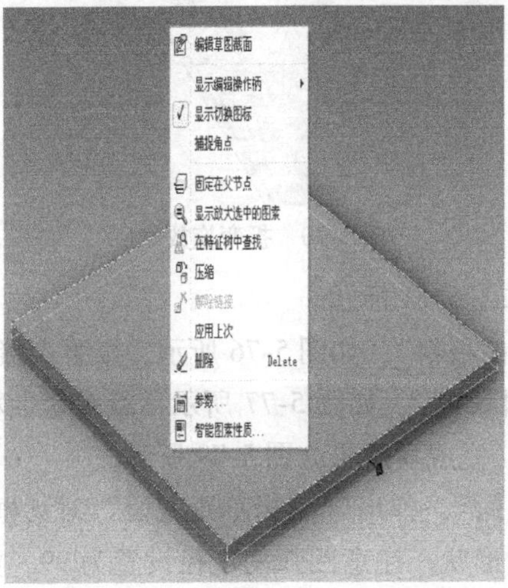

图 5-65　编辑草图截面选择

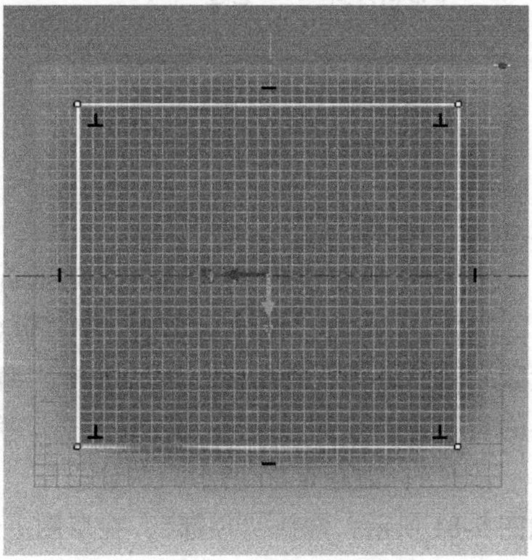

图 5-66　编辑草图截面

所示，单击软件左上角的“完成”按钮，生成如图 5-68 所示的草图。

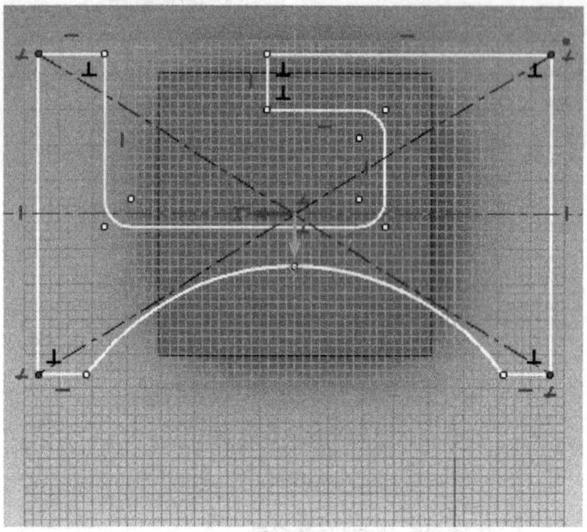

图 5-67 截面编辑效果图

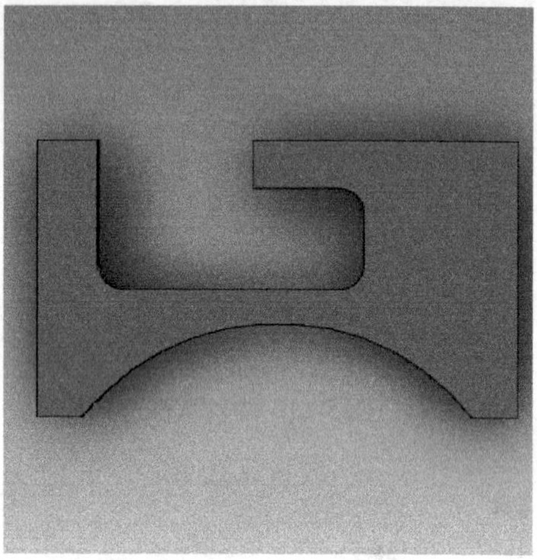

图 5-68 编辑草图生成后效果

步骤 4：选择“设计元素库”中“钣金”的“向外折弯”选项，如图 5-69 所示，将其拖放到需要折弯的边上，效果如图 5-70 所示。右键单击如图 5-71 所示的手柄，出现下拉式菜单，如图 5-72 所示，选择“编辑从点开始的距离\点”，按照图 5-73 所示的编辑距离，单击“确定”按钮完成折弯，效果如图 5-74 所示。

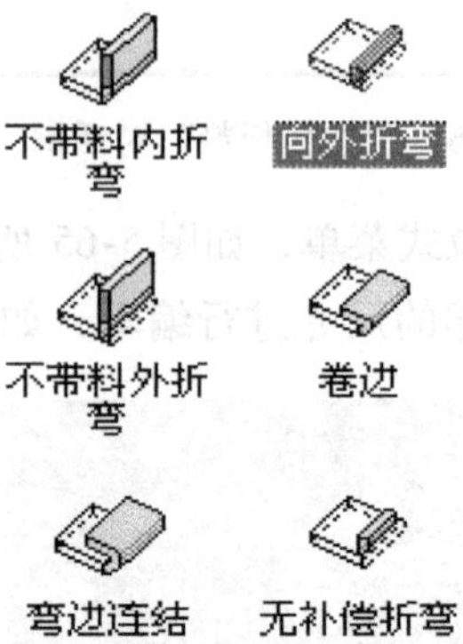

图 5-69 向外折弯

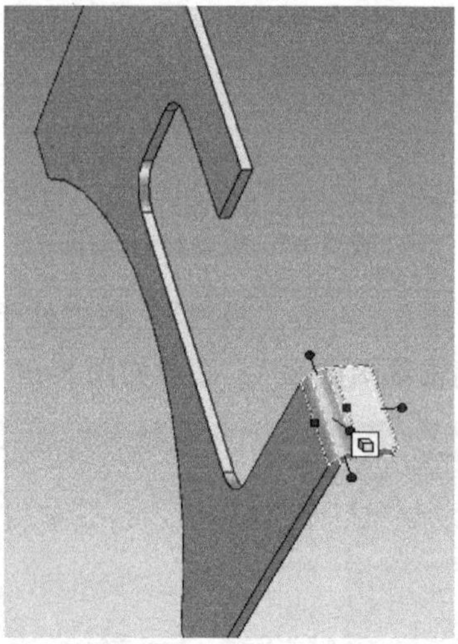

图 5-70 折弯拖放

步骤 5：重复步骤 4，完成另一边的折弯，效果如图 5-75 所示。

步骤 6：拖放“设计元素库”中“钣金”的“弯曲板料”，如图 5-76 所示，按照步骤 2 设置“弯曲材料”的属性，然后选择“编辑弯曲板料长度”，如图 5-77 所示，编辑弯曲板料的长度为 29，如图 5-78 所示，单击“确定”按钮，完成后效果如图 5-79 所示。

步骤 7：如图 5-80 所示，右键选择“编辑草图截面”，弹出“编辑草图截面”对话框，如图 5-81 所示，选择“顶部”，在草图上绘制相应的形状，注意圆弧的半径设置为 99，如图 5-82 所示，单击“完成造型”按钮，效果如图 5-83 所示。

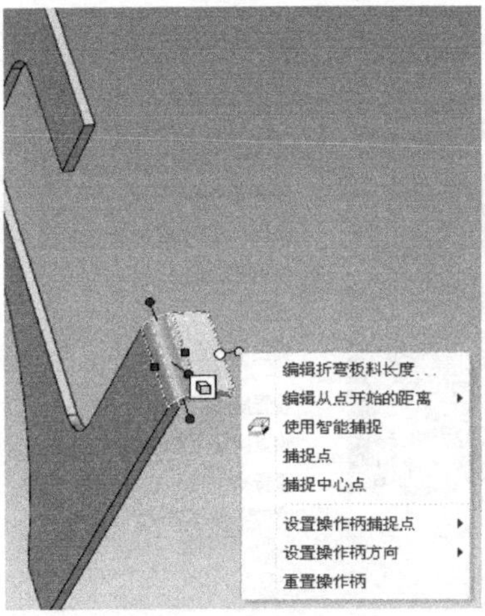

图 5-71　右键菜单

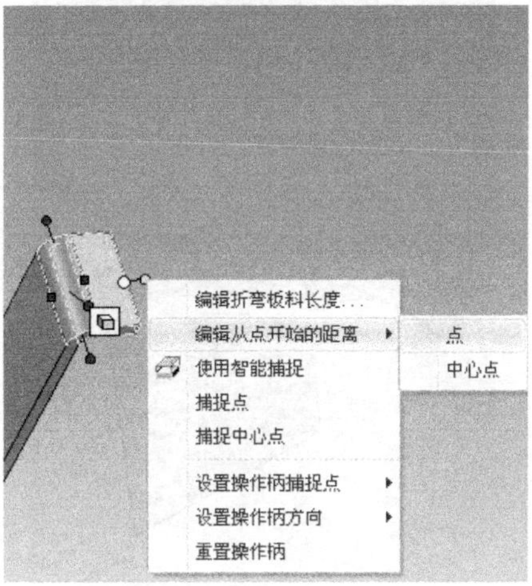

图 5-72　编辑折弯长度

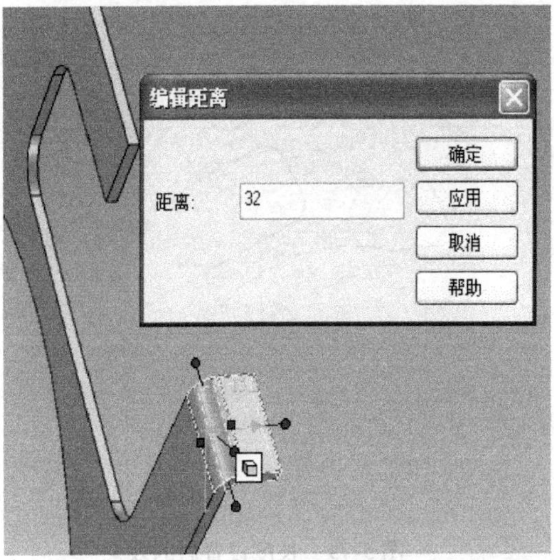

图 5-73　编辑距离

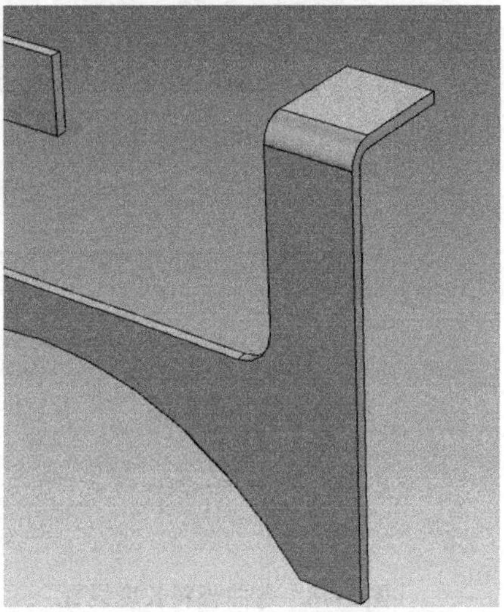

图 5-74　折弯后的效果

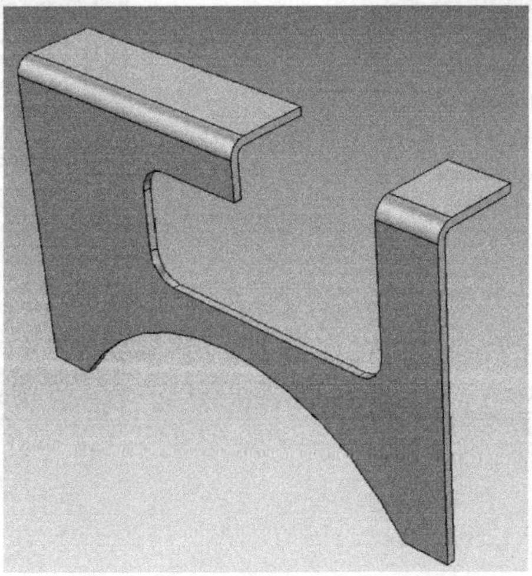

图 5-75　折弯完成后的效果图

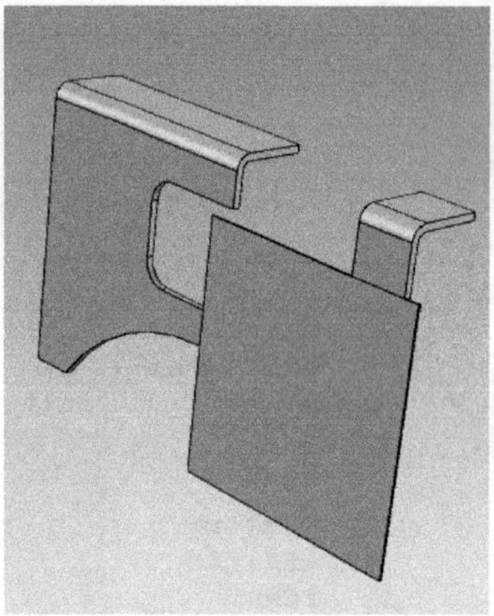

图5-76 拖放弯曲板料

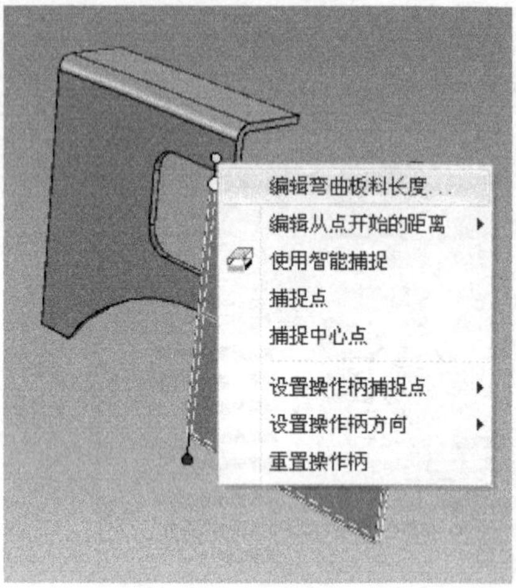

图5-77 编辑弯曲板料长度

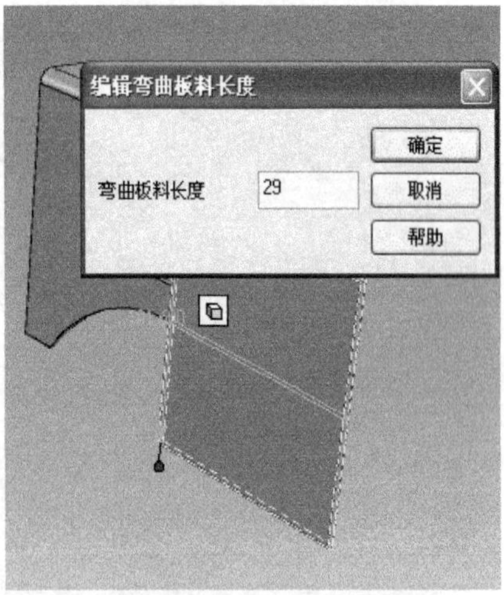

图5-78 弯曲板料长度设置

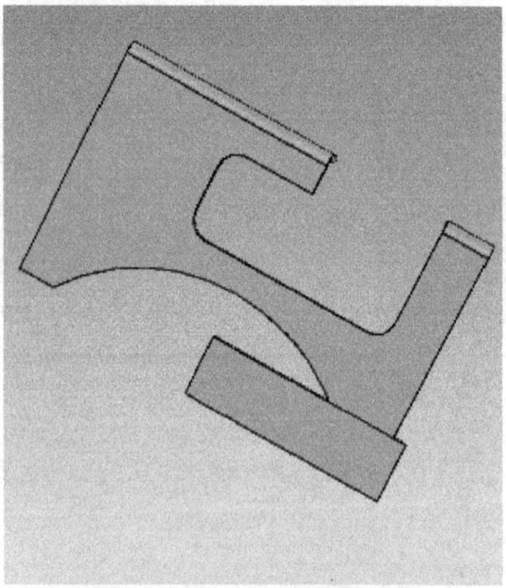

图5-79 长度设置后的效果

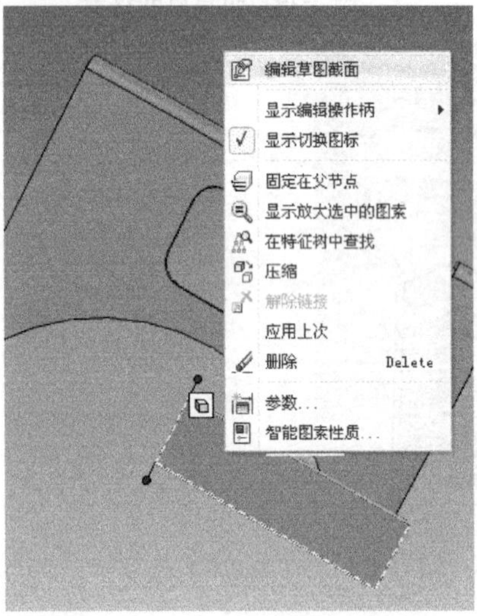

图5-80 右键菜单

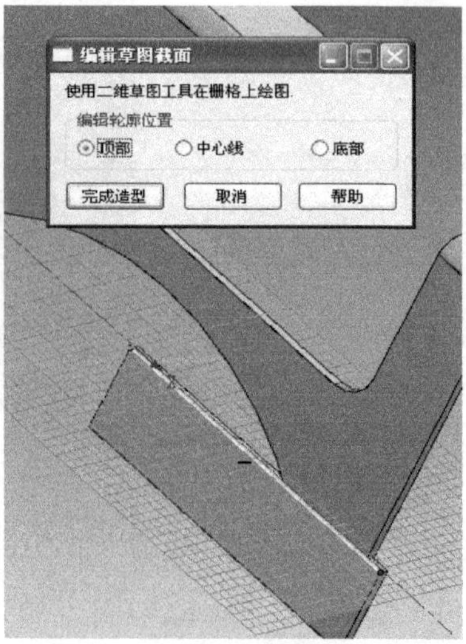

图5-81 “编辑草图截面”对话框

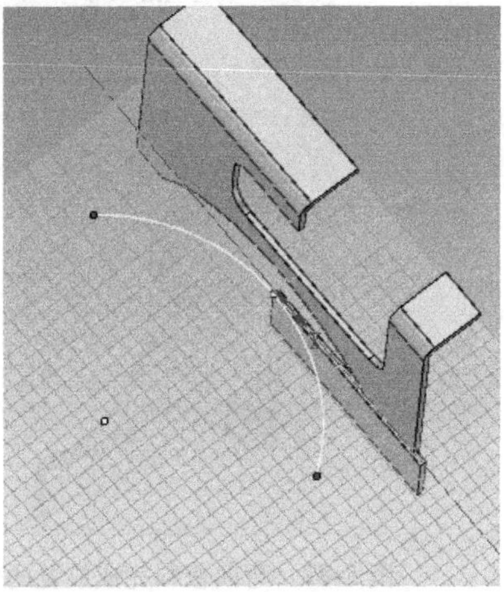

图 5-82　截面编辑

图 5-83　弯曲板料的效果

步骤 8：利用三维球将弯曲的板料放到指定的位置，如图 5-84 所示，细看会发现有点瑕疵，如图 5-85 所示，可以添加孔类长方体进行覆盖，如图 5-86 所示，最后的效果如图 5-87所示。

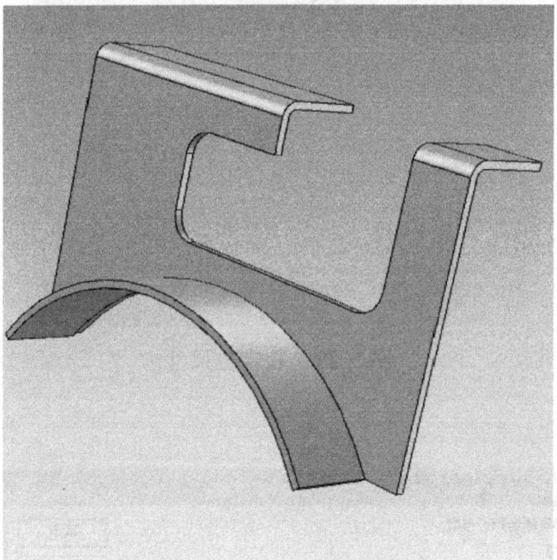

图 5-84　弯曲板料位置调整

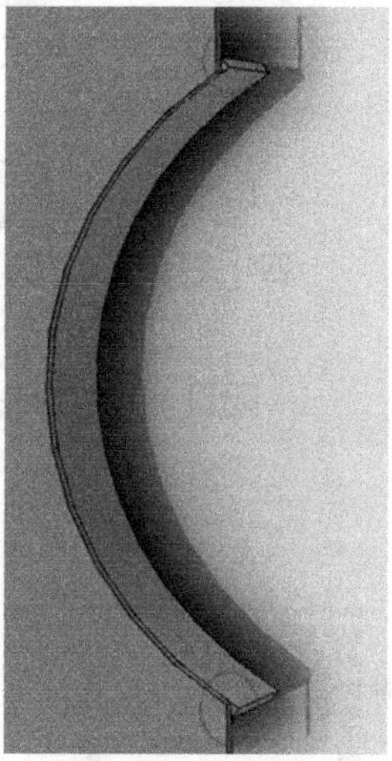

图 5-85　瑕疵

步骤 9：最后，按照图样还要添加两个孔。如图 5-88 所示，选择“圆孔”，拖放到适当位置后，通过显示的尺寸进行准确定位，如图 5-89 所示，也可以使用三维球定位。定位好后，右键单击圆孔，如图 5-90 所示，选择下拉菜单的“加工属性”，弹出如图 5-91 所示的对话框，设置“自定义”下“直径”为 10.5，单击“确定”按钮，效果如图 5-92 所示。再利用三维球复制添加最后一个孔，如图 5-93 所示，完成此钣金件的设计。

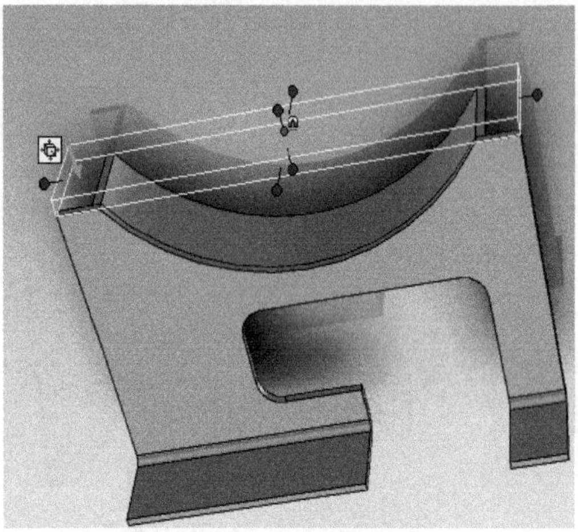

图 5-86　去除瑕疵

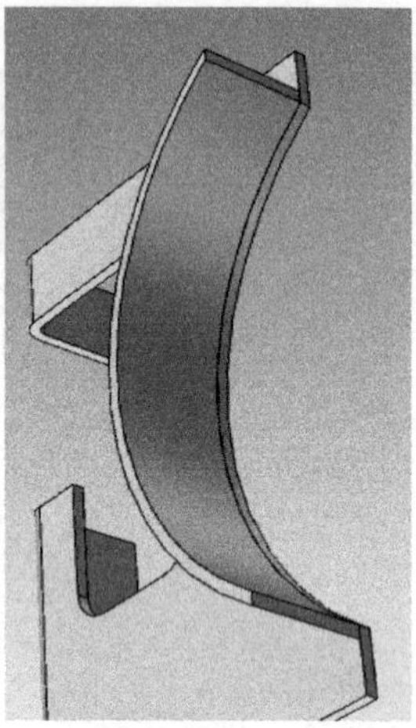

图 5-87　弯曲板料完成放置的效果

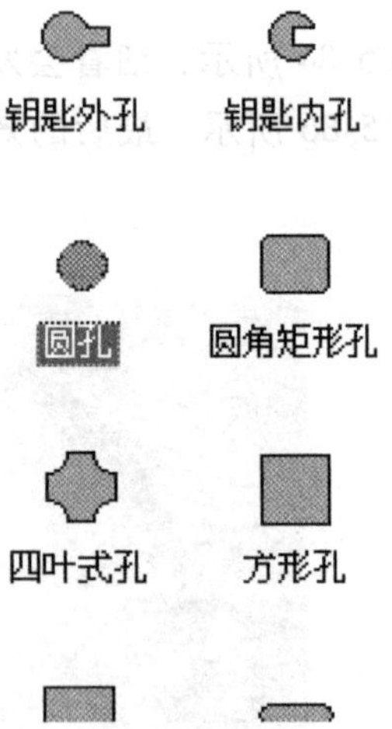

图 5-88　圆孔

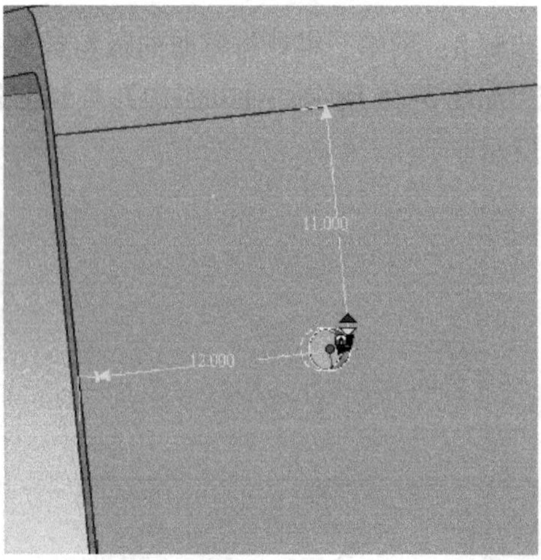

图 5-89　孔定位尺寸

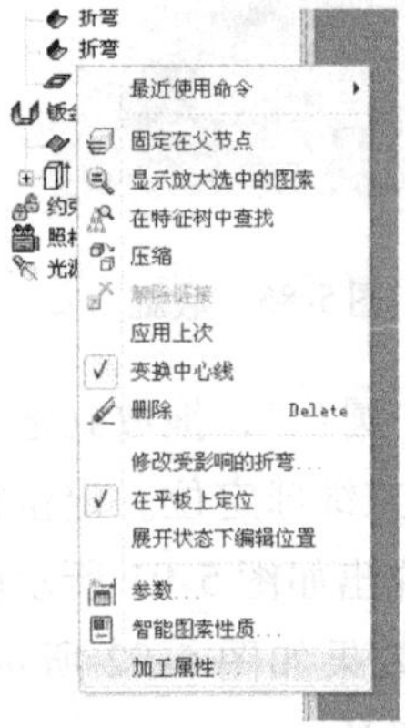

图 5-90　加工属性

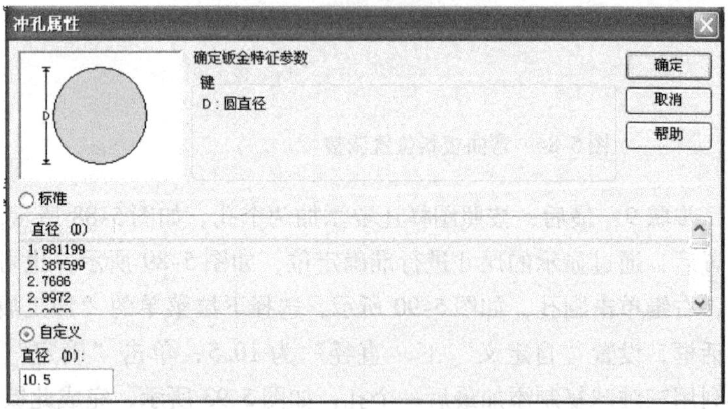

图 5-91　圆孔直径设置

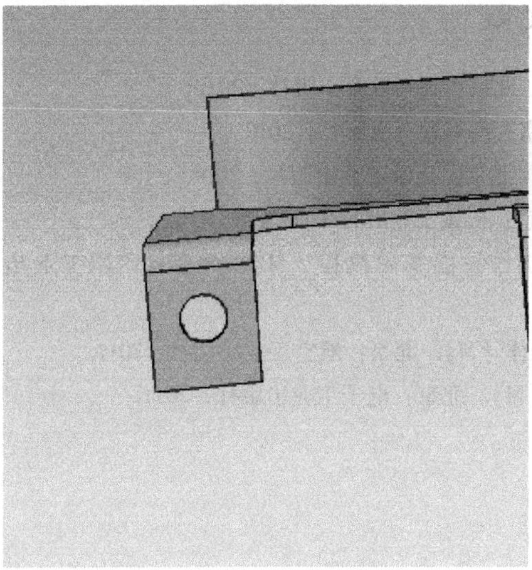

图 5-92　圆孔设置

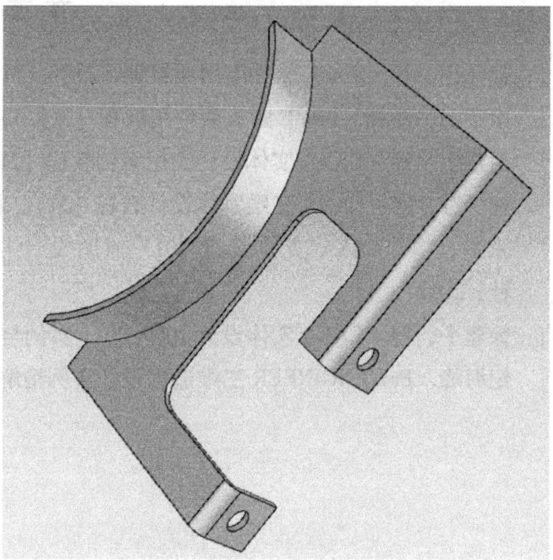

图 5-93　完成的钣金件

参 考 文 献

[1] 曾凡亮，等. Pro/E 软件应用项目训练教程［M］. 北京：高等教育出版社，2012.

[2] 徐宇明，易楠. Pro/E 野火版使用教程［M］. 北京：高等教育出版社，2010.

[3] 胡建生，等. CAXA 实体设计实用案例教程［M］. 北京：化学工业出版社，2004.

[4] 林少芬，等. CAXA 三维实体设计教程［M］. 北京：机械工业出版社，2005.

[5] 张静，等. CAXA 实体设计 2011 辅助设计与制作技能基础教程［M］. 北京：印刷工业出版社，2012.

[6] 徐建平，等. CAXA 实体设计 2009/2011 实例与操作［M］. 北京：航空工业出版社，2011.

[7] 纪海峰. Pro/ENGINEER 三维造型设计实例精解［M］. 北京：电子工业出版社，2011.